工程师经验手记

嵌入式 Linux 开发技术

主　编　孙天泽

副主编　钟　伟　蒙　洋

北京航空航天大学出版社

内 容 简 介

本书共分 10 章,全面介绍了嵌入式 Linux 开发过程中涉及的知识点。其中,前 3 章是基础部分,分别介绍了 Linux 系统基础知识和嵌入式系统开发需要的环境。第 4~7 章介绍了嵌入式 Linux 系统开发的内容,包括引导启动代码、Linux 内核移植以及 Linux 驱动开发的内容。第 8~10 章介绍了应用层面的开发内容,包括多进程的控制和通信、多线程的控制与编程以及程序调试的相关内容。

本书可作为高等院校电子类、电气类、控制类等专业高年级本科生、研究生学习嵌入式 Linux 的教材,也可供希望转入嵌入式领域的科研和工程技术人员参考使用,还可作为嵌入式培训班的教材和参考书。

图书在版编目(CIP)数据

嵌入式 Linux 开发技术 / 孙天泽主编. —北京:北京航空航天大学出版社,2011.4
 ISBN 978-7-5124-0367-3

Ⅰ.①嵌… Ⅱ.①孙… Ⅲ.①Linux 操作系统—程序设计 Ⅳ.①TP316.89

中国版本图书馆 CIP 数据核字(2011)第 038219 号

版权所有,侵权必究。

嵌入式 Linux 开发技术

主　编　孙天泽
副主编　钟　伟　蒙　洋
责任编辑　董立娟

*

北京航空航天大学出版社出版发行

北京市海淀区学院路 37 号(邮编 100191)　http://www.buaapress.com.cn
发行部电话:(010)82317024　传真:(010)82328026
读者信箱:emsbook@gmail.com　邮购电话:(010)82316936
涿州市新华印刷有限公司印装　各地书店经销

*

开本:787×960　1/16　印张:20.25　字数:454 千字
2011 年 4 月第 1 版　2011 年 4 月第 1 次印刷　印数:4 000 册
ISBN 978-7-5124-0367-3　定价:38.00 元

绪 论

嵌入式技术是 21 世纪最有生命力的新技术之一，目前已经广泛应用于社会生活的各个方面。随着国内外嵌入式产品的进一步开发和推广，嵌入式技术越来越和人们的生活紧密相关，并已经广泛地渗透到科学研究、工程设计、军事技术、各类产业和商业文化艺术、娱乐业以及人们的日常生活等方面中。特别是移动网络互联的日益普及，使得嵌入式与互联网成为最为热门的应用领域。

近年来，嵌入式系统不断蓬勃发展，由于嵌入式 Linux 在价格上具有很大优势，其资源丰富而且内核可裁减配置，Linux 系统为众多厂商所青睐。特别是随着 Google、Intel 等国际领先的公司纷纷推出基于 Linux 系统的解决方案，更肯定了 Linux 在嵌入式系统的前景。在移动开发、消费类电子、汽车电子等行业，Linux 具有非常强劲的实力。

本书内容

本书以 ARM 开发板为例，介绍了基于 Linux 操作系统的嵌入式系统开发流程。为了便于初学者学习，本书立足于将复杂的嵌入式系统开发过程模块化，目标是在每一个章节中讲授嵌入式 Linux 开发中的一个知识点以及理解这个知识点的相关概念；由于每部分的内容都比较多，所以有些知识点列出表格，方便读者归纳和总结。本书按照嵌入式 Linux 系统开发的整个过程进行组织，开发中的每个环节都独立成章，共分 10 章，具体内容安排如下：

第 1 章　操作系统的基础知识，包括 Linux 系统目录结构和基本命令等内容。为了使初学者能够尽快掌握 Linux 系统的使用，本章用了较大篇幅详细介绍 Linux 系统的大部分命令，以便读者在 Linux 系统中查询。由于本书介绍的是嵌入式 Linux 开发，因此 Linux 系统使用是后续章节学习的基础，需要读者掌握。

第 2 章　系统任务自动化。本章介绍了实现系统任务自动化的一些技能，包括 shell 编程和流编辑器 sed 的使用。其中，shell 编程是 Linux 系统管理员以及开发人员必备的知识。本章还介绍了 Linux 系统初始化的过程，分析了其中的几个重要配置文件，这些内容与后面讲到的制作根文件系统相互呼应，也是嵌入式 Linux 开发人员必须掌握的内容。

第 3 章　工具链。本章主要介绍如何构建工具链。和传统的 PC 桌面开发相比，Linux 系统开发缺乏界面友好的 IDE 开发环境，特别是对于需要交叉编译的嵌入式系统来说，正确安装一套开发工具是项目开发的首要任务。同时，在构建交叉工具链的过程中，也有助于读者进一步熟悉 Linux 下的一些工具使用。

嵌入式 Linux 开发技术

第 4 章 构建主机开发环境。本章介绍如何构建嵌入式 Linux 开发环境,介绍串口控制台工具的配置、使用以及几个 Linux 系统服务的配置。tftp 服务和 NFS 服务可以使嵌入式系统的开发效率得到很大提高。在本章最后以具体开发板为例,讲解向开发板下载程序的方法。

第 5 章 引导启动代码。引导启动代码(Bootloader)是嵌入式开发的一个重点,本章首先介绍了引导启动代码的概念及作用,并以 U-Boot 工程为例,分析了其代码结构。最后,详细介绍了移植 U-Boot 的整个过程。对于本章的学习建议是先熟悉 ARM 体系结构和 ARM 编程。

第 6 章 Linux 内核概述与移植。本章介绍 Linux 内核的相关知识。随着 Linux 2.6 内核加入对三星系列处理器的支持,移植工作变得简单很多,而本章则以介绍移植 Linux 系统的关键步骤和思路为主。同时,本章还重点介绍了 Linux 内核的启动流程,协助读者开始 Linux 内核代码的研究。

第 7 章 设备驱动开发。本章介绍 Linux 系统设备驱动开发的有关内容,以一个非常简单的字符设备为例,介绍 Linux2.6 内核下驱动程序开发方法。限于篇幅且由于大部分嵌入式设备是字符设备,本章没有介绍 Linux 系统中其他两种设备类型:块设备和网络设备。学完本章的内容后,读者能对 Linux 字符设备驱动程序框架和开发流程有清晰的印象。其实,驱动开发是非常复杂的一个主题,用整本书的篇幅都不能完全阐述其中的奥秘。因此,本章只是传授了 Linux 内核编程的思想和字符设备开发的大体框架。

第 8 章 嵌入式 Linux 应用程序开发——多进程。本章主要讲述 Linux 系统下的多进程开发,其内容属于上层开发,相对来说要容易一些,但却是嵌入式产品开发的一个重要环节。本章首先介绍了进程的基本内容,如进程环境、进程创建等。随后介绍了 Linux 系统的几种进程间通信方式及编程方法,包括管道、消息队列、信号量,最后还介绍了信号机制。

第 9 章 嵌入式 Linux 应用程序开发——多线程。本章仍然讲述 Linux 上层开发内容,包括线程的概念、线程的控制等;特别是对线程同步技术做了介绍。

第 10 章 嵌入式 Linux 调试。本章的主题是 Linux 开发中的调试技术,重点介绍了 GDB 工具的使用方法。通过简单的示例阐述了调试的基本流程。在介绍了 GDB 的本地调试以后,本章还介绍了使用 GDB 进行远程调试的方法,包括编译和使用 arm-linux-gdb 的过程。通过本章的学习,读者应该具备嵌入式 Linux 调试的基本技能。

读者对象

本书是一本介绍嵌入式系统开发的书籍,重点以 Linux 操作系统为例,介绍了嵌入式 Linux 系统开发以及应用开发的内容。本书定位的读者群为嵌入式及 Linux 开发初学者,例如:

- ➢ 想学习或者刚刚进入嵌入式系统领域的开发人员;
- ➢ 对嵌入式系统或者 Linux 系统非常有兴趣的人员;
- ➢ 具有单片机开发经验,想从事嵌入式 Linux 开发的工程师。

致　谢

全书由孙天泽统稿并组织完成。钟伟、蒙洋、袁文菊、游成伟、易松华、唐坤勇、田贺祥、黄真、贾佳参与完成了其中部分章节的编写和代码调试工作，以及资料收集、整理工作。本书在编写过程中得到了许多朋友和专家的帮助，在此特别感谢他们的辛勤工作。

此外，还要感谢北京中芯优电科技信息有限公司的无私帮助。本书的前期组织和后期审校工作都凝聚了他们的支持，他们认真阅读了书稿，提出了大量中肯的建议，并帮助纠正了书稿中的很多错误。

由于篇幅所限、时间仓促，加之作者的编写水平有限，书中的不妥之处在所难免，恳请读者批评指正。读者可以发送电子邮件到 xdhydcd5@sina.com，与本书策划编辑进一步沟通。

编　者
2011 年 2 月

目 录

第1章 Linux 操作系统基础 ... 1
1.1 Linux 与嵌入式 Linux ... 1
1.2 Linux 系统的目录结构 ... 5
1.3 Linux 的常用命令 ... 11
1.3.1 Linux 系统必备命令 ... 11
1.3.2 /bin 目录下的命令 ... 11
1.3.3 /sbin 目录下的命令 ... 15

第2章 系统任务自动化 ... 21
2.1 理解 shell 脚本 ... 21
2.1.1 创建第一个脚本 ... 22
2.1.2 重定向和管道 ... 23
2.1.3 环境变量 ... 24
2.1.4 shell 编程基本元素 ... 27
2.1.5 shell 脚本实例 ... 30
2.2 流编辑器-sed ... 31
2.2.1 sed 选项 ... 31
2.2.2 sed 使用实例 ... 32
2.3 Linux 系统初始化 ... 34

第3章 工具链 ... 39
3.1 GNU Tools 简介 ... 39
3.1.1 binutils ... 40
3.1.2 GCC 编译器 ... 41
3.1.3 Glibc ... 42
3.2 ARM Linux 交叉编译工具链的构建 ... 45
3.2.1 创建编译环境 ... 46
3.2.2 准备内核头文件 ... 48
3.2.3 编译 binutils ... 49
3.2.4 编译 Bootstrap GCC ... 50

3.2.5 编译 Glibc ………………………………………………… 51
3.2.6 编译完全版 GCC …………………………………………… 52
3.2.7 编译 GDB …………………………………………………… 52
3.3 获得工具链的其他方式 …………………………………………… 53
3.3.1 crosstool …………………………………………………… 54
3.3.2 Buildroot …………………………………………………… 56
3.3.3 ELDK ……………………………………………………… 59

第 4 章 构建主机开发环境
4.1 串口控制台工具 …………………………………………………… 63
4.2 Linux 系统服务配置 ……………………………………………… 66
4.2.1 配置网络地址 ……………………………………………… 66
4.2.2 配置 TFTP 服务 …………………………………………… 67
4.2.3 配置 NFS 服务 ……………………………………………… 68
4.2.4 BOOTP/DHCP 服务 ………………………………………… 70
4.3 玩转你的开发板 …………………………………………………… 71

第 5 章 引导启动代码
5.1 什么是 Bootloader ………………………………………………… 82
5.1.1 Bootloader 的功能 ………………………………………… 83
5.1.2 GRUB 实例 ………………………………………………… 84
5.1.3 链接器命令脚本 …………………………………………… 87
5.2 U-Boot 介绍 ………………………………………………………… 87
5.2.1 U-Boot 的目录结构 ………………………………………… 88
5.2.2 编译 U-Boot ………………………………………………… 88
5.2.3 U-Boot 中 .lds 连接脚本文件 ……………………………… 89
5.3 U-Boot 移植 ………………………………………………………… 90
5.4 为 U-Boot 添加新命令 …………………………………………… 106

第 6 章 Linux 内核概述与移植
6.1 Linux 内核目录结构 ……………………………………………… 109
6.2 Linux 内核的体系结构 …………………………………………… 110
6.3 内核启动步骤及代码分析 ………………………………………… 112
6.3.1 引导过程概述 ……………………………………………… 112
6.3.2 压缩内核的启动 …………………………………………… 113
6.3.3 Linux 在 ARM 中的启动流程 ……………………………… 125
6.4 从"零"开始移植内核 …………………………………………… 135
6.4.1 驱动程序的配置与移植 …………………………………… 149

6.4.2	保存内核配置选项	158

第7章 设备驱动开发 …… 160
7.1 理解 Linux 模块编程 …… 160
7.1.1 创建第一个模块程序 …… 160
7.1.2 内核模块的编译与使用 …… 163
7.1.3 模块参数 …… 166
7.1.4 模块符号导出 …… 168
7.2 理解 Linux 的设备驱动程序 …… 170
7.2.1 字符设备 …… 171
7.2.2 块设备 …… 172
7.2.3 简单的字符设备驱动程序实例 …… 173
7.2.4 深入学习设备驱动 …… 184
7.3 Linux 驱动开发中的并发控制 …… 195
7.3.1 信号量 …… 195
7.3.2 自旋锁 …… 199

第8章 嵌入式 Linux 应用程序开发——多进程 …… 201
8.1 进程环境 …… 201
8.1.1 从 main 函数说起 …… 201
8.1.2 清理函数 atexit …… 203
8.2 进程控制 …… 205
8.2.1 进程创建 …… 205
8.2.2 exec 函数族 …… 207
8.2.3 进程终止 …… 209
8.2.4 进程退出的同步 …… 211
8.3 进程间通信 …… 217
8.3.1 概述 …… 217
8.3.2 管道 PIPE …… 219
8.3.3 有名管道 FIFO …… 223
8.3.4 IPC 综述 …… 228
8.3.5 消息队列 …… 230
8.3.6 共享内存 …… 236
8.3.7 信号量 …… 238
8.4 信号机制 …… 245
8.4.1 概述 …… 245
8.4.2 信号的发送与捕捉 …… 248

8.4.3 信号的处理 …… 252
8.5 小结 …… 260

第9章 嵌入式 Linux 应用程序开发——多线程 …… 261
9.1 线程概述 …… 261
9.2 线程控制 …… 262
 9.2.1 线程创建 …… 262
 9.2.2 线程的 Linux 实现 …… 264
 9.2.3 有关线程退出 …… 265
 9.2.4 辅助函数 …… 269
9.3 线程同步 …… 271
 9.3.1 概述 …… 271
 9.3.2 互斥锁 …… 272
 9.3.3 条件变量 …… 278
 9.3.4 线程与信号量 …… 283
 9.3.5 线程取消 …… 286
 9.3.6 线程的私有数据 …… 290
9.4 小结 …… 294

第10章 嵌入式 Linux 调试 …… 295
10.1 GDB 的基本使用 …… 295
 10.1.1 GDB 的功能 …… 295
 10.1.2 调试基本流程 …… 296
10.2 GDB 常用命令 …… 302
 10.2.1 工作环境命令 …… 304
 10.2.2 设置断点与恢复命令 …… 304
 10.2.3 源码查看命令 …… 305
 10.2.4 查看运行数据命令 …… 306
 10.2.5 修改运行参数命令 …… 306
 10.2.6 堆栈管理 …… 307
10.3 GDB 远程调试 …… 307
 10.3.1 制作交叉 GDB …… 308
 10.3.2 使用交叉 GDB 调试 …… 311
10.4 小结 …… 313

参考文献 …… 314

第 1 章
Linux 操作系统基础

知识点：

Linux 与嵌入式 Linux；

Linux 系统的目录结构；

Linux 的常用命令。

1.1 Linux 与嵌入式 Linux

1. Linux

Linux 与 UNIX 操作系统密切相关。所以在开始学习 Linux 以前，有必要知道 UNIX 和 Linux 的一些历史。

UNIX 的第一个版本是用汇编程序编写的。为了使 UNIX 在将来的发展中独立于机器，1971 年又使用由 Dennis Ritchie 开发的编程 C 语言重新编写了 UNIX。由于 Bell 实验室以很低的价格向大学提供 UNIX 的文档和源码，所以该系统的普及相对较快。加之该系统操作简单，并且相对可移植，所以许多用户和公司开始积极踊跃地加入到开发行列中，因此 UNIX 在短时间内就新增了许多功能且日趋成熟。与此同时，还产生了一系列与 UNIX 有关的商业产品，包括 IBM、DEC、BSD UNIX、HP 的版本。

1983 年，AT&T 开始通过其姊妹公司 USL 将 UNIX System V 投放商业市场，并宣布将 System V 用作 UNIX 标准。这也导致了与 BSD 的长期法律纠纷，并产生了其他一些影响。

目前，可以将现代的 UNIX 操作系统划分 System V 或 BSD 类型，如图 1.1 所示。

Linux 也是一个具有完整功能的 UNIX 操作系统，并试图把 UNIX 各版本的优势集于一身，包括一整套 UNIX shell，如 BASH、TCSH 和 Z-shell。熟悉这些 UNIX 接口的用户可以很

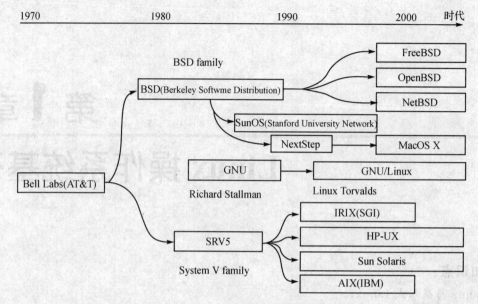

图 1.1 UNIX 操作系统家族

容易地使用任何一种 shell，因为它和 UNIX 的命令、过滤器和配置方法是一样的。因为 Linux 是用 C 语言编写的，所以它适用于许多不同的硬件平台，包括：

- Intel/AMD：32 位/64 位；
- PowerPC(Macintosh, RS/6000)；
- SPARC(Sun)；
- IBM pSeries；
- IBM zSeries(S/390)；
- 嵌入式系统。

Linux 最初由芬兰大学生 Linus Torvalds 在 1991 年编写，并发布于 FTP 服务器上，用户可以免费下载。正是有了众多开发人员的加入，使得 Linux 在短短几年的时间内发展为世界闻名的操作系统，并广泛应用于各重要领域。在嵌入式系统领域，据 VDC 调查显示 Linux 继续领跑嵌入式操作系统市场。有 18% 的工程师在使用 Linux 进行相关的嵌入式开发，占有率第一。Linux 广受欢迎的原因包括以下几方面：

- 在操作系统许可证费用方面的优势；
- 优良的代码可扩展性；
- 用户对此系统的熟悉程度；
- 操作系统的成熟和丰富的应用程序；
- 开发者对嵌入式 Linux 开发经验的日益丰富；
- 日益统一的 Linux 标准。

Linux 的发行版本（distribution）可以分为两类，一类是商业公司维护的发行版本，一类是社区组织维护的发行版本，前者以著名的 Red Hat Linux 为代表，后者以 Debian 为代表。现在比较著名的发行版本包括：Redhat、Fedora、Ubuntu、SuSE、Mandriva Linux、KNOPPIX、Slackware Linux 等。图 1.2 是 Linux 发行版的家族谱，读者可以从中知道各发行版的衍生。如果你对世界上有哪些发行版本感兴趣，可以访问下面的网站以获得详细信息：http://distrowatch.com/。

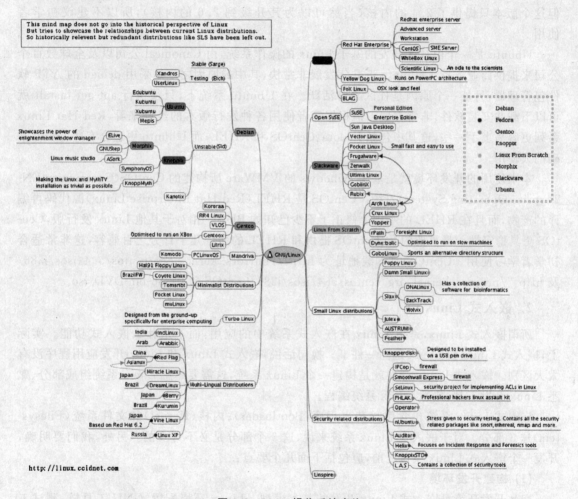

图 1.2　Linux 操作系统家族

面对众多发行版本，如何进行选择是刚刚接触 Linux 用户所面临的第一个问题。尽管每一种发行版本都有各自的特点，但是 Linux 发行版本之间并没有本质区别，特别是其安装越来越容易。我们在选择发行版本时，最主要的因素包括内核版本、软件包管理、工具、社区活跃

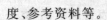

度、参考资料等。

发行版本最基本的是 Linux 内核,内核是构成操作系统的核心软件。在内核之上,通常是一些 GNU 库(例如 Glibc)和工具,它们对内核功能提供了高级的访问能力,这意味着可以进行更高级的编程。应用程序都是在这之上进行绑定的。现在常用的内核是 v2.6,并且以极高的频率进行更新,截止本书截稿时,Linux 内核的最新版本是 2.6.35.4。因此在选择发行版本时,尽量选择提供 v2.6 内核的发行版本。经典 Red Hat Linux 9.0 曾是无数程序员的首选,但这个版本只提供了 2.4 的内核(当然可以为其升级到 2.6 的内核),所以不建议初学者使用。

Ubuntu 是一个由社区开发的基于 Linux 的操作系统,由 Canonical 公司以及全球数百个公司来提供商业支持。Ubuntu 近几年发展非常快,其中的原因之一是采用 debian 的 ATP 软件包管理器,另外一个原因是社区异常活跃。在 Ubuntu 系统下,只须执行 apt-get install 就可以下载并安装软件,非常方便。但根据笔者使用各种发行版本的经验来看,Red Hat Linux 系列更容易上手一些,这其中包括 Fedora、CentOS 和 RHEL;而 Ubuntu 更适合有些 Linux 基础的人使用。

本书使用的开发环境就是基于 Windows 的 VMWare 所构建的 CentOS(Community ENTerprise Operating System)系统。CentOS 是 RHEL(Red Hat Enterprise Linux)源代码再编译的产物,而且在 RHEL 的基础上修正了不少已知的 BUG。相对于其他 Linux 发行版,CentOS 更具稳定性。最重要的是,CentOS 提供和 RHEL 的命令几乎百分之百兼容,这非常适合初学者学习使用。CentOS 的下载地址为 http://mirrors.kernel.org/centos/5.4/isos/i386/ 及 http://mirrors.kernel.org/centos/5.4/isos/i386/CentOS-5.4-i386-bin-DVD.iso。

2. 嵌入式 Linux

所谓嵌入式 Linux,是指 Linux 在嵌入式系统中的应用,而不是什么嵌入式功能。实际上,嵌入式 Linux 和 Linux 是同一件事。换句话说,嵌入式 Linux 和 Linux 开发应用程序没有太大区别。嵌入式 Linux 开发就是构建一个 Linux 系统,这需要熟悉 Linux 系统组成部分、熟悉 Linux 开发工具、熟悉 Linux 系统编程。

嵌入式 Linux 系统包含引导装入程序(Bootloader)、内核(Kernel)和文件系统(Filesystem)这 3 部分。对于嵌入式 Linux 系统来说,这 3 个部分是必不可少的。另外,我们要明确,开发一个嵌入式 Linux 项目之前,应包括下面几个要点:

(1) 构建开发环境

交叉开发环境是嵌入式 Linux 开发的基本模型。Linux 环境配置、GNU 工具链、测试工具甚至集成开发环境都是开发嵌入式 Linux 开发的利器。当然,可以购买商业的 Linux 发行版本,如 Montavista Linux,它会为开发者提供可靠的软件和完整的开发工具包。

(2) 构建 Linux 内核

因为嵌入式 Linux 开发一般需要重新定制 Linux 内核,所以熟悉内核配置编译和移植也很重要。

(3) 构建目标板的引导方式

开发板的 Bootloader 负责硬件平台的最基本初始化,并且具备引导 Linux 内核启动的功能。由于硬件平台是专门定制的,一般需要修改(移植)并编译 Bootloader。

(4) 构建 Linux 根文件系统

Linux 内核启动后期需要挂载根文件系统,程序和文件都存放在于文件系统中。系统启动必需的程序和文件也必须放在根文件系统中。

(5) 理解 Linux 调度机制和进程线程编程

Linux 调度机制影响到任务的实时性,理解调度机制可以更好地运用任务优先级。进程和线程编程则是应用程序开发所必须的。

1.2 Linux 系统的目录结构

Linux 继承了 UNIX 操作系统结构清晰的特点,在 Linux 下的文件结构非常有条理。先看我们熟悉的 Windows 系统,Windows 也有自己的目录结构,如 Program Files、Document and Settings、Windows、Windows\system。学习 Linux 的第一步就是要了解它的目录结构,要知道命令的存放位置、配置文件的存放路径。

图 1.3 列出了 Linux 系统的目录结构的树状图。图中只给出了系统中的一些典型目录,不代表全部。为了使读者掌握 Linux 系统的目录结构,请参考表 1.1 中的解释说明。

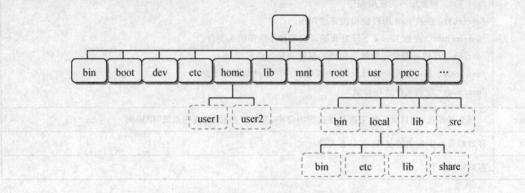

图 1.3 Linux 系统目录结构树状图

表 1.1　Linux 根目录

挂载点	说　明
/bin	存放 Linux 系统下经常使用的命令，如 ls、cd、cp、rm、mv 等
/boot	存放启动 Linux 时使用的一些核心文件，包括系统映像和链接文件，如 vmlinuz-2.6.18
/dev	存放 Linux 的设备文件。在 Linux 中访问设备的方式和访问文件的方式是相同。例如，/dev/fd0 表示第一个软盘驱动器，/dev/lp0 表示第一个并行端口
/etc	存放系统管理的配置文件。例如，该目录下的 exports 文件是 NFS 系统服务的配置文件，passwd 文件是系统用户密码文件（当然密码无法看到，真正的密码文件是 shadow）
/home	是用户的主目录。每当创建一个用户，就会产生一个和该用户名相同的文件夹，当这个用户登录时，首先登录这个目录中，也就是这个用户的家目录。例如，/home/user1 是 user1 用户的家目录，/home/user2 是 user2 用户的家目录
/lib	存放系统动态连接共享库。人们平时使用的 ls、cd 等系统命令，都是要到这个目录下找依赖的库。例如，libc.so.6 库是 ls 命令执行时需要使用的
/mnt	是系统提供安装额外文件系统时候的安装目录，如挂载软驱、光驱等
/root	root 用户的家目录
/usr	这个目录是 Linux 系统中最大的目录，存放许多应用程序。重要的子目录包括： /usr/bin　存放用户的应用程序 /usr/sbin　存放 root 用户使用的管理程序 /usr/include　存放 Linux 下开发和编译应用程序所需的头文件 /usr/lib　存放一些常用的动态链接共享库和静态档案库 /usr/local　是一般用户的目录，用户安装的应用软件常存放于此 /usr/man　帮助文件所在目录
/proc	一种文件系统，该目录下的文件都存在于内存中，其细节在后面"文件系统"中讲到
/var	存放经常发生变化的文件，如日志文件
/tmp	存放临时文件

表 1.1 中的目录是 Linux 系统根目录下的挂载点，也是一些最基本的内容，读者需要牢牢记住。掌握这些根目录后，还需要了解 Linux 下更多的内容。表 1.2 给出了 Linux 系统中一些比较重要的配置文件的介绍。

第 1 章　Linux 操作系统基础

表 1.2　Linux 的重要文件

文件	解释说明
/boot/grub/grub.conf	GRUB 的配置文件
/boot/System.map-*	内核的内核符号表，常用于调试过程中
/boot/vmlinuz-*	可引导的、压缩的内核。vm 代表 Virtual Memory
/boot/initrd-*	是在实际根文件系统可用之前挂载到系统中的一个初始根文件系统。initrd 与内核绑定在一起，并作为内核引导过程的一部分进行加载
/etc/aliases	sendmail 服务会使用该文件用做使用者名称转换的动作。当 sendmail 收到一个要送给某人的邮件时，它会依据 aliases 文件中的内容送给另一个使用者
/etc/adjtime	系统根据该文件中的参数调整硬件时间，并更新系统时间为硬件时间
/etc/anacrontab	anacron 服务的配置文件
/etc/auto.misc	定义 /misc 目录中的挂载点，这种关系在 /etc/auto.master 文件中定义
/etc/bashrc	bash 配置文件
/etc/cron.daily/*	参见计划任务工具 cron 服务的配置
/etc/cron.hourly/*	参见计划任务工具 cron 服务的配置
/etc/cron.monthly/*	参见计划任务工具 cron 服务的配置
/etc/cron.weekly/*	参见计划任务工具 cron 服务的配置
/etc/crontab	参见计划任务工具 cron 服务的配置
/etc/csh.cshrc	启动时 Cshells 执行的文件
/etc/csh.login	登录时 Cshells 执行的文件
/etc/cups/*	cups 服务配置文件
/etc/default/useradd	创建用户时用到的模板，建议读者打开看一下
/etc/dev.d	udev 从内核中过滤出磁盘的插拔事件，随后会调用这个目录下的脚本
/etc/DIR_COLORS	目录列表颜色
/etc/exports	NFS 服务的配置文件，详见"文件系统"章节的内容
/etc/filesystems	支持的文件系统类型
/etc/fstab	系统启动时，根据该文件的配置，挂载文件系统
/etc/group	系统中组的信息
/etc/host.conf	解析主机名
/etc/hosts	该文件记录每个主机名以及相对的 IP 地址，进行本地解析
/etc/hosts.allow	控制可以访问本机的 IP 地址
/etc/hosts.deny	控制禁止访问本机的 IP 地址

7

续表 1.2

文　件	解释说明
/etc/httpd/conf/ *	apache 服务配置文件目录
/etc/httpd/httpd.conf	apache 服务的主要配置文件
/etc/init.d/ *	sysV 初始化脚本，是指向 rc.d 的链接
/etc/initlog.conf	登录配置文件
/etc/inittab	init 进程的主要任务是按照 inittab 文件所提供的信息创建进程，该文件还记录 Linux 系统的启动级别
/etc/inputrc	该文件为特定的情况处理键盘映射
/etc/iproute2	Linux 的高级路由配置
/etc/issue	本机登录时，在登录提示之前出现的字符信息，如内核版本
/etc/issue/net	从网络登录计算机时(如 telnet 、SSH)，看到的登录提示
/etc/jwhois.conf	jwhois 配置文件
/etc/krb5.conf	krb5 配置文件
/etc/ldap.conf	ldap.conf 配置文件
/etc/ld.so.cache	保存已排好序的动态链接名称列表
/etc/ld.so.conf	共享库配置文件，它记录了编译时使用的动态链接库的路径
/etc/localtime	指示时区位置
/etc/login.defs	创建用户时的一些规则
/etc/logrotate.conf	logrotate 指令的配置文件
/etc/logrotate.d/ *	日志文件管理的脚本
/etc/mail/ *	邮件服务的配置文件
/etc/makedev.d	设备节点
/etc/man.config	系统帮助(man)的配置文件
/etc/mime.types	MIME 类型
/etc/mime-magic *	数据的魔数(Magic)
/etc/minicom.users	可以使用 minicom 的用户 ID
/etc/modules.conf	内核加载设备模块需要的配置文件
/etc/mke2fs.conf	创建文件系统的配置文件
/etc/mtab	挂载的文件系统
/etc/mtools	mtools 工具的配置文件
/etc/nsswitch.conf	系统数据库和名称服务切换配置文件
/etc/openldap/ *	Open LDAP 配置文件

第 1 章　Linux 操作系统基础

续表 1.2

文　件	解释说明
/etc/pam.d/*	PAM 配置文件
/etc/pam_smb.conf	samba 服务认证配置文件
/etc/passwd	用户密码文件,可以通过这个文件查看系统用户信息
/etc/ppp/*	PPP 配置信息
/etc/printcap	打印池
/etc/profile	用户的默认配置文件,这个文件非常重要,读者要熟悉
/etc/profile.d/*	shell 初始化的配置
/etc/protocols	记录系统的协议信息
/etc/quotagrpadmins	硬盘限额配置
/etc/rc	系统初始化脚本,很重要
/etc/rc.local	本地启动脚本,很重要,指向 rc.d/rc.local
/etc/rc.sysinit	系统初始化文件,很重要,指向 rc.d/rc.sysinit
/etc/rc(0-6).d/*	指向 rc.d/rc(0-6).d
/etc/rpc	RPC program number database
/etc/rpm/*	RPM 软件包数据库和配置文件
/etc/samba/*	Samba 服务的配置文件
/etc/securetty	控制根用户登录的设备
/etc/security/*	系统认证和安全的配置
/etc/sensors.conf	主板传感器配置
/etc/services	系统服务信息
/etc/shadow	保存加密后的系统用户信息
/etc/skel	创建新用户时使用的模板
/etc/ssh/*	SSH 服务配置文件
/etc/sysconfig/*	系统配置文件
/etc/sysconfig/network-scripts/*	网络适配器配置文件
/etc/sysctl.conf	系统控制配置文件
/etc/syslog.conf	系统日志配置文件
/etc/termcap	Terminal capabilities and options
/etc/updatedb.conf	updatedb/locate configuration file
/etc/wvdial.conf	GNOME dialer configuration file
/etc/X/*	X 窗口相关配置

续表1.2

文件	解释说明
/etc/X/fs/config	X font server configuration
/etc/X/xinit/xinitrc	X 会话初始化文件
/etc/xinetd.conf	xinetd 服务的配置文件
/etc/xinetd.d/*	同上
/home/*/public_html	用户主页
/root/.bash_history	保存超级用户操作的各种命令
/root/.bash_logout	超级用户注销时执行的脚本
/root/.bash_profile	超级用户登录时执行的脚本
/root/.bashrc	超级用户的设置选项,包括 bash 环境变量
/root/.Xresources	超级用户的 X 窗口资源设置
/usr/share/config/*	各种配置文件
/usr/share/fonts/*	字体设置
/usr/share/ssl/openssl.cnf	SSL 认证配置
/usr/XR/*	X 窗口应用设置
/usr/XR/lib/X/fonts/*	X 窗口字体
/var/log/cron	cron 活动日志
/var/log/httpd/access_log	网络服务访问日志
/var/log/httpd/error_log	网络服务错误日志
/var/log/boot.log	系统启动消息
/var/log/cron	cron 日志
/var/log/dmesg	内核消息
/var/log/lastlog	上一次登录日志
/var/log/maillog	邮件传输日志
/var/log/messages	系统日志
/var/log/samba/*	Samba 日志
/var/log/secure	系统安全日志
/var/log/update	系统更新日志
/var/www/cgi-bin	CGI 脚本
/var/www/html/*	网页
/dev/*	系统设备文件
/dev/console	系统控制台文件

续表 1.2

文件	解释说明
/dev/zero	一个输入设备,可用来初始化文件
/dev/null	空设备,可用来输出任何数据
/dev/floppy	软驱设备
/dev/cdrom	光驱设备
/dev/stderr	标准错误
/dev/stdin	标准输入
/dev/stdout	标准输出
/dev/ram *	ramdisk 文件

1.3 Linux 的常用命令

Linux 系统提供了很多命令,大部分命令在 X 窗口下可以通过鼠标单击完成。不过对于程序员或者系统管理员来说,在终端下使用命令控制系统,效率会更高一些,所以还是尽可能掌握这些 Linux 命令吧!

1.3.1 Linux 系统必备命令

正如前面说过的,Linux 提供了上千条命令。我相信很少有 Linux 高手能记住所有的命令,实际上也没有必要,但是有一些命令是必须背下来的。下面列出了 Linux 系统中最基础的 30 个命令,要求读者能够牢记。

pwd	ls	cd	cp	rm	mv
man	ln	tar	cat	du	df
chown	ps	shutdown	mkdir	rmdir	chmod
vi	tail	head	diff	tree	mount
patch	whereis	grep	more	kill	su

1.3.2 /bin 目录下的命令

/bin 目录下存放了一些基本的二进制命令。表 1.3 给出了其中一部分命令,以供参考。

表 1.3　/bin 目录下的命令

命　　令	说　　明
alsacard	检测声卡
alsaunmute	静音设置
arch	查看硬件类型
awk	一种程序语言环境
basename	去除文件名的目录部分和后缀部分，返回一个字符串参数的基本文件名称
busybox	标准 Linux 工具的一个单个可执行程序实现，常用于嵌入式 Linux，参见本书"文件系统"内容
cat	连接或显示文件
chgrp	更改文件或目录的组所有权
chmod	更改文件权限
chown	更改与文件关联的用户或组
cp	复制
cpio	从 cpio 或 tar 格式的归档包中存入和读取文件
csh	一种 shell
cut	从文档或标准输入中读取内容并截取每一行的特定部分并送到标准输出
date	修改系统日期
dbus-*	dbus 是一个消息传递系统，应用程序间可通过它来相互传递消息
dd	磁盘复制
df	查看磁盘空间
dmesg	查看开机消息
dnsdomainname	显示（或设置）系统 DNS 域名
doexec	将一个随便的参数列表传递到一个二进制可执行文件中
domainname	显示（或设置）系统域名
dumpkeys	将键盘的对映表写到标准输出中
echo	显示当前回显设置
ed	文本编辑程序
egrep	参见 grep -E
env	显示环境变量
ex	文档编辑
false	使得用户没有 shell 可用

第1章 Linux操作系统基础

续表1.3

命令	说明
fgrep	即fix grep，允许查找字符串而不是一个模式
gawk	GNU awk
gettext	GTK+编程用
grep	在输入文件中（如果没有输入文件，则从标准输入）寻找与模式匹配的行，默认对匹配的行执行打印到标准输出的操作
gtar	GNU tar
gunzip	备份压缩工具
gzip	备份压缩工具
hostname	主机名
igawk	让gawk具备包含文件的能力
ipcalc	在软件包名称中搜索的结果
kbd_mode	显示或者设置键盘模式
kill	杀掉进程
ksh	一种shell
link	链接文件或目录
ln	创建文件链接
loadkeys	将键盘的对映表写到标准输出之中
login	让用户登入系统
ls	显示目录和文件
mail	收发邮件
mailx	收发邮件
mkdir	创建文件夹
mknod	创建设备节点
mktemp	创建一个暂存文件
more	显示文件内容
mount	挂载
mountpoint	挂载点
mv	文件改名或转移
netstat	显示网络连接、路由表和网络接口信息
nice	查看或修改进程优先级
nisdomainname	显示（或设置）系统NIS/YP域名

续表 1.3

命 令	说 明
pgawk	gawk 的概要分析(profiling)版本
ping	测试网络连通
ping6	测试网络连通
ps	查看进程
pwd	查看当前所在路径
raw	裸设备操作
rm	删除文件
rmdir	删除文件夹
rpm	软件包管理器
rvi	vi 的链接
rview	vi 的链接
sed	文本处理
setfont	设置字体
setserial	设置串口
sh	一种 shell
sleep	将目前动作延迟一段时间
sort	排序
stty	修改和查询终端驱动程序的设置
su	身份切换
sync	强制把内存中的数据写回硬盘,以免数据的丢失
tar	打包工具,用于将多个文件一起打包
taskset	改变进程
tcptraceroute	使用 TCP SYN 包实现 traceroute 的工具
tcsh	一种 shell
touch	改变文件或目录时间
tracepath	显示数据包到达目的主机所经过的路由
tracepath6	显示数据包到达目的主机所经过的路由
traceroute	显示数据包到主机间的路径
traceroute6	显示数据包到主机间的路径
tracert	返回到达 IP 地址所经过的路由器列表
umount	卸载

续表 1.3

命令	说明
uname	显示系统信息
unicode_start	将控制台设为 unicode 模式
unicode_stop	撤销控制台 unicode 模式
unlink	删除链接
usleep	参见 sleep
vi	一个非常著名的编辑器
view	vim 的链接
ypdomainname	寻找系统的域名
zcat	压缩打包
zsh	一种 shell

1.3.3 /sbin 目录下的命令

/sbin 目录下存放的二进制命令需要具有一定权限的用户使用,普通用户无法使用。表 1.4 给出其中一部分命令,以供参考。

表 1.4 /sbin 目录下的命令

命令	说明
accton	启动进程记录
addpart	增加分区
adsl-*	adsl 相关操作命令,如启动、停止、状态查看、设置等
agetty	打开串口
alsactl	alsa 控制
arp	显示和修改地址解析协议(ARP)使用的"IP 到物理"地址转换表
arping	采用 ARP 请求和响应来探测网络是否连通
audi*	审计系统系列命令
aureport	审计系统后台应用程序
ausearch	用于查询审计后台的日志
autrace	添加审计规则,类似于 strace 跟踪一个进程
badblocks	检查磁盘坏块
blkid	定位或者打印块设备属性
blockdev	在命令行调用设备的 ioctl 函数

续表 1.4

命　令	说　明
change_console	转换当前控制台
chkconfig	检查或设置系统各种服务的运行级别
clock	调整 RTC 时间
consoletype	打印终端类型
cryptsetup	磁盘加密设置
ctrlaltdel	设置 Ctrl、Alt、Del 组合键的功能
debugfs	调试文件系统
delpart	删除磁盘分区
depmod	分析可载入模块的依赖关系
dh *	dhcp 服务相关命令
dm *	逻辑卷管理相关命令
dosfsck	修复 dos 文件系统
dosfslabel	查看 dos 文件系统标签
dump *	文件系统备份
e2fsck	检查使用 ext2 文件系统分区
e2image	创建 ext2 和 ext3 文件系统的镜像
e2label	显示或者修改 ext2/ext3 文件系统的标签
ether-wake	远程唤醒以太网
ethtool	查询及设置以太网网卡参数
extlinux	Linux 引导器
fdisk	磁盘分区
findfs	查找文件系统
firmware_helper	为设备加载固件
fixfiles	修复文件安全上下文
fsck *	检测文件系统完整性
fstab-decode	参见 fstab
fuser	使用文件或者套节字来表示识别进程
generate-modprobe.conf	将原来的 module.conf 文件迁移到 modprobe.conf 文件
genhostid	随机生成一个 hostid 号
grub	Linux 引导器
grubby	引导加载程序配置文件的相关信息

第1章　Linux操作系统基础

续表 1.4

命　令	说　明
grub-install	安装 grub 引导器
grub-md5-crypt	产生 grub 的 MD5 密码
grub-terminfo	从 terminfo 名称产生 terminfo 命令
halt	停机
hdparm	提供一个实现各种硬盘控制动作的命令行接口
hwclock	维护硬件时间
ifconfig	网络配置命令
ifdown	停止网络
ifenslave	在 Linux 下做负载均衡的工具
ifrename	为网络接口分配连续名字的工具
ifup	激活网络
init	由内核启动的用户级进程，改变系统运行级别
initlog	在系统启动初始化的时候，对上一次没有正常关机的硬盘系统进行检测
insmod	向内核插入模块
ip	显示和维护路由，设备，路由和隧道策略
ip6tables *	基于 ipv6 的防火墙
ipmaddr	返回 IP 地址
iptables *	iptables 相关命令
iptunnel	隧道配置命令
iwconfig	配置无线网络
killall5	SystemV 的 killall 命令
klogd	Syslogd 日志记录器的守护进程之一
kpartx	重新映射分区
kudzu	查看网卡型号
ldconfig	动态链接库管理
logsave	把一个命令的输出保存在日志文件中
losetup	设置循环设备(loop)
lsmod	列出载入内核的模块
lspci	列出所有 PCI 设备
lspcmcia	列出所有 PC 卡设备
lsusb	列出所有 usb 设备

续表 1.4

命 令	说 明
lvm	创建卷组和逻辑卷实例
MAKEDEV	创建设备文件
mdadm	用于管理软件 RAID
mdmpd	监视 md 设备
mgetty	设置和管理终端线路和端口
microcode_ctl	可以编码以及发送新的微代码到 kernel 以更新 Intel IA32 系列处理器
mii-diag	控制和监视网络适配器
mii-tool	设置网卡工作模式
mingetty	用于虚拟控制台的最小化的 getty 工具
mkbootdisk	创建启动盘
mkdosfs	创建 dos 文件系统
mkfs_*	创建文件系统
mkinitramfs	制作 initramfs 镜像
mkinitrd	制作 initrd 镜像
mkswap	创建交换分区
mkyaffs(2)image	创建 yaffs 镜像
modinfo	显示关于内核模块的信息
modprobe	检查模块之间的依赖关系
mount._*	挂载文件系统
mpath__*	多路径相关命令集
nash	linux 内核引导过程中，initrd 中常用的类似于 shell 的工具
netplugd	网线热插拔管理守护进程
netreport	网络报告程序
new-kernel-pkg	创建 initrd 镜像
nologin	禁止用户登录系统
pam_ *	插件式鉴别模块的相关命令
parted	一种分区工具
partprobe	探测分区工具
partx	查看分区信息
pccardctl	pccard 控制命令
pidof	查找运行程序的 ID

第 1 章　Linux 操作系统基础

续表 1.4

命　令	说　明
pivot_root	转换根文件系统，以及挂载临时根文件系统
plipconfig	用来优化 PLIP 设备的参数以加快该设备的速度
portmap	端口映射器
poweroff	关闭电源
pppoe *	拨号相关工具
ppp-watch	监测拨号情况
pvscan	查看卷组情况
quotacheck	扫描文件系统，创建、检测并修补配额文件
quotaoff	关闭用户和群组的磁盘空间限制
quotaon	打开用户和群组的磁盘空间限制
rdisc	探测网络路由器的守护进程
rdump	远程备份（镜像）工具
reboot	重启计算机
resize2fs	ext2/ext2 文件系统重新设置大小
restore	还原由 dump 操作所备份下来的文件或整个文件系统
rmmod	从内核中卸载模块
rmt	用户可通过 IPC 连线，远端操控磁带机的倾倒和还原操作
route	设置路由
rpc.lockd	设置 nfs lock 功能
rpc.statd	对 NFS 访问进行监控
rrestore	远程还原
rtmon	监控地址
runlevel	运行级别
runuser	以某个用户的权限运行程序
salsa	邮件客户端
scsi_id	scsi 设备号查询
service	Linux 服务
setfiles	对文件系统进行标记
setkey	ipsec 的管理工具
setpci	配置 PCI 设备
setsysfont	设定系统使用的字体

续表 1.4

命令	说明
sfdisk	分区工具
shutdown	终止所有进程序,关闭(或重启)计算机
slattach	启用 SLIP
start_udev	重启 udev 守护进程
sulogin	单用户登录
swapoff	关闭系统交换区
swapon	打开系统交换区
sysctl	系统控制
syslogd	接受访问系统的日志信息并且根据 /etc/syslog.conf 配置文件中的指令处理这些信息
tc	流量管理
telinit	指向/sbin/init 的链接
tune2fs	验证当前磁盘格式
udevcontrol	控制 udev
udevd	udev 守护进程
udevsettle	查看 udev 事件队列,等队列内事件全部处理完毕才退出
udevtrigger	扫描 sysfs 文件系统,生成相应的硬件设备 hotplug 事件
umount.*	卸载文件系统
update-pciids	更新 pci 设备的名称
vconfig	配置虚网
vgchange	设置逻辑卷组(VG)的一些参数
vgscan	扫描所有磁盘寻找逻辑卷组

第 2 章

系统任务自动化

知识点：
理解 shell 脚本；
流编辑器-sed；
Linux 系统初始化。

2.1 理解 shell 脚本

在第 1 章的内容中，我们对 Linux 的文件和命令有了初步认识。如果顺利的话，应该可以随口说出一些常用的 Linux 命令来。但是，如果在 Linux 系统启动时，手工输入每一条所需要的命令，那就会什么事也做不成。相反，如果把经常运行的命令组合在一起，则工作效率会更高。shell 脚本可以完成这类任务。

一个 shell 脚本是一组命令、函数、变量或仅仅是可以在 shell 下使用的其他任何项目。这些项目都保存在一个文本文件内，随后该文件可以作为命令运行。在系统启动时，Linux 会使用系统初始化 shell 脚本运行所需要的命令，完成相应的任务。你可以创建自己的 shell 脚本，使得定期任务能够自动完成。毫不夸张地说，shell 脚本是系统管理员、程序员乃至普通用户必备的知识。shell 脚本相当于 MS-DOS 下的批处理文件，且可以包含一长串的命令、复杂的流控制、算法判断、用户定义变量、用户定义函数。

Linux 中的 shell 有多种类型，其中最常用的几种是 Bourne shell(sh)、C shell(csh)和 Korn shell(ksh)。shell 之间会有稍许不同，但总体来说还是很相似的，大多数都是从最初的 Bourne shell 演变而来的。Bourne shell 是 UNIX 最初使用的 shell，并且在每种 UNIX 上都可以使用。Bourne shell 在 shell 编程方面相当优秀，但在处理与用户的交互方面做得不如其他几种 shell。

Linux 操作系统默认的 shell 是 Bourne Again shell（Bash），它是 Bourne shell 的扩展，与 Bourne shell 完全向后兼容，并且在 Bourne shell 的基础上增加了很多特性。Bash 放在 /bin/bash 中，它有许多特色，可以提供如命令补齐、命令编辑和命令历史表等功能，还包含了很多 C shell 和 Korn shell 中的优点，有灵活和强大的编程接口，同时又有很友好的用户界面。

C shell 是一种比 Bourne shell 更适于编程的 shell，其语法与 C 语言很相似。Linux 为喜欢使用 C shell 的用户提供了 Tcsh。Tcsh 是 C shell 的一个扩展版本，包括命令行编辑、可编程单词补齐、拼写校正、历史命令替换、作业控制和类似 C 语言的语法；不仅和 Bash shell 是提示符兼容，而且还提供比 Bash shell 更多的提示符参数。

Korn shell 集合了 C shell 和 Bourne shell 的优点，并且和 Bourne shell 完全兼容。Linux 系统提供了 pdksh(ksh 的扩展)，支持任务控制，可以在命令行上挂起、后台执行、唤醒或终止程序。

具体的 shell 种类见表 2.1。

表 2.1 shell 种类

shell 名称	历　　史
sh(Bourne)	最初的 shell
csh/tcsh/zsh	Bill 在 Berkeley UNIX 上编写的 C shell
ksh/pdksh	David Korn 编写
bash	Linux 的主要 shell，来源于 GNU 项目

2.1.1 创建第一个脚本

在讲述 shell 脚本内容以前，先看一个简单的 shell 脚本，详见程序清单 2.1。

程序清单 2.1 hello.sh

```
# hello.sh
printf "Hello Bash!"
exit 0
```

执行这个脚本的命令如下：

```
# bash hello.sh
```

如果给了这个脚本执行权限，那么完全可以把这段代码当作一个命令执行。试着执行下面两行命令：

```
# chmod 755 hello.sh
# ./hello.sh
```

2.1.2 重定向和管道

重定向是 shell 的基本内容之一。输入/输出重定向用符号"<"和">"来表示。0、1 和 2 分别表示标准输入（stdin）、标准输出（stdout）和标准错误信息输出（stderr），可以用来指定需要重定向的标准输入或输出，如图 2.1 所示。

图 2.1　标准输入、输出、标准错误

Linux 下还有一个很特殊的文件——/dev/null，它是一个无底洞，所有重定向到它的信息都会消失得无影无踪。所有人们不需要、不喜欢的消息，都可以输出重定向到/dev/null。假如想要正常输出和错误信息都不显示，则要把标准输出和标准错误都重定向到/dev/null，例如：

＃ls 1＞/dev/null 2＞/dev/null

还有一种做法是将错误重定向到标准输出，然后再重定向到/dev/null，例如：

＃ ls ＞/dev/null 2＞&1

对数据输出进行重定向也是 Linux 中常用的手法。看下面的例子：

＃ ls /bin ＞ test

这行命令通过 ls 命令列出/bin 目录下的全部内容并输出到 test 文件中。在这个例子中，如果 test 文件已经存在，则它的内容会被覆盖。如果要对文件进行追加，则可以使用"＞＞"操作符。例如：

＃who ＞＞ test

表 2.2 总结了 Linux 系统的 shell I/O 重定向。

表 2.2 I/O 重定向

语句			功能
cmd	<	filename	cmd 以 filename 文件作为标准输入
	>		把标准输出重定向到 filename 文件中
	>>		把标准输出重定向到 filename 文件中（追加）
	1>		把标准输出重定向到 filename 文件中
	2>		把标准错误重定向到 filename 文件中
	2>>		把标准错误重定向到 filename 文件中（追加）
cmd ＞filename 2＞&1			把标准输出和标准错误一起重定向到 filename 文件中
cmd ＞＞ filename 2＞&1			把标准错误和标准错误一起重定向到 filename 文件中（追加）
cmd ＜ filename ＞filename2			cmd 以 filename 文件作为标准输入，以 filename2 文件作为标准输出
cat ＜＞filename			以读写的方式打开 filename

管道也是 shell 的基本内容之一，是 Linux 中信息通信的重要方式。它是把一个程序的输出直接连接到另一个程序的输入，而不经过任何中间文件。管道线是指连接两个或更多程序管道的通路。在 shell 中，可用管道操作符"|"把多个进程连接在一起。用管道连接在一起的进程可以同时进行，并能够根据数据流的流动而自行协调。这是多任务操作系统给我们带来的好处。

之前使用的 more 命令就是管道的一种应用，例如：

\# ls /usr/bin/ | more

因为/usr/bin 中的命令比较多，只使用 ls 命令不能看清全部命令，而通过管道操作可以把输出一页一页地显示在屏幕上。我们应该灵活地运用管道机制以提高工作效率。

自测一下，能否理解下面的命令：

\# ps aux | tee －a filename | grep init
\# ps aux 2＞&1 | grep init

2.1.3 环境变量

环境变量实际上就是用户运行环境的参数集合。Linux 是一个多用户的操作系统，每个用户登录系统后都会有一个专有的运行环境。通常，每个用户默认的环境都是相同的，这个默认环境实际上就是一组环境变量的定义。用户可以对自己的运行环境进行定制，方法就是修改相应的系统环境变量。在 Linux 系统中，有几个地方保存环境变量：

- /etc/profile：这是整个系统的环境变量，对所有用户都生效；
- ~/.bash_profile；
- ~/.bash_login；
- ~/.bash_rc。

此外，还有退出登录脚本：~/.bash_logout。

在 Windows 系统中也是有环境变量的。例如，最常见的 TEMP、PATH 等。表 2.3 列出 Linux 系统常用的环境变量。

表 2.3 常用的环境变量

变量名	描 述
$PATH	系统路径
$PWD	当前路径
$OLDPWD	前一个工作路径
$PPID	Process ID of the interpreter (or script)
$#	传递到脚本的参数个数
$*	以一个单字符串显示所有向脚本传递的参数
$$	脚本运行的当前进程 ID 号
$!	后台运行的最后一个进程的进程 ID 号
$@	传递到脚本的参数列表，使用时加引号，并在引号中返回每个参数
$-	显示 shell 使用的当前选项，与 set 命令功能相同
$?	显示最后命令的退出状态，0 表示没有错误，其他任何值表明有错误
HOME	用户主目录
HISTSIZE	保存历史命令记录的条数
LOGNAME	当前用户的登录名
LANG/LANGUGE	和语言相关的环境变量
TERM	终端类型
PS1	主命令提示符
PS2	二级命令提示符，命令执行过程中要求输入数据时用
PS3	select 的命令提示符
PS4	调试命令提示符
LD_LIBRARY_PATH	系统库搜索路径

现在我们再写一个 shell 脚本，见程序清单 2.2。它也不复杂，主要用来显示系统的一些环境变量。

程序清单 2.2 env.sh

```
# env.sh
echo $PATH
echo $PWD
echo $HOME
echo $PS1
echo $LD_LIBRARY_PATH
```

代码中"echo"是一个命令,用来显示系统环境变量。类似的命令还有很多,见表 2.4。

表 2.4 影响变量的命令

命令	描述
declare	设置或显示变量
export	用于创建传给子 SHELL 的变量
readonly	用于显示或设置只读变量
env	显示全部环境变量
shift[n]	用于移动位置变量,调整位置变量,使 $3 的值赋于 $2,$2 的值赋于 $1
set	设置或重设各种 shell
unset	用于取消变量的定义
typeset	用于显示或设置变量
echo	显示环境变量

shell 为用户与内核之间提供了非常好的交互环境。熟练掌握 shell 技巧能极大地提高效率,最典型的是 TAB 快捷键的使用。根据平时上课的经验,不得不提 shell 的自动补齐功能。在你无法记住命令全称的时候,只要按两下 TAB 键,shell 会返回所有可能的命令,会很容易地从中找到需要的。在切换路径的过程中,自动补齐功能更是必不可少的。例如,我们想查看/usr/include/linux/nfsd 目录中有哪些头文件,则执行下面的命令(使用和不使用 TAB 键):

```
# ls /usr/include/linux/nfsd          //不使用 TAB 键
# ls /usr/inTAB/linuTAB/nfsd          //使用 TAB 键
```

表 2.5 列出了一些常用的快捷键,在平时使用 shell 的过程中,最好有意识地使用快捷键,这会为将来使用系统带来便利。

第 2 章 系统任务自动化

表 2.5 shell 中的快捷键

命令	描述	命令	描述
# Ctrl+A	跳转到命令行的开始	# Ctrl+Y	粘贴 Ctrl+w 或者 Ctrl+k 的内容
# Ctrl+E	跳转到命令行的结尾	# Alt+>	换成历史记录中上一个命令
# Ctrl+L	清屏	# Alt+?	显示当前可以自动补齐的列表
# Ctrl+U(W)	清除光标以前所有字符	# Alt+*	插入所有可能的补齐内容
# Ctrl+K	清除光标以后所有字符	# Alt+/	尝试完成文件名
# Ctrl+H	退格键	# Alt+.	插入前一个命令的参数
# Ctrl+R	从命令历史中找	# Alt+c	把光标所在字母转换为大写
# Ctrl+C	终止命令	# Alt+d	删除某个字
# Ctrl+D	退出 shell	# Alt+l	把光标后的字母转换为小写
# Ctrl+Z	杀掉进程	# Alt+n	Search the history forwards non-incremental
# Ctrl+T	切换光标前最后两个字母	# Alt+p	Search the history backwards non-incremental
# Esc+T	切换光标前最后两个单词	# Alt+r	Recall command
# Alt+F	跳到下一个单词	# Alt+t	Move words around
# Alt+B	回到前一个单词	# Alt+u	把光标后的字母转换为大写
# Tab	自动补齐	# Alt+back-space	删除光标前面的字母

2.1.4 shell 编程基本元素

shell 脚本非常强大，它对于循环和条件判断结构的实现甚至可以与某些高级编程语言相媲美。shell 尤其擅长系统管理任务，适合那些易用性、可维护性比效率更重要的任务。限于篇幅，本小节只简要介绍 shell 编程的几个基本元素，建议读者参考《Expert Shell Scripting》(Ron Peters 著)。

(1) "if…then"测试语句

if 表达式如果条件为真，那么就执行 then 后的部分。可以使用测试命令来对条件进行测试，比如判断文件是否存在等，语法如下：

```
if ....;then
 ....
elif ....;then
 ....
else
```

```
....
fi
```

一个简单的 shell 脚本：

```
#!/bin/bash
a=1
b=2
if [ "$a" = "$b" ];then
    echo "a = b"
else
    echo "a <> b"
fi
```

(2)"for…do"循环

循环语句可以重复执行一个命令列表,而决定是继续循环还是跳出循环则基于一个命令的返回值。在写 for 语句时,也可以省略 in 名字列表部分,这表示用当前的位置参数来代替这时的名字列表。语法如下：

for var in ....;do
  ....
done

下面的示例会把"1"、"2"、"3"分别打印到屏幕上：

```
#!/bin/sh
for var in 1 2 3?;do
echo "var is $var"
done
```

使用 shell 的 for 循环可以简单地完成批量更换文件后缀的任务,实例如下：

```
for f in *.wma
do
    mv $f "basename $f .wma".mp3
done
```

下面的例子实现输出 1～1 000 之间可以被 6 整除的数：

```
for((i=1;i<1000;i++))
do
if((i%6==0))
then
    echo $i
```

第 2 章 系统任务自动化

```
        continue
    fi
done
```

需要注意的是,它与 C 的 for 循环相似,结构却有很大不同。在每次执行循环的过程中, arg 将顺序存取 list 中列出的变量。

```
for arg in " $ var1" " $ var2" " $ var3" ... " $ varN"
# 在第 1 次循环中,arg = $ var1
# 在第 2 次循环中,arg = $ var2
# 在第 3 次循环中,arg = $ var3
# ...
# 在第 n 次循环中,arg = $ varN
# 在[list]中的参数加上双引号是为了阻止单词分离。list 中的参数允许包含通配符
```

如果 do 和 for 想在同一行出现,那么在它们之间需要添加一个";"。

```
for arg in [list];do
```

(3) "select" 语句

select 表达式是 bash 的一种扩展应用,擅长于交互式场合。用户可以从一组不同的值中进行选择。它的语法如下:

```
select var in ... ;do
    break;
done
```

(4) "while…do" 循环

while 语句是 shell 提供的另一种循环语句。while 语句指定一个表达式和一组命令,它使得 shell 重复执行一组命令,直到表达式的值为 false 为止。while 循环的语法如下:

```
while expression    ;bash
do
    statements
done
```

下面的实例实现了计算 1~10 的平方的功能。

```
#! /bin/sh
int = 1
while [ $ int - le 10 ]
do
    sq = `expr $ int \ *  $ int`
    echo $ sq
```

```
int =`expr $ int + 1`
done
```

下面是另一个 while 循环的实例。

```
#! /bin/bash
END_CONDITION = end
until [ " $ var1" = " $ END_CONDITION" ]
# 在循环的顶部判断条件.
do
echo "Input variable #1 "
echo "( $ END_CONDITION to exit)"
read var1
echo "variable #1 = $ var1"
echo
done
exit 0
```

总之，在 shell 程序设计中，如果能够熟练使用循环，则可以大幅度提高脚本在复杂条件下的处理能力，其威力也可以得到很好的体现。

(5) 函　数

shell 允许用户定义自己的函数。shell 中的函数与 C 或者其他语言中定义的函数一样，使用函数主要的好处是有利于组织整个程序。在 bash 中，一个函数的语法格式如下：

```
fname (){
shell commands
}
```

定义好函数后，需要在程序中调用它们。bash 中调用函数的格式为：

```
fname [parm1 parm2 parm3...]
```

调用函数时可以向函数传递任意多个参数，函数将这些参数看作存放它的命令行参数的位置变量。

2.1.5　shell 脚本实例

和学习其他编程语言一样，掌握 shell 编程的秘诀就是多读多练。在 Linux 系统中，特别是/etc 目录下，有无数个 shell 脚本，阅读它们是一举两得的事情，一来可以练习 shell 脚本，二来对 Linux 系统会有更好的认识和使用。我们在后面的章节中会挑选几个代码加以分析。在此之前，先阅读几个简单的脚本。

① 一个用于修改文件名的脚本。该脚本的要点是通过命令行传递的两个参数：其中第 1

个参数在脚本中就是＄1，代表 oldname；第 2 个参数在脚本中是＄2，代表 newname，即修改后的名字。

```
#!/bin/sh
# rename: - rename a file
# Usage: rename oldname newname
oldname=$1
newname=$2
mv ${oldname:?"missing"} ${newname:?"missing"}
```

② 一个用于修改文件名的脚本。

```
#!/bin/sh
filename=/tmp/$0.$$
cat "$@" | wc -l > $filename
echo `cat $filename` lines were found
/bin/rm $filename
```

2.2　流编辑器-sed

　　shell 是 Linux 系统使用或管理过程中非常重要的一个工具。不过，要想充分发挥 shell 的强大威力，还需要其他几个优秀工具的配合，即 grep、cut、sed、awk、管道等。
　　sed 命令是一个简单的脚本编辑器，可以完成一些简单的编辑工作。例如，清除与特定文本匹配的行，将一段模式字符替换为另一段等。sed 命令的语法不指定输出文件，但是结果可以通过使用输出重定向来写入到文件中。编辑器并不改变原来的文件，默认读取整个文件并对其中的每一行进行修改。
　　sed 按顺序逐行将文件读入到内存中。然后，它执行该行指定的所有操作，并在完成请求的修改之后将该行放回到内存中，以将其转储至终端。完成了这一行上的所有操作之后，可读取文件的下一行，然后重复该过程直到完成该文件。如同前面所提到的，默认输出是将每一行的内容输出到屏幕上。

2.2.1　sed 选项

　　调用 sed 命令有两种形式：
　　▶ sed [options] 'command' file(s);
　　▶ sed [options] -f scriptfile file(s)。
其中的选项很重要。

sed 选项列表如下：

选 项	描 述	选 项	描 述
a\	在当前行上添加一个文本行或者多个文本行	p	打印行
c\	用新闻本改变(取代)当前行里的文本	n	读下一输入行，并开始用下一个命令处理换行符，而不是用第一个命令
d	删除行	q	结束或退出 sed
e	会打印文件的内容，同时在匹配行的前面标志行号	r	从一个文件读如行
i\	在当前行之前插入文本	!	把命令应用到除了选出的行以外的其他所有行
h	把模式空间内容复制到一个固定缓存	s	把一个字串替换成另一个替换标志
H	把模式空间内容添加到一个固定缓存	w	把行写到一个文件中
g	得到固定缓存里所有的内容并复制到模式缓存，重写其内容	x	用模式空间的内容交换固定缓存的内容
G	得到固定缓存的内容并复制到模式缓存，添加到里面	y	把一个字符转换成另一个(不能和整则表达式元字符一起使用)
I	列出不打印的字符		

2.2.2 sed 使用实例

本小节开始学习 sed 工具的典型用法。初次接触 sed 的读者可能会对命令的写法感到陌生和难懂，建议读者先不要着急测试下面的每一个实例，因为其语法规则类似，无非是命令选项的改变。等熟悉了 sed 的命令格式后，再背诵各个命令选项就会比较容易接受。

(1) 值替换

值替换是编辑器工具最常用的命令之一。在 sed 中，可使用 's'完成值的替换。参见下面的例子：

```
$ echo This is a very simple sed example. | sed 's/simple/easy/'
This is a very easy sed example.
```

可以看到，在 shell 的输出中，simple 被 easy 所替换。注意管道(|)后面的部分是重点。利用管道，实现了 sed 的输入来自 echo 的输出，如图 2.2 所示。

's'很好地完成了 Substitute 的任务。不过，在复杂的案例中，'s'则有些力不从心，它不能处理在同一行中出现过多个要替换的项目的情形。此时，需要在全局范围内进行操作。请

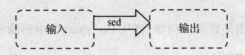

图 2.2 sed 的输入、输出示意图

看下面的实例：

```
$ echo Is sed easy to learn? Yes, it is very easy.
But I heard it not easy to remember. Can you tell me easy ways to learn sed? |sed 's/easy/funny/g'
Is sed funny to learn? Yes, it is very funny.
But I heard it not funny to remember. Can you tell me funny ways to learn sed?
```

通过使用'g'(Global)，sed 可以把全部 easy 替换为 funny。

现在应该对 sed 的作用有了直观的认识。当然，sed 不仅仅在命令行获得输入，更可以解析文件。在进行下面的内容以前，建议读者能自如地使用 sed 的 s 和 g 选项。

下面的例子看起来有些奇怪，不过它却是很有用的一个功能：修改记录字段分隔符。

```
sed ‑s/    /  /g
```

你可以看懂吗？其中，第一组斜线之间的项目是一个 TAB，而第二组斜线之间的项目是一个空格。作为一条通用的规则，sed 可以用来将任意的可打印字符修改为任意其他的可打印字符。

其实在实际工作中，更常见的任务是替换文件中符合一定规则的内容，也就是部分替换。假设有如下简单的文本：

```
$ cat txt_sample
Tom       Class1    99
Kati      Class1    88
Jim       Class2    77
Jack      Class3    66
Jay       Class2    89
Hebrew    Class1    75
Jow       Class3    90
```

txt_sample 文件中记录了学生姓名、班级以及成绩。现在发现，由于数据录入错误，Class2 班中所有字母 J 是错误的，应该是 T。所以，需要将所有的 J 替换为 T，但是只有 Class2 所在行的 J 才需要被替换。请看下面的命令：

```
$ sed ‑/Class2/ s/J/T/ txt_sample
```

在上面的命令中，s/J/T/表示替换原则；/Class2/说明需要匹配这个规则才可以替换。

(2) 删除行

sed 的另一个重要功能是删除。例如，要从 txt_sample 中删除所有 Class1 班的学生：

```
$ sed -/Class1/ d txt_sample
```

'd'的作用显然就是删除(Delete)。

(3) 插入文本

既然能删除，sed 当然也具备添加和插入文本的功能。使用'a'(Append)选项可以把文本添加到一个文件的末尾。例如，把"This is my students"追加到 txt_sample 文件的末尾：

```
$ sed -$ a\ This is my students sample_one
```

其中，美元符号($)表示文本将被添加到文件的末尾。反斜线(\)是必需的，它表示将插入一个回车符。

2.3 Linux 系统初始化

操作系统的引导和初始化是系统实现控制的第一步，也是集中体现系统性能的重要部分。了解 Linux 系统的初始化过程，对于进一步掌握、定制产品很有帮助。通常，Linux 系统的初始化可以分为两部分：内核初始化和 init 进程初始化。其中，内核部分主要完成系统的硬件检测和初始化，这将会在内核的相关章节加以介绍；init 进程则主要完成系统的各项配置，它是第一个调用的使用标准 C 库编译的程序。在此之前，还没有执行任何标准 C 应用程序。

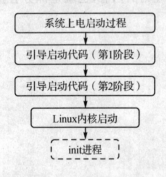

图 2.3 Linux 启动过程

在桌面 Linux 系统上，第一个启动的程序通常是/sbin/init。不过很少有嵌入式系统会需要使用 init 所提供的丰富初始化功能(这是通过/etc/inittab 进行配置的)。在多数情况下，可以调用一个简单的 shell 脚本来启动必需的应用程序，如 linuxrc、rcS 等。

从全局的目光看，安装有 Linux 系统的计算机启动过程可以分以下几个步骤，如图 2.2 所示。

Linux 内核的 start_kernel()函数会调用 rest_init()函数来进行最后的初始化，包括创建系统的第一个进程——init 进程来结束内核的启动。init 进程首先进行一系列的硬件初始化，然后通过命令行传递过来的参数挂载根文件系统。最后 init 进程会执行用户传递过来的"init="启动参数执行用户指定的命令，或者执行以下几个进程之一：

```
execve("/sbin/init",argv_init,envp_init);
execve("/etc/init",argv_init,envp_init);
execve("/bin/init",argv_init,envp_init);
```

execve("/bin/sh",argv_init,envp_init);

  init 程序一般在/sbin 或/bin 目录下,它负责在系统启动时运行一系列程序和脚本文件。init 程序一旦被内核调用,便成为系统的第 0 号进程。init 进程完成的工作通过/etc/inittab 中的内容决定。下面主要介绍 inittab 文件。

  inittab 类似 dos 系统下的 config.sys,是具有多个启动选项的配置文件。从中可读取下一步该做什么,以哪种模式进入,并进入相应模式的启动配置子文件里读取继续启动的信息。inittab 文件中每一记录都从新的一行开始,每个记录项最多可有 512 个字符,每一项的格式为:

:id :rstate :action :process

- ▶ id 字段是最多 4 个字符的字符串,用来唯一标志表项。
- ▶ rstate(run state)字段定义该记录项被调用时的运行级别,rstate 可以由一个或多个运行级别构成,也可以是空,空则代表运行级别 0～6。当请求 init 改变运行级别时,那些 rstate 字段中不包括新运行级别的进程将收到 SIGTERM 警告信号,这些进程也将被杀死。
- ▶ action 字段告诉 init 执行的动作,即如何处理 process 字段指定的进程,action 字段允许的值及对应的动作见表 2.6。
- ▶ process 字段中进程可以是任意的守候进程和可执行的脚本或程序。

表 2.6   shell 中的快捷键

值	描述
respawn	如果 process 字段指定的进程不存在,则启动该进程,init 不等待处理结束,而是继续扫描 inittab 文件中的后续进程
wait	启动 process 字段指定的进程,并等到处理结束才去处理 inittab 中的下一记录项
once	启动 process 字段指定的进程,不等待处理结束就去处理下一记录项。当这样的进程终止时,也不再重新启动它,在进入新的运行级别时,如果这样的进程仍在运行,init 不重新启动它
boot	只有在系统启动时,init 才处理这样的记录项,启动相应进程,并不等待处理结束就去处理下一个记录项。当这样的进程终止时,系统不重启它
bootwait	系统启动后,当第一次从单用户模式进入多用户模式时处理这样的记录项,init 启动这样的进程,并且等待它的处理结束,然后再进行下一个记录项的处理,当这样的进程终止时,系统不重启它
powerfail	当 init 接到 SIGPWR 信号时,处理指定的进程
powerwait	当 init 接到 SIGPWR 信号时,处理指定的进程,并且等到处理结束才去检查其他的记录项

续表 2.6

值	描 述
off	如果指定的进程正在运行,init 就给它发 SIGTERM 警告信号,在向它发出信号 SIGKILL 强制其结束之前等待 5 s;如果这样的进程不存在,则忽略这一项
ondemand	功能同 respawn,不同的是,与具体的运行级别无关,只用于 rstate 字段是 a、b、c 的那些记录项
sysinit	指定的进程在访问控制台之前执行,这样的记录项仅用于对某些设备的初始化,目的是使 init 在这样的设备上向用户提问有关运行级别的问题,init 需要等待进程运行结束后才继续
initdefault	指定一个默认的运行级别,只有当 init 一开始被调用时才扫描这一项,如果 rstate 字段指定了多个运行级别,其中最大的数字是默认的运行级别,如果 rstate 字段是空的,init 认为字段是 0123456,于是进入级别 6,这样便陷入了一个循环;如果 inittab 文件中没有包含 initdefault 的记录项,则在系统启动时请求用户为它指定一个初始运行级别
ctrlaltdel	当用户同时按下 Ctrl+Alt+Del 时执行该项指定的进程

inittab 文件中描述了 Linux 系统的运行级别,下面是从/etc/inittab 文件抽取的一段代码:

```
# 0 - halt (Do NOT set initdefault to this)   # 系统停止
# 1 - Single user mode                         # 单用户模式
# 2 - Multiuser,without NFS…                   # 多用户模式
# 3 - Full multiuser mode                      # 完全的多用户模式
# 4 - unused                                   # 未使用模式
# 5 - X11                                      # 启动后自动进入 X-Window
# 6 - reboot (Do NOTset initdefault to this)   # 重新启动模式
```

我们回忆下面两条 Linux 系统的关机命令和重启命令,看看是不是能够明白其中数字的含义:

```
init 6      (重启)
init 0      (关机)
```

级别 0 主要用于关闭任务,在 rc0.d 目录下的各个连接命令都是此级别的命令。在系统关闭时,这些命令都被执行,它们将杀掉所有进程、关闭虚拟内存和交换文件、卸载文件系统和交换分区。

级别 1 只允许一个用户从本地计算机上登录。rc1.d 目录下的所有文件与此运行级别相连。该级别一般用于系统管理与维护。

级别 3 是默认的运行模式,在此模式下所有网络服务程序一起运行。rc3.d 目录下的文件与此级别相连。

在 Linux 下运行 X Window 就使用的是级别 5,也是桌面 Linux 最常用的级别。rc5.d 目

第 2 章 系统任务自动化

录下的文件与此级别相连。

级别 6 是个重新启动系统的运行级别。rc6.d 目录与此级别相连,此目录下的连接与级别为 0 的在 rc0.d 下的连接基本相同。不同之处在于,虽然它们都执行 halt 命令,但是给 halt 传递的参数不一样,因而级别 6 完成重新启动系统。

在运行级别定义之后,可通过下面一行了解到系统目前的启动级别是 3:

    id:3:initdefault:

接下来的代码告诉用户,系统将调用 rc.sysinit 脚本。这个脚本文件完成基本的系统初始化命令,挂载交换分区、文件系统,装载部分模块等。读者可以自行阅读,这是一个非常好的练习 shell 编程的实例。

    # System initialization.
    si::sysinit:/etc/rc.d/rc.sysinit

接下来是执行特定运行级别对应的 rcX 程序。rcX 都是目录,当前运行级别为 X 时,执行 /etc/rc.d/rcX.d 目录下的脚本程序。例如,系统启动进入运行模式 5 后,/etc/rc.d/rc5.d 目录下所有以"S"开头的文件将被依次执行;系统关闭时,离开运行模式 5 之前,/etc/rc.d/rc5.d 目录下所有以"K"开头的文件将被依次执行。

    l0:0:wait:/etc/rc.d/rc 0
    l1:1:wait:/etc/rc.d/rc 1
    l2:2:wait:/etc/rc.d/rc 2
    l3:3:wait:/etc/rc.d/rc 3
    l4:4:wait:/etc/rc.d/rc 4
    l5:5:wait:/etc/rc.d/rc 5
    l6:6:wait:/etc/rc.d/rc 6

因为嵌入式产品中,通常只使用一种模式,通常是 3 或者 5,所以不必写如此复杂。可以把所有要运行的程序直接写在 shell 脚本中。同样的,下面的终端设置也可以在嵌入式开发中得以简化:

    # Run gettys in standard runlevels
    1:2345:respawn:/sbin/mingetty tty1
    2:2345:respawn:/sbin/mingetty tty2
    3:2345:respawn:/sbin/mingetty tty3
    4:2345:respawn:/sbin/mingetty tty4
    5:2345:respawn:/sbin/mingetty tty5
    6:2345:respawn:/sbin/mingetty tty6

其中第 1 列表示名称 tty 后的数字,2345 表示该 mingetty 的运行层。respawn 表示如果该 mingetty 被终止,则 mingetty 将再次自动执行。/sbin/mingetty 是命令。ttyn 代表/dev/ttyn。

在登录到 Linux 系统中之后,你会发现(使用"top"或"ps - aux"命令)自己终端原来的 getty 进程已经找不到了。因为 getty 进程执行了 login 程序,被替换成了 login 进程,并且最后被替换成你的登录 shell 进程。

当你在"login:"提示符下键入了用户名后,getty 会读取用户名并且去执行 login 程序,并把用户名信息传给了它。因此,getty 进程被替换成了 login 进程,此时 login 进程会接着要求提供口令。在口令检查通过后就会去执行/etc/passwd 文件中对应用户名项中记录的程序。通常这个程序是 bash shell 程序。所以原来的 getty 进程最终被替换成了 bash 进程,对应的这 3 个程序也就都具有相同的进程 ID。注销登录时,则该终端上的所有进程都会被终止,包括登录 shell 进程 bash。因此,对于在/etc/inittab 文件中列出的 getty 程序,一旦其被替换执行的 bash 程序终止或退出,init 进程就会为对应终端重新创建一个 getty 进程。

最后一条记录则是在运行级别 5 的启动 X Window 系统的 X 显示管理程序。

```
# Run xdm in runlevel 5
# xdm is now a separate service
x:5:respawn:/etc/X11/prefdm -nodaemon
```

第 3 章 工具链

知识点：
GNU Tools；
ARM Linux 交叉编译工具链的构建；
获得工具链的其他方式。

3.1 GNU Tools 简介

嵌入式的软件开发和普通的软件开发没有本质区别，但是由于嵌入式系统可裁减、可配置，所以开发人员需要对嵌入式系统的每个环节都有所了解。需要了解如下 3 类与开发相关的工具：

- 编译工具：编译器是将便于人编写、阅读、维护的高级计算机语言翻译为计算机能识别、运行的低级机器语言的程序，典型代表是 GCC。
- 调试工具：支持应用程序代码的单步执行和查看代码中变量内容的程序是调试器，典型代表是 GDB。
- 综合性工具：包括项目管理工具、汇编工具、文档工具等。

GNU Tools 和其他一些优秀的开源软件可以覆盖上述类型的软件开发工具。GNU Tools 系列是一套功能强大、灵活而快速的应用程序开发工具，也是非常知名的免费软件之一。人们在 GNU 的网站（或镜像网站）可以下载到 GNU 的全部软件：

http://www.gnu.org/prep/ftp.html

如果在 Linux 下做开发，则可能经常要到这里下载并安装一些软件。安装方法参考上一章介绍的内容，只是 configure、make、make install 几个命令。但是搞清楚软件的默认安装路径是很重要的。表 3.1 列出了软件的默认安装路径。

表 3.1 软件安装路径

软件名	安装路径
二进制文件(Executables)	/usr/local/bin
库文件(Libraries)	/usr/local/lib
头文件(Header files)	/usr/local/include
帮助(Man pages)	/usr/local/man/man
帮助(Info files)	/usr/local/info

3.1.1 binutils

binutils 是一组开发工具，包括连接器、汇编器和其他用于目标文件和档案的工具。每一个工具的功能见表 3.2。

表 3.2 binutils 软件包

名 称	功 能
addr2line	把程序地址转换为文件名和行号。给定地址的源代码行数和可执行映像，前提是编译时使用了-g 选项，即调试信息
ar	建立、修改、提取归档文件。归档文件是包含多个文件内容的一个大文件，其结构保证了可以恢复原始文件内容
as	主要用来编译 GNU C 编译器 gcc 输出的汇编文件，产生的目标文件由链接器 ld 连接
c++filt	连接器使用它来过滤 C++ 和 Java 符号，防止重载函数冲突
ld	GNU 链接器。它把一些目标和归档文件结合在一起重定位数据，并链接符号引用。建立一个新编译程序的最后一步就是调用 ld
nm	列出目标文件中的符号
objcopy	文件格式转换
objdump	显示一个或者更多目标文件的信息，主要用来反编译
ranlib	产生归档文件索引，并将其保存到这个归档文件中。在索引中列出了归档文件各成员所定义的可重分配目标文件
readelf	显示 elf 格式可执行文件的信息
size	列出目标文件每一段以及总体的大小。默认情况下，对于每个目标文件或者一个归档文件中的每个模块只产生一行输出
strings	打印某个文件的可打印字符串。默认情况下，只打印目标文件初始化和可加载段中的可打印字符；对于其他类型的文件它打印整个文件的可打印字符，这个程序对于了解非文本文件的内容很有帮助
strip	丢弃目标文件中的全部或者特定符号，减小文件体积

这些工具对于软件开发是很有用的,不过初学者可以暂时跳过这部分内容,如 objdump、nm 等。有关这些软件的深入介绍,可以参考《ARM 嵌入式 Linux 系统构建与驱动开发范例》(周立功著)和我写的《嵌入式设计及 Linux 驱动开发指南》(第 2 版)。

3.1.2 GCC 编译器

简单地讲,编译器就是把源程序转换成可执行文件的工具。编译器的主要工作流程包括下面几步:源程序(source code)、预处理器(preprocessor)、编译器(compiler)、汇编程序(assembler)、目标程序(object code)、链接器(Linker)及可执行程序(executables)。

GCC(GNU Compiler Collection)是工具链的主角,交叉编译的过程就是由它完成的。GCC 是一个强大的工具集合,一般来说,开发人员要做的只是提供源代码,其他预处理、编译、汇编和链接工作都可以由 GCC 完成。表 3.3 列出了 GCC 软件包的一些工具。

表 3.3 gcc 软件包

cpp	C 预处理器
g++	C++编译器
gcc	C 编译器
gccbug	创建 bug 报告的 shell 脚本
gcov	是覆盖测试工具,用来分析在程序执行过程中做优化的效果最好
libgcc *	gcc 的运行库
libstdc++	标准 C++库,包含许多常用的函数
libsupc++	提供支持 C++语言的库函数

GCC 在不断增加新特性,最新的版本是 4.5。本书使用的是 Cent OS 5.1 平台集成的是 4.1.2 版本,可以使用"-v"选项查看版本信息。"Configured with:"后面的信息指出了配置参数,如安装路径、库路径等信息。具体内容在后面交叉编译的章节中详细介绍。

并不是 GCC 版本越高越好。新版本虽然集成了一些新特性,但是由于推出的时间短,可能没有经过考验,潜在的 bug 也许会影响产品的稳定性。因此实际开发过程中,尽量选择稳定的版本。比如在编译 Linux 2.4 内核或早期的程序,使用 2.95.3 是一个不错的选择。如果使用 Linux 2.6 内核,可以选择 4.1 版本的编译器。图 3.1 显示了 GCC 版本的发展过程。

当有新的版本发布时,需要做的是在 GCC 官网上了解其特性,从而决定是否值得更新。图 3.2 是官方上的截图,从中可以看到新版本 GCC 带来的新特性,如增新加的-Warraybounds 选项。

GCC 提供了非常丰富的选项,仅常用的编译选项就有 20 多种。难怪讲解 GCC 用法的书就有数百页之多。有关 GCC 的用法,读者请参阅相关书籍和资料。下面给出了一些网络资源，供读者参考，其中第一个链接是 GCC 的官方网站。

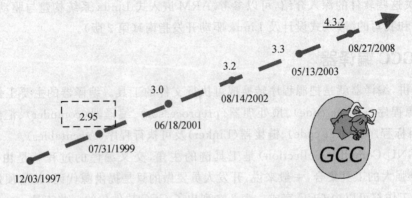

图 3.1 GCC 的版本发展

New Languages and Language specific improvements

- We have added new command-line options `-finstrument-functions-exclude-function-list` and `-finstrument-functions-exclude-file-list`. They provide more control over which functions are annotated by the `-finstrument-functions` option.

C family

- Implicit conversions between generic vector types are now only permitted when the two vectors in question have the same number of elements and compatible element types. (Note that the restriction involves *compatible* element types, not implicitly-convertible element types: thus, a vector type with element type `int` may not be implicitly converted to a vector type with element type `unsigned int`.) This restriction, which is in line with specifications for SIMD architectures such as AltiVec, may be relaxed using the flag `-flax-vector-conversions`. This flag is intended only as a compatibility measure and should not be used for new code.
- `-Warray-bounds` has been added and is now enabled by default for `-Wall`. It produces warnings for array subscripts that can be determined at compile time to be always out of bounds. `-Wno-array-bounds` will disable the warning.
- The `constructor` and `destructor` function attributes now accept optional priority arguments which control the order in which the constructor and destructor functions are run.
- New command-line options `-Wtype-limits`, `-Wold-style-declaration`, `-Wmissing-parameter-type`, `-Wempty-body`, `-Wclobbered` and `-Wignored-qualifiers` have been added for finer control of the diverse warnings enabled by `-Wextra`.
- A new function attribute `alloc_size` has been added to mark up `malloc` style functions. For constant sized allocations this can be used to find out the size of the returned pointer using the `__builtin_object_size()` function for buffer overflow

图 3.2 GCC 的版本新功能

http://gcc.gnu.org/

http://www.tldp.org/HOWTO/GCC-Frontend-HOWTO.html

http://gcc.gnu.org/onlinedocs/gccint/

http://www.wikipedia.org/wiki/GNU_Compiler_Collection

3.1.3 Glibc

Glibc 是提供系统调用和基本函数的 C 库，比如打开设备使用的 open 函数、用来读/写设

第 3 章 工具链

备的 read 和 write 函数等。所有动态链接的程序都要用到库。Glibc 一般存放在/lib 和/usr/lib 目录中。表 3.4 给出了 Glibc 库的工具。

表 3.4 Glibc 库的工具

工 具	描 述
catchsegv	当程序发生 segmentation fault 的时候,用来建立一个堆栈跟踪
gencat	建立消息列表
getconf	针对文件系统的指定变量显示其系统设置值
getent	从系统管理数据库获取一个条目
glibcbug	建立 glibc 的 bug 报告并且 email 到 bug 报告的邮件地址
iconv	转化字符集
iconvconfig	建立快速读取的 iconv 模块所使用的设置文件
ldconfig	设置动态链接库的实时绑定
ldd	列出每个程序或者命令需要的共享库
lddlibc4	辅助 ldd 操作目标文件
locale	可以告诉编译器打开或关闭内建的 locale 支持的 Perl 程序
localedef	编译 locale 标准
nscd	提供对常用名称设备调用的缓存的守护进程
nscd_nischeck	检查在进行 NIS+侦查时是否需要安全模式
pcprofiledump	打印 PC profiling 产生的信息
pt_chown	帮助 grantpt 设置子虚拟终端的属主,用户组和读/写权限
rpcgen	产生实现 RPC 协议的 C 代码
rpcinfo	对 RPC 服务器产生一个 RPC 呼叫
sln	用来创建符号链接,由于它本身是静态连接的,在动态连接不起作用的时候,sln 仍然可以建立符号链接
sprof	读取并显示共享目标的特征描述数据
tzselect	对用户提出关于当前位置的问题,并输出时区信息到标准输出
xtrace	通过打印当前执行的函数跟踪程序执行情况
zdump	显示时区
zic	时区编译器
ld.so	帮助动态链接库的执行
libBrokenLocale	帮助程序处理破损 locale
libSegFault	处理 segmentation fault 信号,试图捕捉 segfaults

续表 3.4

工 具	描 述
libanl	异步名称查询库
libbsd-compat	为了在 Linux 下执行一些 BSD 程序，libbsd-compat 提供了必要的可移植性
libc	是主要的 C 库——常用函数的集成
libcrypt	加密编码库
libdl	动态连接接口
libg	g++的运行时
libieee	IEEE 浮点运算库
libm	数学函数库
libmcheck	包括了启动时需要的代码
libmemusage	帮助 memusage 搜集程序运行时内存占用的信息
libnsl	网络服务库
libnss *	是名称服务切换库，包含了解释主机名、用户名、组名、别名、服务、协议等函数
libpcprofile	帮助内核跟踪在函数，源码行和命令中 CPU 使用时间
libpthread	POSIX 线程库
libresolv	创建、发送及解释到互联网域名服务器的数据包
librpcsvc	提供 RPC 的其他服务
librt	提供了大部分的 POSIX.1b 实时扩展的接口
libthread_db	用于调试多线程程序
libutil	包含了在很多不同的 UNIX 程序中使用的"标准"函数

  2006 年 3 月，Glibc 推出了经过很长时间开发的 v2.4 版本。Glibc 2.4 需要 Linux 2.6.0 以上版本，之前版本内核不推荐使用。同时，从结构上来说，也要求使用较新的内核，基本上推荐使用最新版本的内核。根据官方的文档，编译这个版本的 Glibc 页推荐使用 gcc 4.1 进行编译。而之前 v2.3 系列的版本中，最高为 2.3.6，以满足使用 Linux 2.4 内核的用户。如果你对 Glibc 并不是很了解，请不要升级 Glibc 库。库要比其他一些应用层软件更新得慢，最新发布的 Glibc 新版本是 2.7，那也是 2007 年 10 月的事情了。

  查看当前系统中 Glibc 库版本的方法很简单，执行下面的命令即可：

  # ls - l /lib/libc.so.6

  可以看到，libc.so.6 是一个指向 libc-2.5.so 的链接，说明在 Cent OS 5.1 中系统使用了 2.5 版本的库。如果安装某一个软件，首先就需要查看这个软件需要哪个版本库的支持。例如，需要 glibc 2.3.6 支持。

3.2 ARM Linux 交叉编译工具链的构建

嵌入式开发和桌面开发的区别之一是目标平台不同。也就是说,开发主机的平台(通常是 i386 架构)和目标平台(常见的是 ARM、PPC、MIPS、AVR…架构)机器码不一样。在一种机器架构下编译一个用在另一种不同的机器架构下执行的程序,这个过程就是交叉编译。交叉编译时使用的工具链叫交叉编译工具链。在本书中,使用的开发板是 ARM 处理器,即 target 是 ARM 平台。另一个需要记住的是,编译器是存放在 Linux 开发主机上,开发板上不能进行编译,那里并没有编译器。

从头开始编译一个工具链是一件非常困难和费时的过程,因为需要针对不同的目标处理器为工具打补丁,而且还要考虑到工具自身之间的相互依赖关系。为了建立一个工具链,需要将 Binutils、GCC、Glibc、GDB 单个组件组合到一起。整个编译过程大体分以下几步,如图 3.3 所示:

➤ 创建编译环境。在这个过程中将设置一些环境变量,创建安装目录,准备内核头文件等。
➤ 创建 Binutils。这个过程结束后,会创建类似 arm-linux-ld 等工具。
➤ 创建一个交叉编译版本的 GCC(bootstrap compiler)。注意在这个过程中,只能先编译

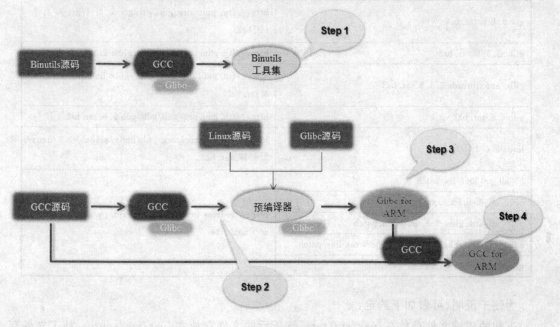

图 3.3 工具链编译流程

C 语言支持,而不要编译 C++ 语言支持。
- 创建一个交叉编译版本的 Glibc。这里使用的编译器是刚创建出来的 arm-linux-gcc。
- 再次创建 GCC(full compiler)。在第一次创建 GCC 的过程中,由于没有针对 ARM 库的支持,所以那个编译器还不能用。在这个环节中创建的 GCC 才是好用的交叉编译器。
- 再次创建 Glibc。
- 创建一个交叉编译版本的 GDB。这个过程结束后,会创建 arm-linux-gdb。

Glibc 不是唯一的选择。如果只是建立一个用于编译 Linux 内核或其他底层嵌入式应用程序的工具链,就不需要用到 Glibc,整个建立过程也会变得简单一些,但付出的代价是建立的工具链只用于编译定制内核或为特定的嵌入式板编写一些特定的底层固件。

3.2.1 创建编译环境

本章所进行的交叉编译工作是在 Cent OS 5.1 下完成的,编译时需要的软件包见表 3.5。

表 3.5 交叉编译使用的软件包和补丁

软件名称	下载网址
binutils-2.17.tar.bz2	http://ftp.gnu.org/gnu/binutils/binutils-2.17.tar.bz2
gcc-3.4.6.tar.bz2	http://ftp.gnu.org/gnu/gcc/gcc-3.4.4/gcc-3.4.6.tar.bz2
glibc-2.3.6.tar.bz2	http://ftp.gnu.org/gnu/glibc/glibc-2.3.6.tar.bz2
glibc-linuxthreads-2.3.6.tar.bz2	http://ftp.gnu.org/gnu/glibc/glibc-linuxthreads-2.3.6.tar.bz2
gdb-6.6.tar.bz2	http://ftp.gnu.org/gnu/gdb/gdb-6.6.tar.bz2
linux-2.6.17.tar.bz2	http://www.kernel.org/pub/linux/kernel/v2.6/linux-2.6.17.tar.bz2
33_all_pr15068-fix.patch	http://sources.gentoo.org/viewcvs.py/gentoo/src/patchsets
5090_all_divdi3-asm-fix.patch	
6200_all_arm-glibc-2.3.6-ioperm.patch	
6230_all_arm-glibc-2.3.6-socket-no-weak-lias.patch	
glibc-2.3.6-libgcc_eh-1	

为便于说明,可做如下约定:

下载的压缩文件存放在/usr/src/tars,解压后的文件存放在/usr/src/source,补丁文件存放在/usr/src/source/patches,解压后的 Linux 内核存放在/usr/src/linux,编译的路径在/

第3章 工具链

usr/src/build（编译工作将在此目录下进行），生成的 arm-linux 交叉编译工具在/usr/local/arm-linux。

接下来设置一些环境变量，并创建需要的目录。表 3.6 是对这些变量的说明，可以根据自己的实际情况调整环境变量。通过终端键入如下命令，修改环境变量：

```
# export VBINUTILS = 2.17
# export VGCC = 3.4.6
# export VGLIBC = 2.3.6
# export VGLIBCTHREADS = 2.3.6
# export VGDB = 6.6
# export VLinuxKERNEL = 2.6.17
# export PREFIX = /usr/local/arm/3.4.6
# export HOST = i686-pc-linux-gnu
# export ARCH = arm
# export TARGET = arm-linux
# export TDIR = /usr/src/tars
# export SDIR = /usr/src/source
# export BDIR = /usr/src/build
# mkdir -p $SDIR
# mkdir -p $BDIR
# mkdir -p $BDIR/binutils
# mkdir -p $BDIR/bgcc
# mkdir -p $BDIR/fgcc
# mkdir -p $BDIR/glibc
# mkdir -p $BDIR/gdb
# mkdir -p $BDIR/gdbserver
```

表 3.6 环境变量说明

环境变量	值	说明
VBINUTILS	2.17	Binutils 版本号
VGCC	3.4.6	GCC 版本号
VGLIBC	2.3.6	Glibc 版本号
VGLIBCTHREADS	2.3.6	Glibc linuxthread 线程库版本号
VGDB	6.6	GDB 版本号
VLinuxKERNEL	2.6.17	Linux 内核版本号
PREFIX	/usr/local/arm/3.4.6	安装路径
HOST	i686-pc-linux-gnu	主机系统标识符

· 47 ·

续表 3.6

环境变量	值	说明
ARCH	arm	目标平台
TARGET	arm-linux	编译程序能够处理的平台
TDIR	/usr/src/tars	tar 软件包所在路径
SDIR	/usr/src/source	源码所在路径
BDIR	/usr/src/build	编译路径

对于初学者可以参考如图 3.4 所示的目录结构来构建工具链。

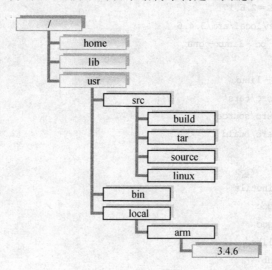

图 3.4 构建工具链的目录结构

3.2.2 准备内核头文件

工具链是针对特定平台和操作系统的,所以在编译之前需要配置内核。有关 Linux 内核配置的深入内容会在后面几章的内容中介绍,这里只是交待基本的命令。配置的目的就是产生指向特定平台的头文件链接。过程如下:

1) 安装 Linux 的头文件

```
# cd /usr/src
# tar zxvj $TDIR/linux-$VLinuxKERNEL.tar.bz2          //解压内核源码
# cd linux-VLinuxKERNEL                                //进入内核源码目录
# cp arch/arm/configs/smdk2410_defconfig .config       //复制系统提供的配置文件
# make ARCH=$ARCH oldconfig                            //读取配置文件
```

2) 使用 arm 平台的库文件

```
# cd linux $ VLinuxKERNEL/include/asm - arm        //进入头文件目录
# rm - f arch proc                                 //删除旧链接
# ln - s arch - s3c2410 arch                       //创建新链接
# ln - s proc - armv proc
# cd ../../
```

3) 检查 version.h 和 autoconf.h 这两条文件是否存在

```
# ls include/linux/version.h include/linux/autoconf.h    //如果没有，执行下面的命令
# make ARCH = $ ARCH include/asm include/linux/version.h include/asm - $ ARCH/.arch
```

4) 复制头文件

```
# cp - dR include/asm - generic $ PREFIX/ $ TARGET/asm - generic
# cp - dR include/linux $ PREFIX/ $ TARGET/include/linux
# cp - dR include/asm - $ {ARCH} $ PREFIX/ $ TARGET/asm
```

3.2.3 编译 binutils

首先要安装的软件包是 binutils，因为 Glibc 和 gcc 会针对可用的连接器和汇编器进行多种测试，以决定打开某些特性。首先把 binutils 软件包解开至 source 目录。有的读者可能会问，不是还有个 build 目录吗？这两个目录有什么区别？source 目录用来存放源代码，build 是用户编译的地方。在 build 而不是 source 目录进行配置和编译的原因是，一旦编译过程中出现问题，可以把 build 目录清空，而不会影响源代码。编译 binutils 的步骤如下：

1) 解压 binutils 软件包

```
# cd $ SDIR                                        //进入源码目录
# tar jxvf $ TDIR/binutils - $ VBINUTILS.tar.bz2   //解压
# cd $ BDIR/binutils                               //进入准备构建 binutils 的目录
```

2) 配置、编译和安装 binutils

```
# $ SDIR/binutils - $ VBINUTILS/configure - - host = $ HOST - - target = $ TARGET - - prefix = $ PREFIX
# make
# make install
# chmod 777 $ PREFIX/ $ TARGET
```

3) 加入 PATH

```
# export PATH = " $ PREFIX/bin: $ PATH"
```

到现在，binutils 已经编译完成，这个步骤基本上不会有问题产生。生成的二进制文件在工具链的/bin 目录下：

```
arm-linux-addr2line
arm-linux-ar
arm-linux-as
arm-linux-c++filt
arm-linux-ld
arm-linux-nm
arm-linux-objcopy
arm-linux-objdump
arm-linux-ranlib
arm-linux-readelf
arm-linux-size
arm-linux-strings
arm-linux-strip
```

这些 GNU 开发工具都带 arm-linux-前缀。这些工具的用法跟本地主机的工具相同，只是处理的二进制程序体系结构不同。在开发主机上，如果是为目标板平台编译可执行程序，一定要用交叉开发工具。

3.2.4 编译 Bootstrap GCC

为了生成交叉编译版的 glibc，必须创建一个交叉编译版本的 GCC。但是在当前情况下，不可能拥有一个完整的交叉编译版的 GCC，编译完整的 GCC 需要交叉编译版的 Glibc 及其头文件，而交叉编译版的 Glibc 是通过交叉版本的 GCC 编译出来的，现在还没有。现在只能先利用主机的 GCC 编译出一个简单的交叉编译版 GCC，即 Bootstrap GCC。这个编译器只能编译 C 程序，而不能编译 C++程序。编译过程如下：

1) 解压 GCC 软件包

```
# cd $SDIR                           //进入源码目录
# tar jxvf $TDIR/gcc-$VGCC.tar.bz2   //解压 GCC
# cd $BDIR/bgcc                      //进入准备构建 bootstrap gcc 的目录
```

2) 修改 GCC 源码

```
# vi gcc/config/arm/t-linux          //加粗斜体字为新加内容
TARGET_LIBGCC2_CFLAGS = -fomit-frame-pointer -fPIC -Dinhibit_libc -D__gthr_posix_h
```

-Dinhibit_libc -D__gthr_posix_h 的意思是禁止使用 libc，现在还没用 glibc，所以在编译的时候就可以不需要 glibc 而直接进行编译了。改完这个文件之后，GCC 的编译会正常通过，

第 3 章　工具链

但是编译 Glibc 的过程中出现错误。为了避免更麻烦的 Glibc 错误，需要打下面的补丁。

3) 打补丁

```
# patch -p1 -d $SDIR/gcc-$VGCC < patches/33_all_pr15068-fix.patch    //请注意补丁路径
```

4) 配置、编译和安装 Bootstrap GCC

```
# cd $BDIR/bgcc
# $SDIR/gcc-$VGCC/configure --target=arm-linux --prefix=$PREFIX --disable-threads --disable-shared --enable-languages=c
# make
# make install
```

其中，

--disable-shared　　　表示不使用共享库；

--disable-threads　　　表示不使用线程；

--enable-languages=c　　表示仅支持 C 语言。

编译成功后会生成 arm-linux-gcc，在编译 Glibc 时使用。

3.2.5　编译 Glibc

编译库的原理和编译其他软件没有什么不同，但是因为需要为它打多个补丁，所以很多人在编译 Glibc 时出错。好在我们可以根据别人的经验找到合适的补丁，少走弯路。编译过程如下。

1) 解压 Glibc 软件包

```
# cd $SDIR                                          //进入源码目录
# tar jxvf $TDIR/glibc-$VGLIBC.tar.bz2              //解压 Glibc
# tar jxvf glibc-linuxthreads-$VGLIBCTHREADS.tar.bz2 --directory ./glibc-$VGLIBC    //解压 linuxthread
# cd $BDIR/glibc                                    //进入准备构建 Glibc 的目录
```

2) 打补丁

```
patch -p0 -d $SDIR/glibc-$VGLIBC < patches/5090_all_divdi3-asm-fix.patch
patch -p1 -d $SDIR/glibc-$VGLIBC < patches/6200_all_arm-glibc-2.3.6-ioperm.patch
patch -p1 -d $SDIR/glibc-$VGLIBC < patches/6230_all_arm-glibc-2.3.6-socket-no-weak-lias.patch
patch -p1 -d $SDIR/glibc-$VGLIBC < patches/glibc-2.3.6-libgcc_eh-1
```

3) 配置、编译和安装 Glibc

```
# cd $BDIR/glibc
```

```
# CC = arm - linux - gcc AR = arm - linux - ar RANLIB = arm - linux - ranlib LD = arm - linux - ld \
$ SDIR/glibc- $ VGLIBC/configure - - target = arm - linux - - prefix = $ PREFIX/arm - linux \
- - host = arm - linux - - enable - add - ons = linuxthreads - - enable - shared \
- - with - headers = $ PREFIX/arm - linux/include
# make
# make install
```

其中,

--with-headers	指定内核头文件路径;
--enable-add-ons=linuxthread	表示支持线程库;
--enable-shared	表示支持共享库。

编译完成后,在工程目录下的 lib 等目录中安装了 Glibc 共享库等文件。

3.2.6 编译完全版 GCC

通过上一个步骤,我们已经有了交叉版本的 Glibc,所以这个步骤将产生一个更完整的 full gcc 编译器,步骤如下:

1) 恢复之前修改的 GCC 文件

```
# vi ./gcc/config/arm/t - linux
```

2) 配置、编译和安装 GCC

```
# cd $ BDIR/fgcc
# $ SDIR/gcc - $ VGCC/configure - - target = arm - linux - - prefix = $ PREFIX   \
- - enable - multilib - - with - headers = $ PREFIX/arm - linux/include - - enable - languages = c,c + +
# make
# make install
```

这里支持的语言包括 C 和 C++,如果有兴趣,也可以支持 JAVA 等其他语言。编译的结果是得到完整的编译器 arm-linux-gcc 和 arm-linux-g++。到现在为止,完全可以使用这一套工具链进行交叉编译了。

3.2.7 编译 GDB

对于交叉调试器,并不是工具链必需的工具。但是推荐大家也编译一次,它与工具链配套使用的。

1) 解压 GDB 软件包

```
# cd $ SDIR                                      //进入源码目录
# tar jxvf $ TDIR/gdb- $ VGDB.tar.bz2             //解压 GDB
```

第3章 工具链

```
# cd $BDIR/gdb                          //进入准备构建GDB的目录
```

2) 配置、编译和安装GDB软件包

```
# $SDIR/gdb-$VGDB/configure    --target=$TARGET    --prefix=$PREFIX
# make
# make install
```

arm-linux-gdb 很快就会编译完成,但是还需要为目标板准备 gdbserver,这也是整个交叉工具链编译工作的最后一步了。

3) 配置、编译和安装 gdbserver

```
# cd $BDIR/gdbserver                    //进入准备构建GDB的目录
# CC=arm-linux-gcc $SDIR/gdb-$VGDB/gdb/gdbserver/configure    --host=arm-linux
# make
```

编译完成后,会看到 gdbserver 和 gdbreplay 两个文件,这是目标板体系结构的可执行程序,复制到目标机系统中即可使用。

至此,工具链的交叉编译完成。可以测试一下新编译器,编写一个最简单的应用程序:

```
include<stdio.h>
int main()
{
    printf("Test my new compiler\n");
    return 0;
}
```

编译并查看结果:

```
# arm-linux-gcc -o test test.c
# file test
```

如果看到下面的显示结果,说明工具链工作正常。

```
hello: ELF 32-bit LSB executable, ARM, version 1, for GNU/Linux 2.0.0, dynamically linked (uses shared libs), not stripped
```

3.3 获得工具链的其他方式

你可以按照上一节的流程制作出一套工具链,但是整个过程比较麻烦。事实上,构建工具链的过程中经常会碰到问题,特别是应用哪个补丁、版本的关系匹配等。如果掌握了构建工具链的原理,完全没有必要花时间和精力在上面,因为可以找到很多功能完善的工具链以及构建工具链的自动化脚本,我们只须执行一个命令就可以获得最新版本的工具链。本节将讲述获得工具链的便捷方法。

3.3.1 crosstool

crosstool 是 Dan Kegel 等人开发的一套自动建立 Linux 交叉编译工具链的自由软件,支持多种处理器体系结构。在对 crosstool 进行修改和配置之前,建议大家阅读 crosstool-howto 和 Crosstool variables,再掌握 shell 脚本编程,还应该阅读 crosstool 的几个核心脚本,弄清楚变量的定义、用途以及传递方式。这几个核心文件功能如下:

➢ (arch).dat:用于指定表 3.7 列出的参数;
➢ demo-(arch).sh:设置源码包的下载目录和安装的顶层目录,将(arch).dat 和 gcc-(ver)-glibc-(ver).dat 中定义的参数传递给 all.sh 脚本,开始自动建立工具链的过程;
➢ gcc-(ver)-glibc-(ver).dat:指定所用软件包解压之后的目录名,通常附带版本号;
➢ all.sh:检查所接收到的参数值,并设置内部变量的值;
➢ getandpatch.sh:被 all.sh 调用,用于自动下载软件包,打补丁;
➢ crosstool.sh:被 all.sh 调用,是建立工具链的核心脚本文件。

表 3.7 (arch).dat 中的重要参数

参数	含义
KERNELCONFIG	指定 Linux 内核的配置文件,用于产生 glibc 所需的内核头文件
TARGET	目标名,指定要建立的交叉编译工具为何种系统产生代码
TARGET_CFLAGS	通常指定为"-O"
GCC_EXTRA_CONFIG	在建立 gcc-core 和 gcc 时,传递额外参数给 gcc 的 configure 脚本,主要用于指定处理器特性和对相应库的设置
GLIBC_EXTRA_CONFIG	在建立 glibc 时,传递额外参数给 glibc 的 configure 脚本
USE_SYSROOT	若留空,目标系统根目录采用传统方式布局;若非空,采用新的布局方式

```
KERNELCONFIG=`pwd`/arm.config
TARGET=arm-iwmmxt-linux-gnu
TARGET_CFLAGS="-O"
GCC_EXTRA_CONFIG="--with-cpu=iwmmxt --enable-cxx-flags=-mcpu=iwmmxt"
```

正如前面说过的,demo-arm-iwmmxt.sh 文件设置了一些目录,并向 all.sh 传递参数,具体内容如下:

```
#!/bin/sh
set -ex
```

第3章 工具链

```
TARBALLS_DIR = $ HOME/downloads
RESULT_TOP = /opt/crosstool
export TARBALLS_DIR RESULT_TOP
GCC_LANGUAGES = "c,c + + "
export GCC_LANGUAGES
# Really, you should do the mkdir before running this,
# and chown /opt/crosstool to yourself so you don't need to run as root.
mkdir - p $ RESULT_TOP
# Build the toolchain.  Takes a couple hours and a couple gigabytes.
# gcc - 3.3 doesn't support this, need gcc - 3.4
# eval `cat arm - iwmmxt.dat gcc - 3.4.0 - glibc - 2.3.2.dat` sh all.sh - - notest
eval `cat arm - iwmmxt.dat gcc - 3.4.1 - glibc - 2.3.3.dat` sh all.sh - - notest
# eval `cat arm - iwmmxt.dat gcc - 3.4.1 - glibc - 20040827.dat` sh all.sh - - notest
echo Done.
```

其中调用的 gcc-3.4.1-glibc-2.3.3.dat 文件的内容如下，在这里可以清楚地看到工具链的软件版本：

```
BINUTILS_DIR = binutils - 2.15
GCC_DIR = gcc - 3.4.1
GLIBC_DIR = glibc - 2.3.3
LINUX_DIR = linux - 2.6.8
GLIBCTHREADS_FILENAME = glibc - linuxthreads - 2.3.3
```

getandpatch.sh 文件大概有 300 多行，出于篇幅原因就不在这里列举。这个文件非常简单，无非就是自动从网络下载软件包和补丁。建议大家选择手工下载源码包并安装补丁的方式，进而避免由于软件下载失败而导致的麻烦。在 all.sh 中，注释掉 getandpatch.sh 的调用部分即可（大概在 123 行附近）：

```
# Download and patch
if test - d " $ BUILD_DIR";then
  # Remove in background
  mv $ BUILD_DIR $ BUILD_DIR.del.$ $
  rm - rf $ BUILD_DIR.del.$ $ &
fi
mkdir - p $ BUILD_DIR
sh getandpatch.sh
```

使用 crosstool 的重要一点是了解上述脚本的作用，这样才能够选择自己需要的版本。在终端下输入命令"demo-arm-iwmmxt.sh"，则计算机就开始自动编译安装工具链。

3.3.2 Buildroot

Buildroot 是另外一个非常好用的工具。如果你之前编译过 Linux 内核,那么肯定非常熟悉 Buildroot 的配置和编译过程,因为两者完全一样,如图 3.5 所示。

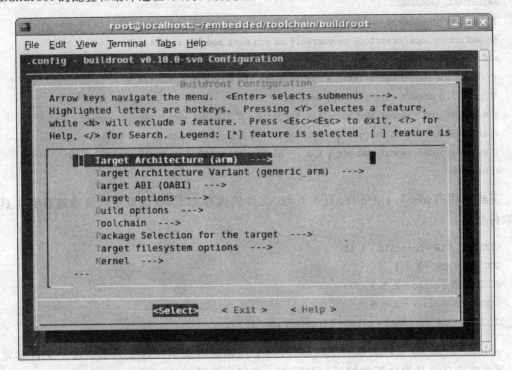

图 3.5 Buildroot 配置主菜单

概况地说,编译 Buildroot 的步骤包括:

① 解压:tar jxvf buildroot-20080408.tar.bz2。
② 配置:make menuconfig。
③ 编译:make。

表 3.8 给大家列出主菜单中的选项。

表 3.8 Buildroot 配置过程中的选项

选项	含义
Target Architecture (ARM)	指定目标平台,默认值是 i386,本例修改为 arm。armeb 表示"大端"
Target Architecture Variant(generic_arm)	指定具体 CPU 类型,如 arm720,arm920t 等
Target ABI (OABI)	选择 OABI()或者 EABI()

第3章 工具链

续表 3.8

选 项	含 义
Target options	指定编译工程的一些属性,如 banner 信息等
Build options	指定编译选项,包括工具链后缀、strip 方式等
Toolchain	指定构建工具链的方式,包括软件版本、语言、库等
Package Selection for the target	指定构建文件系统的软件包,内容非常丰富
Target filesystem options	指定根文件系统类型,甚至包括 u-boot
Kernel	Buildroot 也提供了同时编译内核的能力,不过一般也不用

选择完成后保存退出,输入 make 命令开始编译。Buildroot 是一套脚本,选择的各种软件都需要在网络中下载。当然还是推荐自行下载,并保存在 dl 目录下(系统默认下载目录)。

Buildroot 使用了 uclibc 库,而不是 glibc 库(**这一点需要读者注意**)。

Buildroot 软件包大概有 3 000 条文件,但是却由 1 000 多个目录组成。绝大多数文件是 package 下的 Config.in 文件、mk 文件和补丁文件,用来进行软件配置。

裁减过的 Buildroot 目录结构如下:

```
.
|-- Config.in
|-- Makefile
|-- TODO
|-- docs                              //文档资料
|   |-- Glibc_vs_uClibc.html
|   |-- README
|-- package
|   |-- Config.in
|   |-- Makefile.autotools.in
|   |-- Makefile.in
|   `-- zlib
|       |-- Config.in
|       |-- zlib-1.2.1-configure.patch
|       |-- zlib-arflags.patch
|       `-- zlib.mk
|-- project
|   |-- Config.in
|   |-- Makefile.in
|   |-- config
|   `-- project.mk
|-- scripts
```

```
|   |-- add_new_package.wizard
|   |-- build-ext3-img
|   |-- copy.sh
|   |-- create_ipkgs
|   |-- get_linux_config.sh
|   `-- setlocalversion
|-- target                                //生成的目标根文件系统镜像
|   |-- Config.in
|   |-- Config.in.arch
|   |-- Makefile.in
|   |-- cpio                              //提供cpio格式支持
|   |   |-- Config.in
|   |   `-- cpioroot.mk
|   |-- cramfs                            //提供cramfs格式支持
|   |   |-- Config.in
|   |   |-- cramfs-01-devtable.patch
|   |   |-- cramfs-02-endian.patch
|   |   |-- cramfs-03-cygwin_IO.patch
|   |   `-- cramfs.mk
`-- toolchain                             //工具链使用的软件及补丁
    |-- Config.in
    |-- Config.in.2
    |-- Makefile.in
    |-- binutils
    |   |-- 2.14.90.0.8
    |   |   |-- 001-debian.patch
    |   |   |-- 100-uclibc-conf.patch
    |   |   |-- 210-cflags.patch
    |   |   |-- 400-mips-ELF_MAXPAGESIZE-4K.patch
    |   |   `-- 600-arm-textrel.patch
    |   |-- Config.in
    |   `-- binutils.mk
    |-- external-toolchain
    |   |-- Config.in
    |   `-- ext-tool.mk
    |-- gcc
    |   |-- 3.4.6
    |   |   |-- 100-uclibc-conf.patch
    |   |   |-- 200-uclibc-locale.patch
```

```
|   |   |-- ***.patch
|   |   |-- 810-mips-xgot.patch
|   |   |-- 900-nios2.patch
|   |   `-- arm-softfloat.patch.conditional
|-- gdb
|   |-- Config.in
|   |-- Config.in.2
|   `-- gdb.mk
|-- kernel-headers
|-- mklibs
|   |-- Config.in
|   |-- mklibs.mk
|   `-- mklibs.py
|-- patch-kernel.sh
|-- sstrip
|   |-- Config.in
|   |-- sstrip.c
|   `-- sstrip.mk
|-- uClibc
|   |-- Config.in
|   |-- uClibc-***.patch
|   |-- uClibc-0.9.29-wchar.config
|   |-- uClibc-0.9.29.config
|   `-- uclibc.mk
`-- wget-show-external-deps.sh
```

3.3.3 ELDK

如果你觉得上述的工具链编译方法还是很麻烦，那么试试 ELDK（Embedded Linux Development Kit）吧！这是一个完整的交叉编译开发套件，源码、构建工具链时使用的脚本和补丁都可以下载到。你可以在下面的地址下载 ELDK 的 iso 镜像文件：

ftp://ftp.denx.de/pub/eldk/ http://www.denx.de/ftp/pub/eldk/

ELDK 不仅是一套交叉工具链，还提供了完善的根文件系统环境，极大地方便了开发人员的环境准备工作。也正因为如此，ELDK 实际上包含两部分功能：主机上的工具链和目标板使用的根文件系统。

在 ELDK 目录树中可以看到，arm 目录下的内容构成了 arm-linux 挂载的根文件系统，而 usr 目录下的一些文件才是工具链。下面列出的是删减后的 ELDK 的目录结构。当把 usr/

嵌入式 Linux 开发技术

bin 加入 PATH 环境变量中后,就可以使用 ELDK 提供的 arm-linux-gcc 编译器了。

```
|-- arm
|   |-- bin
|   |-- dev
|   |-- etc
|   |-- images      _image.gz
|   |   |-- ramdiskk
|   |   `-- uRamdis
|   |-- lib        ts
|   |   |-- ldscripelf.x
|   |   |   |-- arm
|   |   |-- modules.19.2
|   |   |   `-- 2.6 kernel
|   |   |       |-- modules.dep
|   |   |       `-- y
|   |   `-- securit
|   |-- mnt
|   |-- opt
|   |   `-- eldk    ld
|   |       `-- bui arm-2007-01-21
|   |           `-- `-- work
|   |               `-- var
|   |                   `-- lib
|   |                       `-- ntp
|   |                           `-- drift
|   |-- proc
|   |-- root
|   |-- sbin
|   |-- tmp
|   |-- usr
|   |   |-- bin
|   |   |-- include
|   |   |-- lib
|   |   |   |-- bus busybox.links
|   |   |   |-- gcc
|   |   |   |   |--arm-linux
|   |   |-- sbin
|   |   |-- share
```

· 60 ·

```
|   |   `-- tmp
|   `-- var
|       |-- appWeb
|       |   `-- web
|       |       `-- index.html
|-- bin
|   |-- arm-linux-rpm -> rpm
|   |-- arm-rpm -> rpm
|   `-- rpm
|-- eldk_init
|-- etc
|-- usr
|   |-- arm-linux
|   |   `-- bin
|   |       |-- gcc -> ../../bin/arm-linux-gcc
|   |-- bin
|   |   |-- arm-linux-*
|   |-- info
|   |-- lib
|   |   |-- gcc
|   |   |   `-- arm-linux
|   |   |       `-- 4.0.0
|   |   |           `-- specs
|   |   `-- rpm
|   |-- libexec
|   |   `-- gcc
|   |       `-- arm-linux
|   |           `-- 4.0.0
|   |               |-- cc1
|   |               |-- cc1plus
|   |               |-- collect2
|   |               `-- install-tools
|   |                   `-- mkheaders
|   |-- man
|   |-- share
|   `-- src
|       `-- denx
|           |-- BUILD
|           |-- RPMS
```

```
|            |--- SOURCES
|            |--- SPECS
|            `--- SRPMS
|--- var
|    |--- lib
|    |    `--- rpm
|    |--- spool
|    |    `--- repackage
|    `--- tmp
`--- version
```

第 4 章

构建主机开发环境

知识点:
串口控制台工具;
Linux 系统服务配置;
玩转你的开发板。

4.1 串口控制台工具

目标板和主机之间的连接有多种方式,如串口、以太网接口、USB 接口等。串口除了进行文件传输之外,还可以作为控制台使用,向目标板发送命令,显示开发板的运行信息。操作系统一般都会提供控制台程序。例如,Windows 操作系统中有超级终端(Hyperterminal)工具;Linux/UNIX 操作系统有 minicom 工具。如果在 Windows 平台上运行 Linux 虚拟机,串口通信软件可以任选其一。

超级终端是 Windows 系统的串口通信工具,完全图形化的界面,操作非常简单。使用超级终端也要配置相应的连接。

建立一个超级终端的连接,需要为其配置图 4.1 所示的参数,主要是串口号、通信速率和是否流控。建立的每一个配置都可以保存下来。

Linux 系统通常使用 minicom 串口通信工具。使用 minicom 串口终端之前,需要先配置参数。minicom 的配置界面是菜单方式。在 shell 下执行"minicom -s"命令,则弹出如图 4.2 所示的配置界面。注意以 root 的权限操作 minicom。

图 4.2 中可以先通过光标移动键选中菜单项,再敲回车键进入子菜单项。这里选择"Serial port setup"菜单项,根据目标板的串口通信参数设置。这些配置项都有快捷键(用大写字母显示),可以通过相应的按键选择进入子项。串口配置参数如图 4.3 所示。

嵌入式 Linux 开发技术

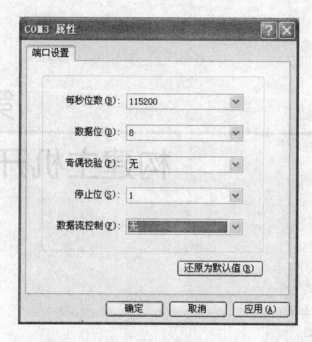

图 4.1 超级终端配置界面

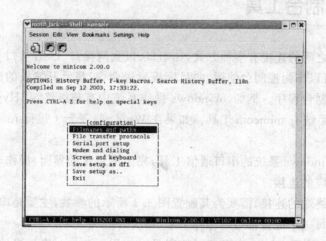

图 4.2 minicom 配置界面

这时敲【A】键，则可以进入并且修改要使用的串口设备，例如：/dev/ttyS0 是串口 1，/dev/ttyS1 是串口 2。修改完一项，按【Esc】键返回并准备选择其他配置项。通常要设置串口的通信速率和硬件流控制，这些项在配置时提供可选的参数值。

第 4 章 构建主机开发环境

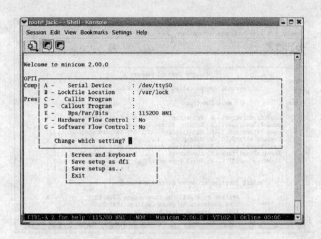

图 4.3　minicom 串口参数配置界面

参数设置完成后,敲回车键返回如图 4.4 所示的主配置界面,这时可以保存配置参数。移动光标选择"Save as dfl"菜单项,敲回车键保存为默认设置。最后,移动光标选择"Exit from Minicom"退出。

minicom 的配置参数默认保存在/etc/minirc.dfl 文件中,内容如下:

```
# /etc/minirc.dfl
# Machine-generated file - use "minicom -s" to change parameters.
pr port                /dev/ttyS0
pu baudrate            115200
pu minit
pu mreset
pu mhangup
pu rtscts              No
```

再启动 minicom 的时候,直接在 shell 下执行 minicom 命令就可以进入 minicom 控制台。

当运行在 minicom 控制台下面时,通过组合键可以进入 minicom 菜单。组合键的用法是:先按【CTRL＋A】组合键,再敲入一个命令键。其中,主要的几个命令键是:

【Z】命令键　显示所有的命令并进入命令主菜单,如图 4.4 所示;

【X】命令键　退出 minicom,并提示确认退出;

【ESC】键　退出命令主菜单返回到控制台。

嵌入式 Linux 开发技术

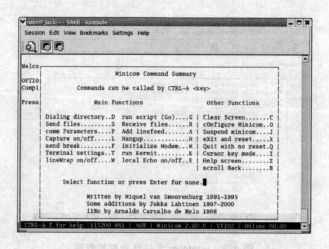

图 4.4 minicom 命令主界面

4.2 Linux 系统服务配置

4.2.1 配置网络地址

在 Linux 系统中，配置网络主要用到如下几个命令：

ifconfig：配置网络端口。

ifup eth0：打开网络端口（eth0）。

ifdown eth0：关闭网络端口（eth0）。

这几个命令需要具有 root 权限的用户执行，它们在/sbin 目录中。其实，/sbin/ifup 和 ifdown 是对/etc/sysconfig/network-scripts/ifup 和 down 的符号链接。

ifconfig 是最常用的命令，用来配置网络地址。例如：

ifconfig eth0 x.x.x.x netmask x.x.x.x broadcast x.x.x.x

还有一种方法是通过配置文件配置，即/etc/sysconfig/network-scripts/下配置 ifcfg-xx 的文件。如果想在一块网卡上配置多个地址，则配置文件为 ifcfg-eth0:1, ifcfg-eth0:2 等。

下面是"/etc/sysconfig/network-scripts/ifcfg-eth0"文件的示例：

DEVICE = eth0

IPADDR = 192.168.4.19

NETMASK = 255.255.255.0

NETWORK = 192.168.4.0

BROADCAST = 192.168.4.255

```
ONBOOT = yes
BOOTPROTO = none
USERCTL = no
```

配置完成以后，有时需要重新启动网络服务。命令如下：

/etc/init.d/network restart

4.2.2 配置 TFTP 服务

TFTP 协议是简单的文件传输协议，所以实现简单，使用方便，适合目标板 Bootloader 使用。但是文件传输是基于 UDP 的，是不可靠的。TFTP 服务在 Linux 系统上有客户端和服务器 2 个软件包。配置 TFTP 服务，必须先安装好。

TFTP 服务也可以通过图形化的配置窗口来启动。默认情况下，把/tftpboot 目录作为输出文件的根目录。另外，还可以手工修改 TFTP 配置文件定制 TFTP 服务。通过命令行的方式启动 TFTP 服务。配置文件/etc/xintd.d/tftp 内容如下：

```
# /etc/xintd.d/tftp
# default: off
service tftp
{
    disable         = yes
    socket_type     = dgram
    protocol        = udp
    wait            = yes
    user            = root
    server          = /usr/sbin/in.tftpd
    server_args     = -s /tftpboot
    per_source      = 11
    cps             = 100 2
    flags           = IPv4
}
```

其中，disable 是指关闭还是 tftp 服务。如果要打开服务，则把 yes 改成 no。server 是指定服务器程序为/usr/sbin/in.tftpd。server_args 则指定输出文件的根目录为/tftpboot，文件必须放到/tftpboot 目录下才能被输出。

修改配置以后，还需要执行下列命令使 xinetd 重新启动 TFTP 服务：

$ /etc/init.d/xinetd restart

4.2.3 配置 NFS 服务

NFS 服务的主要任务是把本地的一个目录通过网络输出,其他计算机可以在远程的挂接这个目录并且访问文件。

NFS 服务有自己的协议和端口号,但是在文件传输或者其他相关信息传递的时候,NFS 则使用远程过程调用(RPC,Remote Procedure Call)协议。

RPC 负责管理端口号的对应与服务相关的工作。NFS 本身的服务并没有提供文件传递的协议,它通过 RPC 的功能负责。因此,还需要系统启动 portmap 服务。

NFS 服务通过一系列工具来配置文件输出,配置文件是 /etc/exports。配置文件的语法格式为:

共享目录 主机名称 1 或 IP1(参数 1,参数 2) 主机名称 2 或 IP2(参数 3,参数 4)

其中,"共享目录"是主机上要向外输出的一个目录;"主机名称或者 IP"则是允许按照指定权限访问这个共享目录的远程主机;"参数"则定义了各种访问权限,如表 4.2 所列。

表 4.2 exports 配置文件参数说明

参 数	含 义
Rw	具有可擦/写的权限
Ro	具有只读的权限
no_root_squash	如果登录共享目录的使用者是 root,那么它对于这个目录具有 root 的权限
root_squash	如果登录共享目录的使用者是 root,那么它的权限将被限制为匿名使用者,通常其 UID 与 GID 都会变成 nobody
all_squash	不论登录共享目录的使用者是什么身份,其权限将被限制为匿名使用者
Anonuid	前面关于 *_squash 提到的匿名使用者的 UID 设定值,通常为 nobody。这里可以设定 UID 值,并且 UID 也必须在 /etc/passwd 中设置
Anongid	与上面的 anonuid 类似,只是 GID 变成 group ID
Sync	文件同步写入到内存和硬盘当中
Async	文件会先暂存在内存,而不是直接写入硬盘

举例说明:

(1) **/usr/local/arm/filesystem/rootfs *(rw,no_root_squash)**

表示输出 /usr/local/arm/farsight /rootfs 目录,并且所有的 IP 都可以访问。

(2) **/home/nfs 192.168.0.*(rw)**

表示输出 /home/nfs 目录,只允许 192.168.0.* 网段的 IP 访问。

第4章 构建主机开发环境

(3) /home/test 192.168.1.100(rw)

表示输出/home/test 目录,并且只允许 192.168.1.100 访问。

(4) /home/nfs *.linux.org(rw,all_squash,anonuid=40,anongid=40)

表示输出/home/linux 目录,并且允许 *.linux.org 主机登录。在/home/nfs 下面写文件时,文件的用户变成 UID 为 40 的使用者。

编辑修改好/etc/exports 这个配置文件,就可以启动服务 portmap 和 nfs 服务了。常用系统启动脚本来启动服务:

```
$ /etc/rc.d/init.d/portmap start
$ /etc/rc.d/init.d/nfs start
```

也可以通过 service 命令来启动:

```
$ service nfs start
$ service portmap start
```

启动完成后,可以查看/var/log/messages,确认是否正确激活服务。

如果只修改了/etc/exports 文件,并不总是要重启 nfs 服务。则可以使用 exportfs 工具重新读取/etc/exports,就可以加载输出的目录。

exportfs 工具的使用语法:

exportfs [-aruv]

-a:全部挂载(或卸载)/etc/exports 的设置;

-r:重新挂载/etc/exports 的设置,更新/etc/exports 和/var/lib/nfs/xtab 里面的内容;

-u:卸载某一个目录;

-v:在输出的时候,把共享目录显示出来。

在 NFS 已经启动的情况下,如果又修改了/etc/exports 文件,则可以执行命令:

```
$ exportfs -ra
```

系统日志文件/var/lib/nfs/xtab 中可以查看共享目录访问权限,不过只有已经被挂接的目录才会出现在日志文件中。

远程计算机作为 NFS 客户端,可以简单通过 mount 命令挂接这个目录使用。例如:

```
$ mount -t nfs 192.168.0.23:/home/nfs/mnt
```

这条命令就是把 192.168.0.23 主机上的/home/nfs 目录作为 NFS 文件系统挂接到/mnt 目录下。如果系统每次启动的时候都要挂接,则可以在 fstab 中添加相应一行配置。

如果希望 NFS 服务在每次系统引导时都要启动,则可以通过 chkconfig 打开这个选项。

```
$ /sbin/chkconfig nfs on
```

TFTP 和 NFS 构建流程如下：

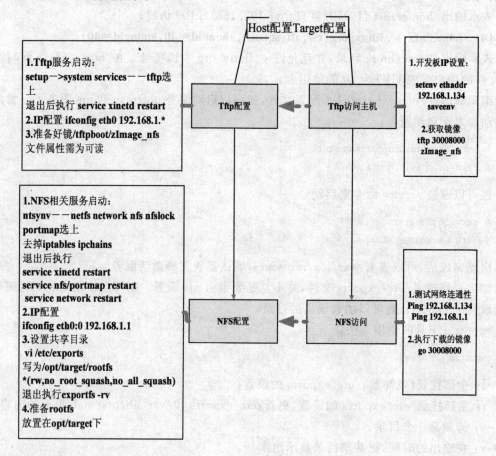

4.2.4 BOOTP/DHCP 服务

在你的开发主机里提供 DHCP 服务可以简化嵌入式目标板的配置管理。当 Linux 从目标板启动时，在以太网接口使用前需要进行配置。此外，如果你的目标板使用 NFS 挂载根文件系统配置，则 Linux 在启动过程完成前需要配置目标板的以太网接口。通常，Linux 在启动过程中可以用两种方式初始化以太网/IP 接口：

➢ 方式一：硬编码以太网接口参数；

➢ 方式二：在启动时配置内核以自动检测网络设置。

显然，方式二灵活性更好。DHCP 或 BOOTP 是目标板和服务器用来实现网络设置自动检测的协议，DHCP 服务器控制 IP 子网预先配置好的 IP 地址分配，DHCP 或 BOOTP 客户端将根据配置加入进来。DHCP 服务器监听来自 DHCP 客户端（例如目标开发板）的请求，为客户端分配地址和其他相关的信息，这也是它启动的一部分工作。在启动 DHCP 服务器时，可以使用-d调试选项检查一次典型的DHCP交换过程,可以观察目标机请求配置的输出。

为主机配置DHCP服务器并不困难。通常,我们的建议是参考你使用的桌面Linux发行版本附带的文档。在Red Hat Linux发行版本中,一个目标平台的配置内容如下所示:

```
# Example DHCP Server configuration
allow bootp;

subnet 192.168.0.0 netmask 255.255.255.0 {
 default-lease-time 1102209;
  option routers 192.168.0.1;
  option domain-name-servers 192.168.0.254;
  group {
    host emb1 {
      hardware ethernet 00:30:cd:22:26:af;
      fixed-address 192.168.0.13;
      filename "uImage";
      option root-path "/usr/local/embedded";
    }
  }
}
```

这是一个简单的范例,其只是说明你能传给目标系统的信息。该信息包含目标板上网卡MAC地址与所分配的IP地址间的一一映射。除了它的静态IP地址外,可以把其他信息传递给目标板。本例中,默认的路由器和DNS服务器地址传递给了目标板,一起传递的还包含所选择文件的文件名、内核挂载的NFS根文件系统的根目录路径。这个文件名被引导程序代码使用,用来装载通过TFTP服务器获取的内核映像。

你必须在你的Linux开发工作站上开启DHCP服务器,通常可以使用主菜单或通过命令行的方式完成设置。例如,在Red Hat Linux发行版本中,开启DHCP服务的命令是在命令行提示符下简单地输入下面的命令:

```
$ /etc/init.d/dhcpd start
```

除非配置了自动启动,否则每次都必须在工作站启动时执行这条命令。

4.3 玩转你的开发板

开发板是从事嵌入式开发不可缺少的工具,它为系统设计和软件验证提供了非常好的环境。特别是刚接触陌生的体系结构时,依照开发板进行参考设计是必不可少的。对于初学者而言,开发板是进阶学习的得力助手。根据开发板提供的资源,可以简化完成下面一些工作:

> 原理图的设计；
> 引导启动代码的编写；
> 内核的移植；
> 部分硬件接口电路编码。

本书内核移植使用的硬件平台是由北京中芯优电信息技术有限公司(http://www.top-elec.com)研发的 TOP2440 嵌入式开发板。在开发板的配套资料中有完善的关于开发板的原理图，详情可以参看其开发板的配套资料。

TOP2440 开发板的硬件资源如下：

CPU	三星 S3C2440A，主频 400 MHz
内存	64 MB，可根据需要扩展到 128 MB
NAND Flash	64 MB，可更换为 16 MB、32 MB、128 MB
串口	一个五线异步串口，两个三线扩展引出
网口	一个 100M 网口，采用 DM9000AEP，带联接和传输指示灯
USB 接口	一个 USB1.1 HOST 接口，一个 USB1.1 Device 接口
音频接口	一路立体声音频输出接口可接耳机，另一路音频输入可接麦克风
存储接口	一个 SD 卡接口
LCD 和触摸屏接口	集成了 4 线电阻式触摸屏接口的相关电路，目前支持 3.5 寸、5.6 寸、5.7 寸、8 寸 TFT 液晶屏 3.3 V/5 V 电源供电，可为多款液晶提供电压支持
摄像头接口	板上带有一个 2 mm 间距的 20P 插座作为扩展，用户可使用此扩展口连接各种摄像头
时钟源	内部实时时钟(带有后备锂电池)
复位电路	一个复位按键；采用专用复位芯片进行复位，稳定可靠
调试下载接口	一个 20 芯 Multi-ICE 标准 JTAG 接口配有一块儿下载调试板，支持 WIGGLER 调试及 JTAG 下载
电源接口	5 V 电源供电，带电源开关和指示灯主备电源设计，提高系统工业级应用能力
红外	一个 IRDA 红外线数据通信口(收发)
其他	8 个小按键，一个蜂鸣器，一个可调电阻接到 ADC 引脚上用来验证模/数转换，扩展接口，引出 SPI/GPIO 及 I^2C 等

下面介绍用并口烧写 U-Boot。

新买来的开发板如果是块裸板(NandFlash 中没有固化任何代码)且要第一次使用，则需要使用 JTAG 烧写工具把一个已经编译好的 Uboot.bin 二进制文件烧写到 NandFlash 的 0 地址上。用 JTAG 烧写 Bootloader 的最大缺点就是速度太慢，所以第一次烧写成功后一般都会通过网络的方式来烧写 NandFlash。具体的过程如下：

安装 giveio 驱动，进入"Flash 烧写"文件夹下，单击"安装驱动.exe"，则弹出如图 4.5 所示安装界面。

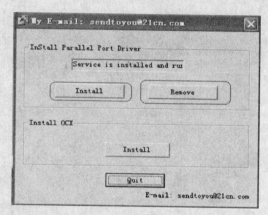

图 4.5　giveio 驱动安装界面

先单击 InStall Parallel Port Driver 栏目下的 Remove 按钮，然后单击该栏目下的 Install 按钮。则 InStall Parallel Port Driver 列表框弹出 Service is installed and run，说明 giveio 驱动安装成功。

把已经编译并成功运行过的二进制文件（一般是 u-boot.bin）复制到相应的 Flash 烧写文件夹中，编译好相应的 windows 批处理文件（.BAT），并运行相应的 u-boot.BAT 文件，如图 4.6 所示。

烧写程序所支持的 Flash 都列出来了，有 K9S1208（NAND，64M）、28F128J3A、AM29LV800、SST39VF160/1 等。烧写 U-Boot 的步骤如下：

① 在出现图 4.6 所示的界面后，首先选择需要烧写的 NandFlash 型号，这时将选择 K9S1208 进行烧写，于是在"Select the Function to test："提示下输入'0'，然后回车。

② 接着在"Select the function to test："提示下输入"0"，然后回车，选择 K9S1208 进行烧写。在"Input target block number："栏下输入烧写地址，要把 Uboot.bin 文件烧写到 NundFlash0 地址，所以这里选择 0，开始烧写二进制文件。

③ 写程序烧写完成后，输入"2"再回车，便可退出。

④ 关闭电源，将 PC 的串口和开发板的 UART0 通过串口线连接好，在 PC 启动串口通信工具，然后打开开发板电源，则进 NandFlash。地址上的程序 U-Boot 会启动运行，如图 4.7 所示。

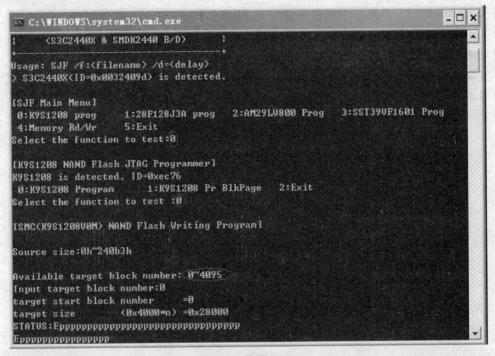

图 4.6 烧写 Flash

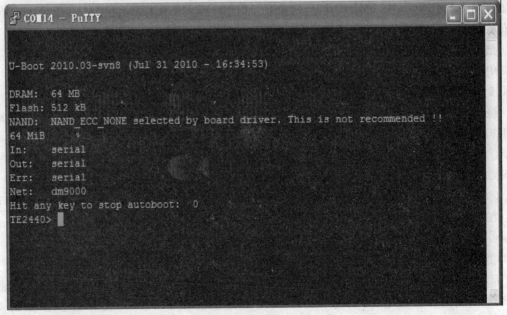

图 4.7 U-Boot 启动

接下来就可以使用 U-Boot 烧写 Linux 内核和文件系统,这里可以使用网线作为下载的工具。在下载内核和文件系统前还要做很多的事情,包括:

① 让 Linux 主机(称为 Host)能够和 U-Boot 进行网络通信,这是一切的基础。如果要用网口下载,网络都不通是肯定不行的。

② Linux 系统配置 tftp 和 NFS 服务,需要使用这些服务来下载 Linux 内核和文件系统。

③ 将目标 Linux 内核和文件系统复制到 tftp 共享文件夹下。

④ 通过 U-Boot 的内置命令把内核烧写到 NandFlash 中。

现在具体地介绍这些步骤:

① 配置 U-Boot 参数,目的是初始化网卡设备,使其能够与主机交互通信。

　　ⓐ 打开串口终端,开发板启动后按回车键进入 U-Boot 参数设置状态,如图 4.8 所示。

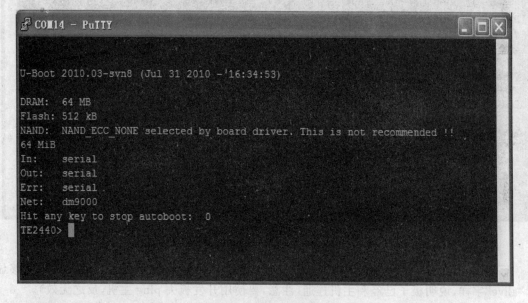

图 4.8　U-Boot 启动界面

　　ⓑ 设置 U-Boot 的参数,用到的命令包括:

```
setenv netmask 255.255.255.0              //设置子网掩码
setenv ipaddr 192.168.4.9                 //设置开发板的 IP 地址(仅供 U-Boot 使用)
setenv ethaddr 11:22:33:44:55:66          //设置开发板上网络接口的 MAC 地址
setenv serverip 192.168.4.2               //设置 Linux 主机 IP 地址
setenv gatewayip 192.168.4.1              //设置网关
setenv bootcmd nand read 32000000 80000 300000\;bootm 32000000    //设置系统启动命令
setenv bootargs noinitrd root = /dev/mtdblock4 console = ttySAC1,115200 init = /linuxrc rootfs-
type = cramfs devfs = mount              //设置 Linux 内核启动参数,由 U－Boot 传递给内核
```

saveenv   //保存前面的设置

运行 printenv 命令,可以查看设置的结果,如图 4.9 所示。

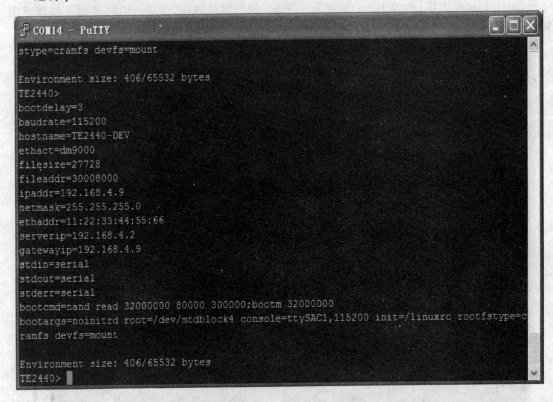

图 4.9 U-Boot 中的环境变量

U-Boot 中内置了 ping 命令,以测试开发板的网口和 Linux 主机是否连通。如果能够显示"alive"字样,说明板子已经和主机连通(注意,要使用开发板去 ping 主机,反之无效)。

② 烧写内核到 NandFlash 中(以开发板提供的内核和文件系统为例),在 Uboot 参数配置状态下运行命令:

tftp 32000000 uImage_TOP2440

该命令将内核镜像文件(uImage_TOP2440)下载到开发板的内存中,所在的内存地址是 0x32000000,如图 4.10 所示。

在真正烧写到 Flash 之前,需要运行命令 nand erase 擦除 nandflash。下面的命令将擦除 Flash 中从 0x80000 开始的连续 0x300000 个字节的空间:

nand erase 80000 300000

第4章 构建主机开发环境

图4.10 下载内核界面

下面的一条命令将内存中的数据写入 Flash。32000000 是内存地址,也就是刚刚下载的内核所在地;80000 表示烧写到 Flash 的地址;300000 是要烧写的字节数,这个数字不能小于内核的大小。

nand write 32000000 80000 300000

整个过程如图 4.11 所示。

下一步是烧写根文件系统,其过程与烧写内核镜像一样,首先用 tftp 的方式获得所需的根文件系统:

tftp 32000000 TOP2440_cramfs

运行命令 nand erase,擦除 nandflash,制定 rootfs 地址分区上的信息:

nand erase 380000 0xa00000

把下载的数据写入到指定的 Flash 空间中去:

nand write 32000000 380000 0xa00000

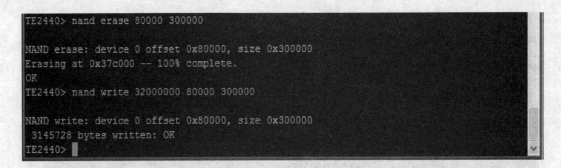

图 4.11 烧写 Flash 过程

由于根文件系统比较大，因此时间会相对长，整个过程如图 4.12 所示。

图 4.12 烧写根文件系统

现在的 Flash 中已经部署了 U-Boot、Linux 内核和根文件系统，可以加载并启动内核了，按一下开发板上的复位键，开机时不做任何操作开发板就能够实现系统的自启动，则应该看到如图 4.13 所示的界面。

第4章 构建主机开发环境

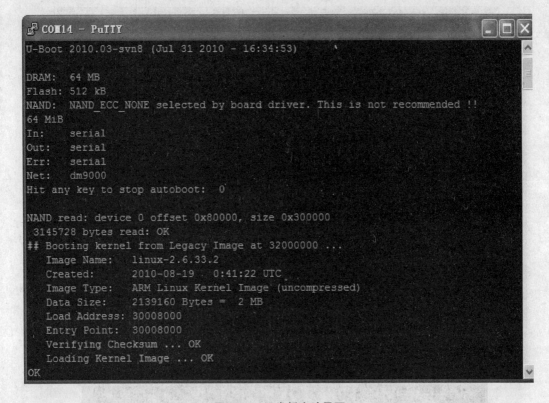

图 4.13 开发板启动界面

系统在启动的过程中会打印很多启动信息，图 4.14 是分区的配置已经外设的一些初始化信息。

通过图 4.15 可以看到，文件系统分为：

▶ cramfs 格式的"Root"；
▶ "只读"的根文件系统分区；
▶ yaffs 格式的"可读/写"文件系统分区。

用户可将 Qt 图形库或自己写的图形程序等较大体积的文件放于 Yaffs 分区内，这样在保证系统安全性的同时，又保证了系统的可扩展性。最后系统会加载文件系统，如图 4.15 所示。

当命令提示符出现的时候，表明系统已经在 ARM 板上顺利运行了。

在实际开发过程中，由于根文件系统的内容可能需要不断修改，因此这种需要下载文件系统到内存、从内存烧写到 Flash 的模式，不仅速度慢，同时还浪费 Flash 的寿命。比较好的方式是在开发过程中使用 NFS 挂载根文件系统。用 NFS 挂载文件系统的最大优点就是可以在主机快速更新板子上的文件系统，当然也减少了对于 Nand Flash 的烧写。NFS 文件系统在使用前首先要对 U-Boot 进行配置，配置的方式如下：

嵌入式 Linux 开发技术

```
TE2440DEV-BUTTON         initialized
s3c2440-uart.0: s3c2410_serial0 at MMIO 0x50000000 (irq = 70) is a S3C2440
s3c2440-uart.1: s3c2410_serial1 at MMIO 0x50004000 (irq = 73) is a S3C2440
s3c2440-uart.2: s3c2410_serial2 at MMIO 0x50008000 (irq = 76) is a S3C2440
loop: module loaded
Uniform Multi-Platform E-IDE driver
ide-gd driver 1.18
S3C24XX NAND Driver, (c) 2004 Simtec Electronics
s3c24xx-nand s3c2440-nand: Tacls=3, 29ns Twrph0=7 69ns, Twrph1=3 29ns
s3c24xx-nand s3c2440-nand: NAND ECC disabled
NAND device: Manufacturer ID: 0xec, Chip ID: 0x76 (Samsung NAND 64MiB 3,3V 8-bit
)
NAND_ECC_NONE selected by board driver. This is not recommended !!
Scanning device for bad blocks
Creating 6 MTD partitions on "NAND 64MiB 3,3V 8-bit":
0x000000000000-0x000000030000 : "UBoot"
0x000000030000-0x000000040000 : "Param"
0x000000040000-0x000000080000 : "Splash"
0x000000080000-0x000000380000 : "Kernel"
0x000000380000-0x000000d80000 : "Root"
0x000000d80000-0x000004000000 : "Yaffs"
dm9000 Ethernet Driver, V1.31
eth0: dm9000a at c481c300,c4820304 IRQ 19 MAC: 00:22:68:12:3a:48 (chip)
usbmon: debugfs is not available
```

图 4.14　Linux 的 Flash 分区设置信息

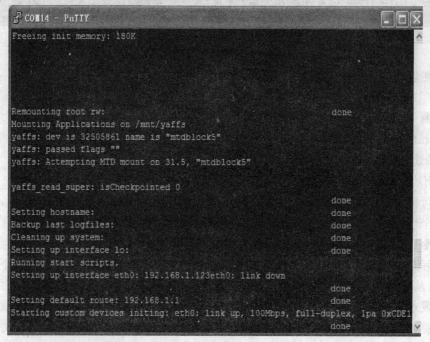

图 4.15　挂载根文件系统

第 4 章 构建主机开发环境

① 首先在开机后进入 U-Boot 参数设置模式。

② 执行以下命令：(一定要注意中间的空格)

setenv bootcmd   tftp   32000000   uImage_TOP2440\;bootm 32000000

setenv bootargs root = nfs nfsroot = 192.168.4.2:/work/rootzImage2440/rootfs ip = 192.168.4.134 nfsaddrs = 192.168.4.134:192.168.4.1:255.255.255.0   console = ttySAC1,115200   init = /linuxrc   devfs = mount

重新启动就可以了，如图 4.16 所示。

图 4.16 挂载 NFS 的界面

第 5 章

引导启动代码

知识点：
理解引导启动代码（Bootloader）；
编译 Bootloader；
U-Boot 移植。

5.1 什么是 Bootloader

嵌入式 Linux 系统从软件的角度看通常可以分为下面几个层次：
① Bootloader 用来加载内核。
② kernel 特定于嵌入式开发板的定制内核以及控制内核引导系统的参数。
③ rootfs 包括根文件系统和建立于 Flash 内存设备之上的文件系统。文件系统提供管理系统的各种配置文件以及系统执行用户应用程序的运行环境。
④ user 特定于用户的应用程序。有时在用户应用程序和内核层之间可能还会包括一个嵌入式图形用户界面。

Bootloader 是系统加电后运行的第一段代码。一般只在系统启动时运行非常短的时间，但对于嵌入式系统来说，这是一个非常重要的系统组成部分。在 PC 中，引导加载程序由 BIOS（其本质就是一段固件程序）和位于硬盘 MBR 中的操作系统引导加载程序（比如 NT-LOADER、GRUB 和 LILO）一起组成。BIOS 在完成硬件检测和资源分配后将硬盘 MBR 中的 Bootloader 读到系统的 RAM 中，然后将控制权交给操作系统引导程序。引导加载程序的主要运行任务就是将内核映像从硬盘上读到 RAM 中，然后跳转到内核的入口点去运行，即开始启动操作系统。

Bootloader 的编写依赖于硬件。每种不同体系结构的处理器都有不同的 Bootloader。不

第 5 章　引导启动代码

过 Bootloader 的发展也趋于支持多种体系结构，比如 U-Boot 从最初的只支持 PowerPC，到目前同时支持 PowerPC、ARM、MIPS、X86 等多种体系结构。除了依赖于处理器的体系结构外，Bootloader 实际上也依赖于具体的嵌入式板级设备的配置。也就是说，对于两块不同的嵌入式板而言，即使它们是基于同一种处理器而构建的，要想让运行在一块板子上的 Bootloader 程序也能运行在另一块板子上，通常也都需要对 Bootloader 进行移植工作。表 5.1 列出几种常见的 Bootloader。

表 5.1　常见的 Bootloader

Bootloader	描　　述	ARM	PPC	X86
LILO/Grub	Linux 磁盘引导程序	No	No	Yes
Loadlin	从 DOS 引导 Linux	No	No	Yes
ROLO	从 ROM 引导 Linux 而不需要 BIOS	No	No	Yes
Etherboot	通过以太网卡启动 Linux 系统的固件	No	No	Yes
LinuxBIOS	完全替代 BUIS 的 Linux 引导程序	No	No	Yes
BLOB	LART 等硬件平台的引导程序	Yes	No	No
U-Boot	通用引导程序	Yes	Yes	Yes
RedBoot	基于 eCos 的引导程序	Yes	Yes	Yes

5.1.1　Bootloader 的功能

当开发板加电后，即使运行最简单的程序，也必须对硬件的一些要素进行初始化。每一种体系结构和处理器都有一系列预定义的动作和配置，包括从板上存储设备（通常是闪存）取得的初始化代码。这个早期初始化代码就是引导装入程序的一部分，负责激活处理器和相关的硬件组件。

大多数处理器的默认起始地址是系统在加电或复位时获取代码的第一个字节，硬件设计人员则根据这些信息为板上的闪存设备布线以选择它负责的地址范围。根据这种方法，在系统加电时，代码可以从一个已知或可预测的地址处获得，从而实现软件控制。Bootloader 提供了早期初始化代码并负责初始化开发板以便程序能够运行。这些代码通常是由处理器自身的汇编语言编写的，因此难度很大。

Bootloader 在完成处理器和平台的初始化后，主要任务是变成启动完整的操作系统，负责定位、载入和执行最初的操作系统。此外，Bootloader 可能提供一些更为高级的特性，比如验证操作系统映像、更新自身或操作系统映像等。与传统的 PC 机 BIOS 模式有所不用，当操作系统取得控制权后，Bootloader 将被覆盖。

大多数 Bootloader 都包含两种不同的操作模式：

(1) 启动加载模式

在这种模式下,Bootloader 从目标机上的某个固态存储设备上将操作系统加载到 RAM 中运行,整个过程并没有用户的介入。这种模式是 Bootloader 的正常工作模式,因此在嵌入式产品发布时,Bootloader 必须工作在这种模式下。

(2) 下载模式

在这种模式下,目标机的 Bootloader 将通过串口或网络等通信手段从开发主机(Host)上下载内核映像和根文件系统映像等到 RAM 中,然后可以再被 Bootloader 写到目标机上的固态存储媒质中,或者直接进行系统的引导。前一种功能通常用于第一次烧写内核与根文件系统到固态存储媒质时或者以后的系统更新时使用;后者多用于开发人员前期的开发过程。工作于这种模式下的 Bootloader 通常都会向它的终端用户提供一个简单的命令行接口。

5.1.2 GRUB 实例

GRUB(Grand Unified Bootloader)是很多 Linux 发行版使用的引导载入程序。作为 Lilo 的改进项目,GRUB 和 Lilo 之间最大的不同是 GRUB 具有理解文件系统和内核映像格式的功能。而且 GRUB 可以在启动时读取和修改它的配置选项。GRUB 也支持通过网络启动,这在嵌入式环境中极为有用。GRUB 在启动时提供一个命令行接口,利用此接口可以在启动过程中修改配置参数。

图 5.1 是 GRUB 的主界面。可以看到,通过 GRUB 提供的菜单可以分别选择 2.6.27.4 和 2.6.18-53.el5 两个不同的内核。其中,2.6.18-53.el5 是安装 CentOS Linux 发行版本后系统自带的内核,而 2.6.27.4 是在此发行版本上编译安装的新内核。

选单的下面是可用的命令提示。其中,使用上下箭头选择内核;"e"编辑内核将执行命令;"a"修改内核参数;"c"进入命令行模式。

在选中的内核选项上输入 e 命令,则可以看到将要的执行命令,如图 5.2 所示。

其中,kernel 和 initrd 是 grub 提供的命令,用来装载内核和 image 镜像。而后面的参数则表示加载内核的方式。在这个窗口中,可以输入"d"删除光标所在行。这个接口主要为用户提供修改内核文件的机会。特别是当新内核无法启动时,可以手工指定其他版本的内核。

在任何一个界面中,输入"c"可以进入命令行模式,如图 5.3 所示。

此时,GRUB 提供了一个 shell 接口与用户进行交互。这个 shell 具有命令自动补齐功能,当你忘记了命令名称时,只要按 TAB 键就可以获得所有可用的命令。输入"help"可以获得 grub 提供的所有命令,如图 5.4 所示。

启动后,系统将按照 GRUB 指定的命令执行。通过图 5.5 可以了解到,文件 vmlinuz-2.6.27.4 是一个 Linux 的 bzImage 格式的内核镜像文件,大小为 0x1ee8f0 字节(约 2 MB),并且被 kernel 命令加载到内存的 0x3000 地址处。同理,initrd-2.6.27.4.img 镜像文件被 initrd 命令加载到内存的 0x1fbe0000 处,该镜像文件大小为 0x2ff582 字节。

第 5 章 引导启动代码

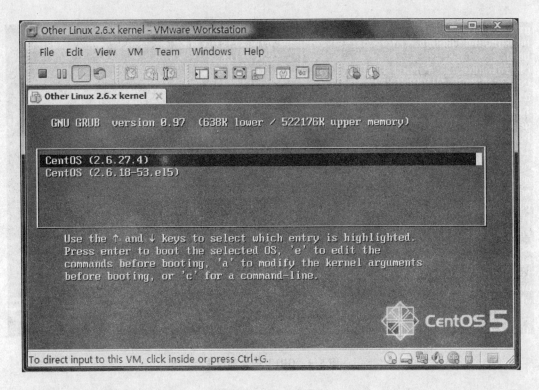

图 5.1 GRUB 主界面

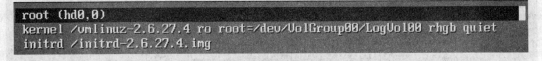

图 5.2 GRUB 将执行的命令

```
    GNU GRUB  version 0.97  (638K lower / 522176K upper memory)

 [ Minimal BASH-like line editing is supported. For the first word, TAB
   lists possible command completions. Anywhere else TAB lists the possible
   completions of a device/filename. ESC at any time exits.]

grub>
```

图 5.3 GRUB 的命令行模式

代码清单 5.1 给出了一个 GRUB 配置文件的实例，这是一个取自 PC 机配置文件。GRUB 的配置文件叫作 grub.conf，通常存放在一个专门存储启动映像文件的分区中，如 /boot。

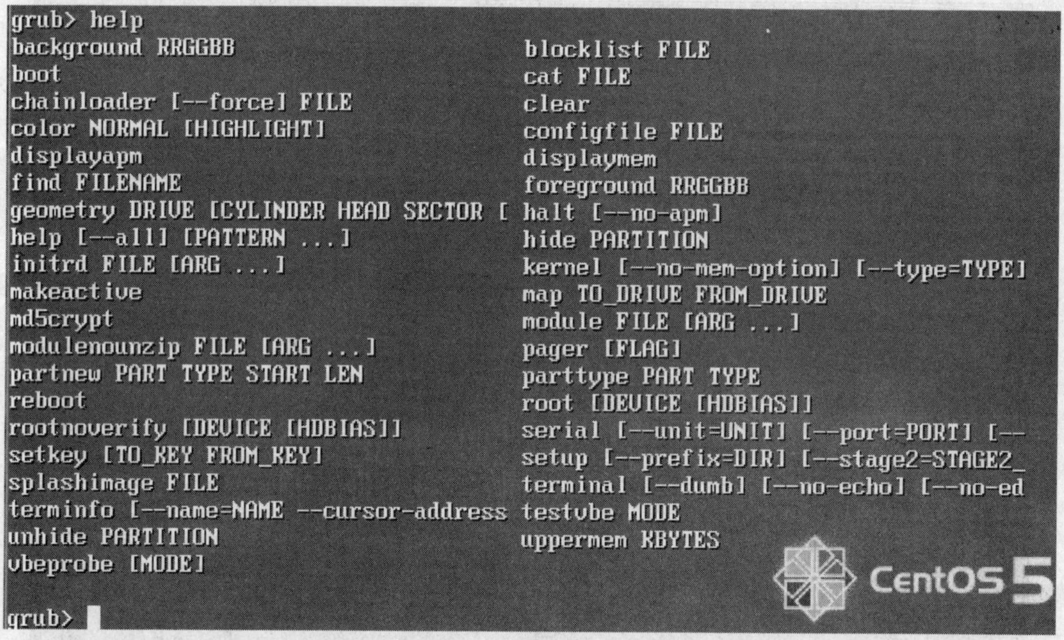

```
grub> help
background RRGGBB                              blocklist FILE
boot                                           cat FILE
chainloader [--force] FILE                     clear
color NORMAL [HIGHLIGHT]                       configfile FILE
displayapm                                     displaymem
find FILENAME                                  foreground RRGGBB
geometry DRIVE [CYLINDER HEAD SECTOR [         halt [--no-apm]
help [--all] [PATTERN ...]                     hide PARTITION
initrd FILE [ARG ...]                          kernel [--no-mem-option] [--type=TYPE]
makeactive                                     map TO_DRIVE FROM_DRIVE
md5crypt                                       module FILE [ARG ...]
modulenounzip FILE [ARG ...]                   pager [FLAG]
partnew PART TYPE START LEN                    parttype PART TYPE
reboot                                         root [DEVICE [HDBIAS]]
rootnoverify [DEVICE [HDBIAS]]                 serial [--unit=UNIT] [--port=PORT] [--
setkey [TO_KEY FROM_KEY]                       setup [--prefix=DIR] [--stage2=STAGE2_
splashimage FILE                               terminal [--dumb] [--no-echo] [--no-ed
terminfo [--name=NAME --cursor-address         testvbe MODE
unhide PARTITION                               uppermem KBYTES
vbeprobe [MODE]

grub>
```

图 5.4　GRUB 的全部命令

```
     Booting 'CentOS (2.6.27.4)'

root (hd0,0)
 Filesystem type is ext2fs, partition type 0x83
kernel /vmlinuz-2.6.27.4 ro root=/dev/VolGroup00/LogVol00 rhgb quiet
   [Linux-bzImage, setup=0x3000, size=0x1ee8f0]
initrd /initrd-2.6.27.4.img
   [Linux-initrd @ 0x1fbe0000, 0x2ff582 bytes]

ide_generic: I/O resource 0x1F0-0x1F7 not free.
ide_generic: I/O resource 0x170-0x177 not free.
Red Hat nash version 5.1.19.6 starting
sd 0:0:0:0: [sda] Assuming drive cache: write through
sd 0:0:0:0: [sda] Assuming drive cache: write through
```

图 5.5　GRUB 的执行过程

程序清单 5.1　grub.conf

grub.conf generated by anaconda
#
Note that you do not have to rerun grub after making changes to this file

```
# NOTICE:   You have a /boot partition.   This means that
#           all kernel and initrd paths are relative to /boot/, eg.
#           root (hd0,0)
#           kernel /vmlinuz – version ro root = /dev/VolGroup00/LogVol00
#           initrd /initrd – version.img
# boot = /dev/sda
default = 0
timeout = 5
splashimage = (hd0,0)/grub/splash.xpm.gz
hiddenmenu
title CentOS (2.6.27.4)
    root (hd0,0)
#    kernel /vmlinuz – 2.6.27.4 ro root = /dev/VolGroup00/LogVol00 rhgb quiet kgdboc = ttyS0,115200 kgdbwait
    kernel /vmlinuz – 2.6.27.4 ro root = /dev/VolGroup00/LogVol00 rhgb quiet
    initrd /initrd – 2.6.27.4.img
title CentOS (2.6.18 – 53.el5)
    root (hd0,0)
    kernel /vmlinuz – 2.6.18 – 53.el5 ro root = /dev/VolGroup00/LogVol00 rhgb quiet
    initrd /initrd – 2.6.18 – 53.el5.img
```

5.1.3 链接器命令脚本

当 Bootloader 编译和链接后，开发人员必须明白映像是怎样创建并链接的，特别是如果 Bootloader 自身需要从 Flash 到 RAM 进行重定位。编译器和链接器必须被传入少量的定义最终映像特性和布局的参数。构建一个二进制可执行映像的诀窍就是利用链接器描述文件，也称为链接器命令脚本。

5.2 U-Boot 介绍

U-Boot 是一个开源项目，全称 Universal Boot Loader，从 FADSROM、8xxROM、PPCBOOT 逐步发展演化而来。U-Boot 除了支持 PowerPC 系列的处理器外，还能支持 MIPS、x86、ARM、NIOS、XScale 等诸多常用系列的处理器。这两个特点正是 U-Boot 项目的开发目标，即支持尽可能多的嵌入式处理器和嵌入式操作系统。

作为一个知名的开源软件，U-Boot 仍然在不断更新。从最初的 PPCBOOT 到目前，已发展 9 年之久。从 u-boot-1.3.4 以后，U-Boot 的新版不再延续这种叫法，取而代之的是用日期进行标识，如 u-boot-2008.10、u-boot-2009.1，直到最新的 u-boot-2010.09。本书使用的版本是 u-boot-1.3.1,读者可以在 ftp://ftp.denx.de/pub/u-boot/下载最新版本。

5.2.1 U-Boot 的目录结构

U-Boot 源码目录、编译形式与 Linux 内核很相似。其实不少 U-Boot 源码就是相应的 Linux 内核源程序的简化,特别是一些设备的驱动程序,从 U-Boot 源码的注释中能体现这一点。表5.2列出了 U-Boot 的目录结构。

表5.2 U-Boot 目录结构

目录	内容
board	目标板相关文件,主要包含 SDRAM、Flash 驱动
common	独立于处理器体系结构的通用代码,如内存大小探测与故障检测
cpu	与处理器相关的文件
driver	通用设备驱动,如 CFI FLASH 驱动
doc	U-Boot 的说明文档
examples	可在 U-Boot 下运行的示例程序,如 hello_world.c,timer.c
include	头文件;configs 目录下存放与目标板相关的配置头文件
lib_xxx	处理器体系相关的文件
net	与网络功能相关的文件目录
post	上电自检文件目录
rtc	RTC 驱动程序
tools	用于创建 U-Boot S-RECORD 和 BIN 镜像文件的工具

5.2.2 编译 U-Boot

和其他 GNU 项目一样,编译 U-Boot 时输入"make"命令就可以了。但是要注意的是,U-Boot 提供了对多种平台的支持,因此在编译之前,需要进行平台选择。下面的错误就是因为没有选择平台造成的:

```
# make
System not configured - see README
make: *** [all] Error 1
```

我们需要选择平台,例如,使用 smdk2410 开发板的配置如下:

```
make smdk2410_config
Configuring for smdk2410 board...
```

在上述命令中,smdk2410_config 是定义在 Makefile 文件中的假想目标。也就是说,

make 命令的参数一定是在 Makefile 文件中指定的。下面是从 Makefile 文件中摘出来的片断代码：

```
sbc2410x_config: unconfig
    @ $ (MKCONFIG) $ (@:_config = ) arm arm920t sbc2410x NULL s3c24x0
scb9328_config    :    unconfig
    @ $ (MKCONFIG) $ (@:_config = ) arm arm920t scb9328 NULL imx
smdk2400_config    :    unconfig
    @ $ (MKCONFIG) $ (@:_config = ) arm arm920t smdk2400 samsung s3c24x0
smdk2410_config    :    unconfig
    @ $ (MKCONFIG) $ (@:_config = ) arm arm920t smdk2410 samsung s3c24x0
```

smdk2410_config、ep7312_config 和 at91rm9200dk_config 用来定义 3 种平台，这可以把它们传递给 make，以确定要编译的目标，具体编译的文件在后面一行指定。其中，arm920t、s3c24x0 和 ep7312 都可以在源码的 cpu 目录中找到。

mkconfig 是一个脚本程序，用来创建在 configure 过程中需要使用的头文件和链接文件。

如果编译过程中没有出现错误，那么将创建 U-Boot 文件，并通过 objcopy 将其转换为二进制格式和 16 进制 Motorola S－records 文件格式。最后，将 u-boot. bin 下载到开发板的 Flash 中引导操作系统，如图 5.6 所示。U-Boot 不仅可以在 Nor Flash 上运行，也可以在 Nand Flash 中运行，这取决于编写的代码。

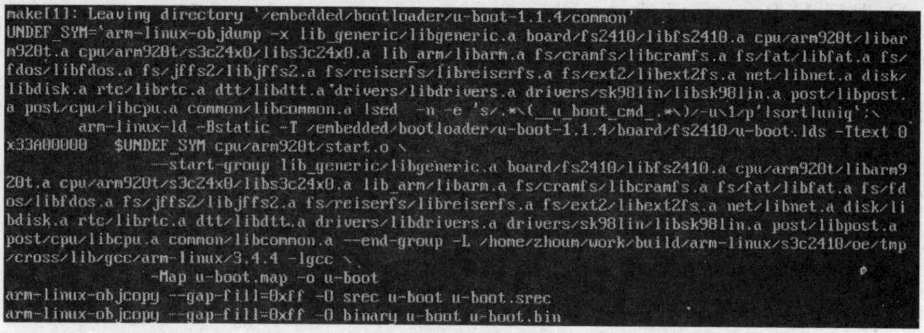
```
make[1]: Leaving directory '/embedded/bootloader/u-boot-1.1.4/common'
UNDEF_SYM='arm-linux-objdump -x lib_generic/libgeneric.a board/fs2410/libfs2410.a cpu/arm920t/libar
m920t.a cpu/arm920t/s3c24x0/libs3c24x0.a lib_arm/libarm.a fs/cramfs/libcramfs.a fs/fat/libfat.a fs/
fdos/libfdos.a fs/jffs2/libjffs2.a fs/reiserfs/libreiserfs.a fs/ext2/libext2fs.a net/libnet.a disk/
libdisk.a rtc/librtc.a dtt/libdtt.a drivers/libdrivers.a drivers/sk98lin/libsk98lin.a post/libpost.
a post/cpu/libcpu.a common/libcommon.a |sed  -n -e 's/.*\(__u_boot_cmd_.*\)/-u\1/p'|sort|uniq';\
        arm-linux-ld -Bstatic -T /embedded/bootloader/u-boot-1.1.4/board/fs2410/u-boot.lds -Ttext 0
x33A00000   $UNDEF_SYM cpu/arm920t/start.o \
                --start-group lib_generic/libgeneric.a board/fs2410/libfs2410.a cpu/arm920t/libarm9
20t.a cpu/arm920t/s3c24x0/libs3c24x0.a lib_arm/libarm.a fs/cramfs/libcramfs.a fs/fat/libfat.a fs/fd
os/libfdos.a fs/jffs2/libjffs2.a fs/reiserfs/libreiserfs.a fs/ext2/libext2fs.a net/libnet.a disk/li
bdisk.a rtc/librtc.a dtt/libdtt.a drivers/libdrivers.a drivers/sk98lin/libsk98lin.a post/libpost.a
post/cpu/libcpu.a common/libcommon.a --end-group -L /home/zhoum/work/build/arm-linux/s3c2410/oe/tmp
/cross/lib/gcc/arm-linux/3.4.4 -lgcc \
                -Map u-boot.map -o u-boot
arm-linux-objcopy --gap-fill=0xff -O srec u-boot u-boot.srec
arm-linux-objcopy --gap-fill=0xff -O binary u-boot u-boot.bin
```

图 5.6 编译 U-Boot

5.2.3 U-Boot 中. lds 连接脚本文件

前面初步了解了 U-Boot 的代码目录，并通过 make 命令编译出 u－boot. bin 二进制文件。因为这个编译是针对 smdk2410 开发板的，因此这个 bin 文件可以直接下载到 smdk2410 开发板的 Flash 上。但是显然，你手中的板子或要开发的板子与 smdk2410 不尽相同，因此这个文件对用户来说还没有任何用处。不要着急，接下来可对 U-Boot 进行深一步介绍。

相信大家对 Makefile 文件已经很熟悉了，这里不再介绍，但是建议大家认真阅读 Makfile

文件,从而理解编译器究竟编译了哪些目录及文件。

5.3 U-Boot 移植

本节开始介绍移植 U-Boot 的过程。

1. 建立自己的开发板类型

步骤如下：

① 解压文件：#tar jxvf u-boot-1.3.1.tar.bz2。

② 进入 U-Boot 源码目录：#cd u-boot-1.3.1。

③ 创建自己的开发板：

ⓐ #cd board

ⓑ #cp smdk2410 top2440 -a

ⓒ #cd top2440

ⓓ #mv smdk2410.c top2440.c

ⓔ #vi Makefile（将 smdk2410 修改为 top2440）

ⓕ #cd ../../include/configs

ⓖ #cp smdk2410.h top2440.h

ⓗ 退回 U-Boot 根目录：#cd ../../

④ 建立编译选项：#vi Makefile

smdk2410_config: unconfig

  @$(MKCONFIG) $(@:_config=) arm arm920t smdk2410 NULL s3c24x0

top2440_config: unconfig

  @$(MKCONFIG) $(@:_config=) arm arm920t top2440　NULL　s3c24x0

  arm：CPU 的架构(ARCH)。

  arm920t：CPU 的类型(CPU)，对应于 cpu/arm920t 子目录。

  top2440：开发板的型号(BOARD)，对应于 board/top2440 目录。

  NULL：开发者/或经销商(vender)，本例为空。

  s3c24x0：片上系统(SOC)。

⑤ 编译：#make top2440_config;make。

这个步骤将编译出 u-boot.bin 文件，但是无法运行在 top2440 开发板上。这是由于 Flash 不相同造成的,后面通过修改可以调整。

2. 修改 cpu/arm920t/start.S 文件,完成 U-Boot 的重定向

步骤如下：

第 5 章 引导启动代码

① 修改中断禁止部分：

```
# if defined(CONFIG_S3C2410)
    ldr   r1, = 0x7ff         /* 根据 2410 芯片手册,INTSUBMSK 有 11 位可用 */
    ldr   r0, = INTSUBMSK
    str   r1, [r0]
# endif
```

② 修改时钟设置(本开发板不用修改)。

③ 将从 Nor Flash 启动改成从 Nand Flash 启动。

修改如下：

```
195 copy_loop：
196 ldmia     r0!, {r3 - r10}      /* copy from source address [r0]  */
197 stmia     r1!, {r3 - r10}      /* copy to   target address [r1]  */
198 cmp       r0, r2               /* until source end addreee [r2]  */
199 ble copy_loop
200 # endif                         /* CONFIG_SKIP_RELOCATE_UBOOT */
201 # endif
# ifdef CONFIG_S3C2410_NAND_BOOT
@ reset NAND
mov r1, # NAND_CTL_BASE
    ldr r2, = 0xf830 @ initial value
    str r2, [r1, # oNFCONF]
    ldr r2, [r1, # oNFCONF]
    bic r2, r2, # 0x800 @ enable chip
    str r2, [r1, # oNFCONF]
    mov r2, # 0xff @ RESET command
    strb r2, [r1, # oNFCMD]
    mov r3, # 0 @ wait
nand1:
add r3, r3, # 0x1
cmp r3, # 0xa
blt nand1
nand2:
    ldr r2, [r1, # oNFSTAT] @ wait ready
    tst r2, # 0x1
    beq nand2
    ldr r2, [r1, # oNFCONF]
    orr r2, r2, # 0x800 @ disable chip
    str r2, [r1, # oNFCONF]
```

```
@ get read to call C functions (for nand_read())
ldr sp, DW_STACK_START @ setup stack pointer
mov fp, #0 @ no previous frame, so fp = 0
@ copy U-Boot to RAM
    ldr r0, = TEXT_BASE
    mov r1, #0x0
    mov r2, #0x30000
    bl nand_read_ll
    tst r0, #0x0
    beq ok_nand_read
bad_nand_read:
loop2:
b loop2 @ infinite loop

ok_nand_read:
@ verify
mov r0, #0
ldr r1, = TEXT_BASE
mov r2, #0x400 @ 4 bytes * 1024 = 4K-bytes
go_next:
ldr r3, [r0], #4
ldr r4, [r1], #4
teq r3, r4
bne notmatch
subs r2, r2, #4
beq stack_setup
bne go_next
notmatch:
loop3: b loop3 @ infinite loop
#endif @ CONFIG_S3C2410_NAND_BOOT
```

在"_start_armboot:??? .word start_armboot?"后加入:

```
.align 2
DW_STACK_START: .word STACK_BASE + STACK_SIZE - 4
```

3. 修改 board/top2440/lowlevel_init.S 文件,设置内存控制器

在移植过程中,往往需要依照开发板内存区的配置情况对内存进行设置。参考 S3C2410 手册可理解该文件内容。参考代码如下:

```
#define BWSCON        0x48000000
```

第 5 章　引导启动代码

```c
#define PLD_BASE        0x2C000000
#define SDRAM_REG       0x2C000106
/* BWSCON */
#define DW8             (0x0)
#define DW16            (0x1)
#define DW32            (0x2)
#define WAIT            (0x1<<2)
#define UBLB            (0x1<<3)
/* BANKSIZE */
#define BURST_EN        (0x1<<7)
#define B1_BWSCON       (DW16 + WAIT)
#define B2_BWSCON       (DW32)
#define B3_BWSCON       (DW32)
#define B4_BWSCON       (DW16 + WAIT + UBLB)
#define B5_BWSCON       (DW8 + UBLB)
#define B6_BWSCON       (DW32)
#define B7_BWSCON       (DW32)
/* BANK0CON */
#define B0_Tacs         0x0     /* 0clk */
#define B0_Tcos         0x1     /* 1clk */
/* #define B0_Tcos      0x0     0clk */
#define B0_Tacc         0x7     /* 14clk */
/* #define B0_Tacc      0x5     8clk */
#define B0_Tcoh         0x0     /* 0clk */
#define B0_Tah          0x0     /* 0clk */
#define B0_Tacp         0x0     /* page mode is not used */
#define B0_PMC          0x0     /* page mode disabled */
/* BANK1CON */
#define B1_Tacs         0x0     /* 0clk */
#define B1_Tcos         0x1     /* 1clk */
/* #define B1_Tcos      0x0     0clk */
#define B1_Tacc         0x7     /* 14clk */
/* #define B1_Tacc      0x5     8clk */
#define B1_Tcoh         0x0     /* 0clk */
#define B1_Tah          0x0     /* 0clk */
#define B1_Tacp         0x0     /* page mode is not used */
#define B1_PMC          0x0     /* page mode disabled */
#define B2_Tacs         0x3     /* 4clk */
#define B2_Tcos         0x3     /* 4clk */
```

```
#define B2_Tacc     0x7    /* 14clk */
#define B2_Tcoh     0x3    /* 4clk */
#define B2_Tah      0x3    /* 4clk */
#define B2_Tacp     0x0    /* page mode is not used */
#define B2_PMC      0x0    /* page mode disabled */
#define B3_Tacs     0x3    /* 4clk */
#define B3_Tcos     0x3    /* 4clk */
#define B3_Tacc     0x7    /* 14clk */
#define B3_Tcoh     0x3    /* 4clk */
#define B3_Tah      0x3    /* 4clk */
#define B3_Tacp     0x0    /* page mode is not used */
#define B3_PMC      0x0    /* page mode disabled */
#define B4_Tacs     0x3    /* 4clk */
#define B4_Tcos     0x1    /* 1clk */
#define B4_Tacc     0x7    /* 14clk */
#define B4_Tcoh     0x1    /* 1clk */
#define B4_Tah      0x0    /* 0clk */
#define B4_Tacp     0x0    /* page mode is not used */
#define B4_PMC      0x0    /* page mode disabled */
#define B5_Tacs     0x0    /* 0clk */
#define B5_Tcos     0x3    /* 4clk */
#define B5_Tacc     0x5    /* 8clk */
#define B5_Tcoh     0x2    /* 2clk */
#define B5_Tah      0x1    /* 1clk */
#define B5_Tacp     0x0    /* page mode is not used */
#define B5_PMC      0x0    /* page mode disabled */
#define B6_MT       0x3    /* SDRAM */
#define B6_Trcd     0x1    /* 3clk */
#define B6_SCAN     0x2    /* 10bit */
#define B7_MT       0x3    /* SDRAM */
#define B7_Trcd     0x1    /* 3clk */
#define B7_SCAN     0x2    /* 10bit */
/* REFRESH parameter */
#define REFEN       0x1    /* Refresh enable */
#define TREFMD      0x0    /* CBR(CAS before RAS)/Auto refresh */
#define Trp         0x0    /* 2clk */
#define Trc         0x3    /* 7clk */
#define Tchr        0x2    /* 3clk */
#define REFCNT      1113   /* period = 15.6us, HCLK = 60Mhz, (2048 + 1 − 15.6 * 60) */
```

```
      .word ((B6_MT<<15) + (B6_Trcd<<2) + (B6_SCAN))
      .word ((B7_MT<<15) + (B7_Trcd<<2) + (B7_SCAN))
      .word ((REFEN<<23) + (TREFMD<<22) + (Trp<<20) + (Trc<<18) + (Tchr<<16) + REFCNT)
      .word 0x32
      .word 0x30
      .word 0x30
```

4. 创建 board/top2440/nand_read.c 文件,加入读 Nand 的操作

```c
#include <config.h>
#define __REGb(x) (*(volatile unsigned char *)(x))
#define __REGi(x) (*(volatile unsigned int *)(x))
#define NF_BASE 0x4e000000
#if defined(CONFIG_S3C2410)
#define NFCONF __REGi(NF_BASE + 0x0)
#define NFCMD  __REGb(NF_BASE + 0x4)
#define NFADDR __REGb(NF_BASE + 0x8)
#define NFDATA __REGb(NF_BASE + 0xc)
#define NFSTAT __REGb(NF_BASE + 0x10)
#define BUSY 1
inline void wait_idle(void) {
    int i;
    while(!(NFSTAT & BUSY))
        for(i = 0;i<10;i++);
}
/* low level nand read function */
int nand_read_ll(unsigned char *buf, unsigned long start_addr, int size)
{
    int i, j;
    if ((start_addr & NAND_BLOCK_MASK) || (size & NAND_BLOCK_MASK)) {
        return -1;/* invalid alignment */
    }
    /* chip Enable */
    NFCONF &= ~0x800;
    for(i = 0;i<10;i++);
    for(i = start_addr;i < (start_addr + size);) {
        /* READ0 */
        NFCMD = 0;
        /* Write Address */
```

```
            NFADDR = i & 0xff;
            NFADDR = (i >> 9) & 0xff;
            NFADDR = (i >> 17) & 0xff;
            NFADDR = (i >> 25) & 0xff;
            wait_idle();
            for(j = 0;j < NAND_SECTOR_SIZE;j + + , i + + ){
    * buf = (NFDATA & 0xff);
    buf + + ;
        }
    }
    /* chip Disable */
    NFCONF | = 0x800;/* chip disable */
    return 0;
}
# endif
```

同时修改 board/top2440/Makefile 文件,增加 nand_read 函数:

COBJS: = top2440.o nand_read.o flash.o

5. 修改 board/top2440/top2440.c 文件,加入 Nand Flash 操作

(1) 加入 Nand Flash 的初始化函数

在文件的最后加入 Nand Flash 的初始化函数,该函数在后面 Nand Flash 的操作中都要用到。U-Boot 运行到第 2 阶段会进入 start_armboot()函数。其中,nand_init()函数是对 Nand Flash 的最初初始化函数。Nand_init()函数在两个文件中实现,其调用与 CFG_NAND _LEGACY 宏有关,如果没有定义这个宏,系统调用 drivers/nand/nand.c 中的 nand_init(); 否则,调用自己在本文件中的 nand_init()函数,本例使用后者。代码如下:

```
# if defined(CONFIG_CMD_NAND)
typedef enum {
    NFCE_LOW,
    NFCE_HIGH
} NFCE_STATE;
static inline void NF_Conf(u16 conf)
{
    S3C2410_NAND * const nand = S3C2410_GetBase_NAND();
    nand->NFCONF = conf;
}
static inline void NF_Cmd(u8 cmd)
{
```

```c
    S3C2410_NAND * const nand = S3C2410_GetBase_NAND();
    nand->NFCMD = cmd;
}
static inline void NF_CmdW(u8 cmd)
{
    NF_Cmd(cmd);
    udelay(1);
}
static inline void NF_Addr(u8 addr)
{
    S3C2410_NAND * const nand = S3C2410_GetBase_NAND();
    nand->NFADDR = addr;
}
static inline void NF_WaitRB(void)
{
    S3C2410_NAND * const nand = S3C2410_GetBase_NAND();
    while (! (nand->NFSTAT & (1<<0)));
}
static inline void NF_Write(u8 data)
{
    S3C2410_NAND * const nand = S3C2410_GetBase_NAND();
    nand->NFDATA = data;
}
static inline u8 NF_Read(void)
{
    S3C2410_NAND * const nand = S3C2410_GetBase_NAND();
    return(nand->NFDATA);
}
static inline u32 NF_Read_ECC(void)
{
    S3C2410_NAND * const nand = S3C2410_GetBase_NAND();
    return(nand->NFECC);
}
static inline void NF_SetCE(NFCE_STATE s)
{
    S3C2410_NAND * const nand = S3C2410_GetBase_NAND();
    switch (s) {
    case NFCE_LOW:
        nand->NFCONF &= ~(1<<11);
```

```c
            break;
        case NFCE_HIGH:
            nand->NFCONF |= (1<<11);
            break;
        }
    }
    static inline void NF_Init_ECC(void)
    {
        S3C2410_NAND * const nand = S3C2410_GetBase_NAND();
        nand->NFCONF |= (1<<12);
    }
    extern ulong nand_probe(ulong physadr);
    static inline void NF_Reset(void)
    {
        int i;
        NF_SetCE(NFCE_LOW);
        NF_Cmd(0xFF);               /* reset command */
        for(i=0;i<10;i++);          /* tWB=100ns. */
        NF_WaitRB();                /* wait 200~500us. */
        NF_SetCE(NFCE_HIGH);
    }
    static inline void NF_Init(void)
    {
    #if 0
    #define TACLS 0
    #define TWRPH0 3
    #define TWRPH1 0
    #else
    #define TACLS 0
    #define TWRPH0 4
    #define TWRPH1 2
    #endif
    #if defined(CONFIG_S3C2440)
        NF_Conf((TACLS<<12)|(TWRPH0<<8)|(TWRPH1<<4));
        NF_Cont((1<<6)|(1<<4)|(1<<1)|(1<<0));
    #else
        NF_Conf((1<<15)|(0<<14)|(0<<13)|(1<<12)|(1<<11)|(TACLS<<8)|(TWRPH0<<4)|(TWRPH1<<0));
        /* nand->NFCONF = (1<<15)|(1<<14)|(1<<13)|(1<<12)|(1<<11)|(TACLS<<8)|
```

```
(TWRPH0<<4)|(TWRPH1<<0); */
        /* 1 1 1 1, 1 xxx, r xxx, r xxx */
        /* En 512B 4step ECCR nFCE = H tACLS tWRPH0 tWRPH1 */
#endif
    NF_Reset();
}

void nand_init(void)
{
    S3C2410_NAND * const nand = S3C2410_GetBase_NAND();
    NF_Init();
#ifdef DEBUG
    printf("NAND flash probing at 0x%.8lX\n", (ulong)nand);
#endif
    printf ("%4lu MB\n", nand_probe((ulong)nand) >> 20);
}
#endif
```

(2) 配置 GPIO 和 PLL

根据开发板的硬件说明和芯片手册修改 GPIO 和 PLL 的配置。

6. 修改 include/configs/top2440.h 头文件

1) 加入命令定义（Line 39）

```
/* Command line configuration. */
#include <config_cmd_default.h>
#define CONFIG_CMD_ASKENV
#define CONFIG_CMD_CACHE
#define CONFIG_CMD_DATE
#define CONFIG_CMD_DHCP
#define CONFIG_CMD_ELF
#define CONFIG_CMD_PING
#define CONFIG_CMD_NAND
#define CONFIG_CMD_REGINFO
#define CONFIG_CMD_JFFS2
#define CONFIG_CMD_USB
#define CONFIG_CMD_FAT
```

2) 修改命令提示符（Line 114）

```
#define    CFG_PROMPT        "SMDK2410 # "
```

3) 修改默认载入地址(Line 125)

```
  #define     CFG_LOAD_ADDR        0x33000000
->#define     CFG_LOAD_ADDR        0x30008000
```

4) 加入 Flash 环境信息(在 Line 181 前)

```
#define CFG_ENV_IS_IN_NAND 1
#define CFG_ENV_OFFSET 0X30000
#define CFG_NAND_LEGACY
//#define CFG_ENV_IS_IN_FLASH 1
#define CFG_ENV_SIZE 0x10000       /* Total Size of Environment Sector */
```

5) 加入 Nand Flash 设置(在文件结尾处)

```
/* NAND flash settings? */
#if defined(CONFIG_CMD_NAND)
#define CFG_NAND_BASE 0x4E000000       /* NandFlash 控制器在 SFR 区起始寄存器地址 */
#define CFG_MAX_NAND_DEVICE 1          /* 支持的最在 Nand Flash 设备数 */
/#define SECTORSIZE 512                /* 1 页的大小 */
#define NAND_SECTOR_SIZE SECTORSIZE
#define NAND_BLOCK_MASK 511            /* 页掩码 */
#define ADDR_COLUMN 1                  /* 一个字节的 Column 地址 */
#define ADDR_PAGE 3                    /* 3 字节的页块地址!!!!! */
#define ADDR_COLUMN_PAGE 4             /* 总共 4 字节的页块地址!!!!! */
#define NAND_ChipID_UNKNOWN 0x00       /* 未知芯片的 ID 号 */
#define NAND_MAX_FLOORS 1 #define NAND_MAX_CHIPS 1
/* Nand Flash 命令层底层接口函数 */
#define WRITE_NAND_ADDRESS(d, adr) {rNFADDR = d;}
#define WRITE_NAND(d, adr) {rNFDATA = d;}
#define READ_NAND(adr) (rNFDATA)
#define NAND_WAIT_READY(nand) {while(! (rNFSTAT&(1<<0)));}
#define WRITE_NAND_COMMAND(d, adr) {rNFCMD = d;}
#define WRITE_NAND_COMMANDW(d, adr)    NF_CmdW(d)
    #define NAND_DISABLE_CE(nand) {rNFCONF | = (1<<11);}
#define NAND_ENABLE_CE(nand) {rNFCONF & = ~(1<<11);}
    /* the following functions are NOP's because S3C24X0 handles this in hardware */
#define NAND_CTL_CLRALE(nandptr)
    #define NAND_CTL_SETALE(nandptr)
    #define NAND_CTL_CLRCLE(nandptr)
```

第5章 引导启动代码

```
#define NAND_CTL_SETCLE(nandptr)
/*允许 Nand Flash 写校验*/ /*#define CONFIG_MTD_NAND_VERIFY_WRITE 1
```

6) 加入 Nand Flash 启动支持（在文件结尾处）

```
/* Nandflash Boot */
#define STACK_BASE 0x33f00000
#define STACK_SIZE 0x8000
/* NAND Flash Controller */
#define NAND_CTL_BASE 0x4E000000
#define bINT_CTL(Nb) __REG(INT_CTL_BASE + (Nb))
/* Offset */
#define oNFCONF 0x00
#define CONFIG_S3C2410_NAND_BOOT 1
/* Offset */
#define oNFCONF 0x00
#define oNFCMD 0x04
#define oNFADDR 0x08
#define oNFDATA 0x0c
#define oNFSTAT 0x10
#define oNFECC 0x14
#define rNFCONF (*(volatile unsigned int *)0x4e000000)
#define rNFCMD (*(volatile unsigned char *)0x4e000004)
#define rNFADDR (*(volatile unsigned char *)0x4e000008)
#define rNFDATA (*(volatile unsigned char *)0x4e00000c)
#define rNFSTAT (*(volatile unsigned int *)0x4e000010)
#define rNFECC (*(volatile unsigned int *)0x4e000014)
#define rNFECC0 (*(volatile unsigned char *)0x4e000014)
#define rNFECC1 (*(volatile unsigned char *)0x4e000015)
#define rNFECC2 (*(volatile unsigned char *)0x4e000016)
#endif
```

7) 加入 jffs2 的支持

```
/* JFFS2 Support */
#undef CONFIG_JFFS2_CMDLINE
#define CONFIG_JFFS2_NAND 1
#define CONFIG_JFFS2_DEV    "nand0"
#define CONFIG_JFFS2_PART_SIZE    0x4c0000
#define CONFIG_JFFS2_PART_OFFSET 0x40000
/* JFFS2 Support */
```

8）加入 usb 的支持

/* USB Support */
#define CONFIG_USB_OHCI
#define CONFIG_USB_STORAGE
#define CONFIG_USB_KEYBOARD
#define CONFIG_DOS_PARTITION
#define CFG_DEVICE_DEREGISTER
#define CONFIG_SUPPORT_VFAT
#define LITTLEENDIAN
/* USB Support */

7. 修改 include/linux/mtd/nand.h 头文件

屏蔽如下定义：

```
#if 0
/* Select the chip by setting nCE to low */
#define NAND_CTL_SETNCE         1
/* Deselect the chip by setting nCE to high */
#define NAND_CTL_CLRNCE         2
/* Select the command latch by setting CLE to high */
#define NAND_CTL_SETCLE         3
/* Deselect the command latch by setting CLE to low */
#define NAND_CTL_CLRCLE         4
/* Select the address latch by setting ALE to high */
#define NAND_CTL_SETALE         5
/* Deselect the address latch by setting ALE to low */
#define NAND_CTL_CLRALE         6
/* Set write protection by setting WP to high. Not used! */
#define NAND_CTL_SETWP          7
/* Clear write protection by setting WP to low. Not used! */
#define NAND_CTL_CLRWP          8
#endif
```

8. 修改 include/linux/mtd/nand_ids.h 头文件

在该文件中加入开发板的 Nand Flash 型号：

{"Samsung K9F1208U0B", NAND_MFR_SAMSUNG, 0x76, 26, 0, 3, 0x4000, 0},

9. 修改 common/env_nand.c 文件

我们使用了早期的 Nand 读/写方式，因此做出下列移植：

(1) 加入函数原型定义

extern struct nand_chip nand_dev_desc[CFG_MAX_NAND_DEVICE];
extern int nand_legacy_erase(struct nand_chip * nand, size_t ofs, size_t len, int clean);
/* info for NAND chips, defined in drivers/nand/nand.c */
Line 61 extern nand_info_t nand_info[CFG_MAX_NAND_DEVICE];

(2) 修改 saveenv 函数

注释**Line 195** //if (nand_erase(&nand_info[0], CFG_ENV_OFFSET, CFG_ENV_SIZE))
加入：if (nand_legacy_erase(nand_dev_desc + 0, CFG_ENV_OFFSET, CFG_ENV_SIZE, 0))
注释**Line 200** //ret = nand_write(&nand_info[0], CFG_ENV_OFFSET, &total, (u_char *)env_ptr);
加入：ret = nand_legacy_rw(nand_dev_desc + 0, 0x00 | 0x02,
　　　　　　　　　　　CFG_ENV_OFFSET,
　　　　　　　　　　　CFG_ENV_SIZE,
　　　　　　　　　　　&total, (u_char *)env_ptr);

(3) 修改 env_relocate_spec 函数

注释**Line 275** //ret = nand_read(&nand_info[0], CFG_ENV_OFFSET, &total, (u_char *)env_ptr);
加入：ret = nand_legacy_rw(nand_dev_desc + 0,
　　　　　　　　　　　0x01 | 0x02,
　　　　　　　　　　　CFG_ENV_OFFSET,
　　　　　　　　　　　CFG_ENV_SIZE,
　　　　　　　　　　　&total, (u_char *)env_ptr);

10. 修改 common/cmd_boot.c 文件，添加内核启动参数设置

① 首先添加头文件 #include <asm/setup.h>。
② 修改 do_go 函数。具体修改为：

```
    int do_go (cmd_tbl_t * cmdtp, int flag, int argc, char * argv[])
{
    #if defined(CONFIG_I386)
    DECLARE_GLOBAL_DATA_PTR;
#endif
    ulong    addr, rc;
    int      rcode = 0;
////////////////////////////////////////////////////////////////////////
    char * commandline = getenv("bootargs");
    struct param_struct * my_params = (struct param_struct *)0x30000100;
    memset(my_params, 0, sizeof(struct param_struct));
    my_params->u1.s.page_size = 4096;
```

```c
        my_params->u1.s.nr_pages = 0x4000000>>12;
        memcpy(my_params->commandline,commandline,strlen(commandline)+1);
//////////////////////////////////////////////////////////////////
    if (argc < 2) {
        printf ("Usage:\n%s\n", cmdtp->usage);
        return 1;
    }
    addr = simple_strtoul(argv[1], NULL, 16);
    printf ("## Starting application at 0x%08lX...\n", addr);
    /*
     * pass address parameter as argv[0] (aka command name),
     * and all remaining args
     */
#if defined(CONFIG_I386)
    /*
     * x86 does not use a dedicated register to pass the pointer
     * to the global_data
     */
    argv[0] = (char *)gd;
#endif
#if ! defined(CONFIG_NIOS)
//////////////////////////////////////////////////////////////////
        __asm__(
        "mov r1, #193\n"
        "mov    ip, #0\n"
        "mcr    p15, 0, ip, c13, c0, 0\n"   /* zero PID */
        "mcr    p15, 0, ip, c7, c7, 0\n"    /* invalidate I,D caches */
        "mcr    p15, 0, ip, c7, c10, 4\n"   /* drain write buffer */
        "mcr    p15, 0, ip, c8, c7, 0\n"    /* invalidate I,D TLBs */
        "mrc    p15, 0, ip, c1, c0, 0\n"    /* get control register */
        "bic    ip, ip, #0x0001\n"          /* disable MMU */
        "mov pc, %0\n"
        "nop\n"
        :
        :"r"(addr)
        );
//////////////////////////////////////////////////////////////////
    rc = ((ulong (*)(int, char *[]))addr) (--argc, &argv[1]);
#else
```

第5章 引导启动代码

```
    /*
     * Nios function pointers are address >> 1
     */
    rc = ((ulong ( * )(int, char * [])) (addr>>1)) ( - -argc, &argv[1]);
#endif
    if (rc != 0) rcode = 1;
    printf ("# # Application terminated, rc = 0x % lX\n", rc);
    return rcode;
}
```

其中,用//括起来的代码是要添加的代码。否则,在引导 Linux 内核的时候会出现一个 "Error：a"的典型错误,这是平台号没有正确传入内核造成的。

11. 修改 lib_arm/armlinux.c 文件,添加内核启动参数设置

```
//////////////////////////////////////////////////////////////////
    char * commandline = getenv("bootargs");
    struct param_struct * my_params = (struct param_struct * )0x30000100;
    memset(my_params,0,sizeof(struct param_struct));
    my_params - >u1.s.page_size = 4096;
    my_params - >u1.s.nr_pages = 0x4000000>>12;
    memcpy(my_params - >commandline,commandline,strlen(commandline) + 1);
        __asm__ (
    "mov r1, #193\n"
    "mov    ip, #0\n"
    "mcr    p15, 0, ip, c13, c0, 0\n"    /* zero PID */
    "mcr    p15, 0, ip, c7, c7, 0\n"     /* invalidate I,D caches */
    "mcr    p15, 0, ip, c7, c10, 4\n"    /* drain write buffer */
    "mcr    p15, 0, ip, c8, c7, 0\n"     /* invalidate I,D TLBs */
    "mrc    p15, 0, ip, c1, c0, 0\n"     /* get control register */
    "bic    ip, ip, #0x0001\n"           /* disable MMU */
    "mov pc, % 0\n"
    "nop\n"
    :
    :"r"(addr)
    );
//////////////////////////////////////////////////////////////////
82 #ifdef CONFIG_CMDLINE_TAG
83    char * commandline = getenv ("bootargs");
84 #endif
```

5.4 为 U-Boot 添加新命令

(1) 添加文件

在 common 目录下创建 cmd_hello.c 文件，代码如下：

```c
#include <common.h>
#include <command.h>
DECLARE_GLOBAL_DATA_PTR;
int do_hello (cmd_tbl_t * cmdtp, int flag, int argc, char * argv[])
{
        puts("Hello Embedded! \n");
}

U_BOOT_CMD(
        hello,   2,   1,   do_hello,
        "hello Embedded\n",
        "A Demo for U-boot command\n"
);
```

(2) 添加新命令选项

在 common/Makefile 中添加新命令选项：

```
132 COBJS-y + = xyzModem.o
133 COBJS-y + = cmd_mac.o
    COBJS-y + = cmd_hello.o
    COBJS- $(CONFIG_CMD_MFSL) + = cmd_mfsl.o
```

(3) 添加新命令定义

在 include/config_cmd_all.h 文件中增加命令定义：

```
79 #define CONFIG_CMD_XIMG           /* Load part of Multi Image */
80 #define CONFIG_CMD_AT91_SPIMUX    /* AT91 MMC/SPI Mux Support */
   #define CONFIG_CMD_HELLO          /* Hello Demo Support */
```

(4) U-Boot 的命令

U-Boot 命令如表 5.3 所列。

第5章 引导启动代码

表5.3 U-Boot 命令

命令名称	功　能
?	帮助
askenv	从标准输入获得参数
autoscr	在内存中运行脚本
base	打印和设置地址偏移
bdinfo	打印板级信息
boot	运行 ENV "bootcmd" 中指定的指令
bootd	运行 ENV "bootcmd" 中指定的指令
bootelf	在内存中启动 ELF 格式镜像文件
bootm	在内存中加载和启动镜像
bootp	通过 bootp 协议下载镜像
bootvx	从 ELF 格式镜像启动 Vxworks
cmp	内存比较
coninfo	打印串口信息
cp	内存复制
crc32	计算校验和
date	获得/设置/复位日期和时间
dcache	开启和关闭数据缓冲
dhcp	使用 DHCP/TFTP 协议获取文件
echo	将参数输出到控制台
erase	擦出 Flash 设备
fatinfo	打印文件系统信息
fatload	从 dos(FAT) 文件系统中加载一个二进制文件到内存中
fatls	列 DOS FAT 文件系统中的文件
flinfo	打印 Flash 信息
fsinfo	打印文件系统的相关信息
fsload	从某文件系统的镜像中加载一个二进制文件
go	在指定的地址启动镜像
help	打印在线帮助信息
icache	打开或关闭指令缓冲
iminfo	打印镜像头信息

•107•

续表 5.3

命令名称	功　能
imls	列出 flash 中所有的镜像文件
itest	返回整数间比较的结果值(true/false)
loadb	通过串口加载二进制文件(kermit 模式)
loads	通过串口加载 S-Record 文件
loady	通过串口加载二进制文件（ymodem mode)
loop	在指定地址范围内无限循环
ls	浏览目录中的文件
md	内存显示
mm	内存修改
mtest	简单内存测试
mw	用指定的数据填充内存
nand	针对 nandflash 设备上的操作
nboot	从 Nandflash 启动
nfs	使用 NFS 协议获取文件
nm	修改内存值（指定地址）
ping	通过发送 ICMP ECHO_REQUEST 请求到主机,测试网络是否通
printenv	打印环境变量
protect	打开和关闭 Flash 写保护
rarpboot	使用 RARP/TFTP 协议获取文件
reset	复位 CPU
run	运行命令行
saveenv	保存环境变量
setenv	设置环境变量
sleep	延迟执行
tftpboot	使用 TFTP 协议获取文件
usb	针对 USB 设备上的操作
usbboot	通过 USB 设备启动
version	打印版本信息

第 6 章

Linux 内核概述与移植

知识点：

理解 Linux 内核结构；
编译 Linux 内核启动流程；
移植内核。

6.1 Linux 内核目录结构

本书使用的内核版本为 2.6.33。解压内核源码后，可以看到内核的目录结构：

```
arch              相关的平台代码,主要与使用的硬件平台相关,每一个子文件夹代表一个
                  相应的硬件平台。因为用户使用的 arm 平台,所以这里重点介绍 arch/arm
                  文件夹的内容。
    |_arm         主要是针对各种 arm 硬件平台的支持。
        |_boot    针对不同 arm 硬件平台下的可执行文件都存放在这里。
        |_common  存放一些 arm 硬件平台间通用的代码。
        |_configs 存放针对不同 arm 硬件平台的默认配置文件,一般都要在这些
                  配置文件的基础上来配置需要的 Linux 内核。
        |_include 存放头文件,所有与 arm – Linux 系统相关的头文件都放置在
                  include/linux 下。
        |_kernel： 支持特定的 arm 体系结构特有的诸如信号量处理和 SMP 之类
                  特征的实现。
        |_lib：    针对 arm 平台的库文件代码。
        |_mm：     与 arm 平台相关的内存管理代码。
```

|_mach＊＊＊＊ 主要是针对不同的硬件平台的匹配代码。

|_plat－＊＊＊＊ 主要是提供对于不同硬件平台的支持代码。

block	块设备驱动程序 I/O 调度。
crypto	常用加密和散列算法以及一些压缩和 CRC 校验算法。
Documentation	有关内核各个部分的通用解释和注释的文本文件。
drivers	设备驱动程。
|_block	块设备驱动程序。
|_scsi	scsi 设备驱动程序。
|_char	字符设备驱动程序。
|_net	网卡设备。
|_sound	音频卡设备。
|_video	视频卡设备。
|_cdrom	专用 CD-ROM 设备(除 ATAP1 和 SCSI 外)。
|_isdn	ISDN 设备。
|_config	定义内核配置的宏所在的头文件。
fs	支持各种文件系统,如 EXT、FAT、NTFS、JFFS2 等。
include	头文件,与系统相关的头文件被放置在 include/linux 子目录下。
init	内核初始化代码(在后面的章节中会具体介绍)。
ipc	进程间通信的代码。
kernel	内核的最核心部分,包括进程调度、定时器等,与平台相关的则放置在 arch/＊/kernel 目录下。
lib	库文件代码。
mm	内存管理代码,和平台相关的一部分代码放在 arch/＊/mm 目录下。
net	网络相关代码,实现各种常用的网络协议。
scripts	包含用于配置内核的脚本文件。
security	这个目录包括了不同的 Linux 安全模型的代码。
sound	音频设备的驱动核心代码和常用设备驱动。
usr	实现了用于打包和压缩的 cpio 等。

6.2 Linux 内核的体系结构

Linux 的核心其实就是用户平时说的 Kernel,它提供了一个相对完整操作系统中最底层的硬件控制与资源管理的结构,如图 6.1 所示。

内核主要由进程调度(SCHED)、系统调用、内存管理(MM)、虚拟文件系统(VFS)、设备

第 6 章 Linux 内核概述与移植

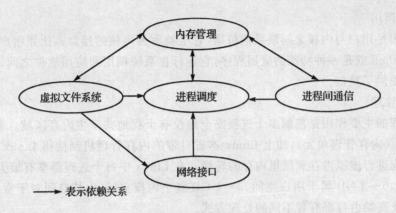

图 6.1 Linux 内核的组成部分与相互之间的关系

驱动、网络接口（NET）和进程间通信（IPC）等。

1) 进程调度

进程调度控制系统中多个进程对 CPU 的访问，是系统的核心机制，内核中所有的子系统都要依赖与它。Linux 的进程在系统运行期间会在几个状态之间进行切换，如图 6.2 所示。Linux 包括以下几种状态：

- 运行态：这时进程正在运行的过程中或者说正在准备运行；
- 等待态（睡眠态）：此时进程在等待一个事件的发生或某种系统资源；
- 可中断：在收到特定信号时该进程会被唤醒；
- 不可中断：中断信号不能唤醒该进程；
- 停止态：此时进程已经被终止；
- 死亡态：这是一个停止的过程，但还是在进程向量组中占有一个 task_struct 结构。

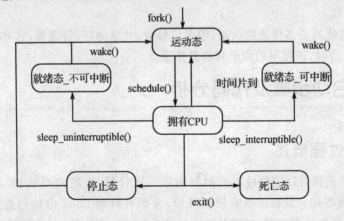

图 6.2 Linux 进程状态转换

2) 系统调用

系统调用是用户与内核之间联系的桥梁,它也被称为内核的接口。比如用户在 Linux 系统中使用的 shell 就是一种特殊的应用程序,它运行在系统调用和应用软件之间,为运行其他的应用程序提供了接口。

3) 内存管理

内存管理的主要作用是控制多个进程安全地没有干扰地共享主内存区域。利用 CPU 中提供的 MMU(内存管理单元),加上 Linux 本省自带的内存管理机制使得 Linux 内存管理可以为每个进程进行虚拟内存到屋里内存的转换。在 Linux 中每个进程都享有最大 4 GB 的内存空间,其中,0～3 GB 属于用户空间,3～4 GB 属于内核空间,内核空间对于常规内存、I/O 设备内存以及高端内存都有着不同的处理方式。

4) 虚拟文件系统

虚拟文件系统为用户空间提供了文件系统接口,隐藏了各种硬件的具体细节,为所有的设备提供了统一接口,其实这些接口就是系统调用,如 open、close、read 和 write 之类的函数。它独立于具体的文件系统,用户可以利用标准系统调用对不同介质上的不同文件系统进行操作。

5) 网络接口

网络接口提供了对各种网络标准的存取和各种网络硬件的支持。网络接口可分为网络协议和网络驱动程序,它们处理网络数据包的收集、分发、路由、地址解析等各种网络操作。

6) 设备驱动程序

设备驱动程序使得操作系统能够对用户的硬件提供良好的支持。其实,所有的对操作系统的操作最终其实是对硬件的操作。正是这些设备驱动程序的存在使得 Linux 可以支持大量的硬件平台和各种硬件接口,为我们的嵌入式项目开发提供方便的服务。

7) 进程间通信

Linux 支持进程间的多种通信机制,包含信号量、共享内存、管道等,这些机制可协助多进程、多资源的互斥访问、进程间的同步和消息传递。

6.3 内核启动步骤及代码分析

6.3.1 引导过程概述

Bootloader 是系统启动或复位以后执行的第一段代码,作用相当于 PC 机上的 BIOS,主要用来初始化处理器和开发板的所有硬件外设,为顺利启动 linux 内核创造条件。完成对初始化后,它会将非易失性存储器(通常是 Flash 或 DOC 等)中的 linux 内核复制到 RAM 中去,然后引导内核的自启动过程。

第 6 章　Linux 内核概述与移植

引导 Linux 内核的过程包括很多的阶段，就嵌入式系统而言往往是由 Bootloader 进行引导的，简单地说，Bootloader 就是在操作系统内核运行之前运行的一段小程序。通过这段小程序，我们可以初始化硬件设备、建立内存空间的映射图，从而将系统的软硬件环境带到一个合适的状态，以便为最终调用操作系统内核准备好正确的环境。

U－Boot 是 Bootloader 中的一种，用户通常称之为 Universal Bootloader；其功能比较强大，涵盖了包括 PowerPC、ARM、MIPS 和 X86 在内的绝大部分处理器构架，提供网卡、串口、Flash 等外设驱动，提供必要的网络协议（BOOTP、DHCP、TFTP），能识别多种文件系统（cramfs、fat、jffs2 和 registerfs 等），并附带了调试、脚本等工具，使用十分广泛，是目前嵌入式 Linux、Android 开发最常用的引导加载程序。

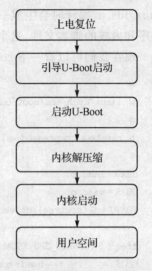

图 6.3　Linux 内核启动流程

这里解释一下 zImage 和 uImage 的联系和区别：这两者都是生成的可执行内核镜像文件，二者在 U-Boot 中启动的方式分别是 go 和 bootm 命令调用。即，如果内核采用 zImage 格式，则通过 go 引导，uImage 则通过 bootm 引导。

实际上，uImage 是 zImage 通过 mkimage（u-boot 下面 tools 下的工具）来生成的。mkimage 在 zImage 镜像的头部加入 64 字节的信息，这些信息用来通知给 u-boot。图 6.3 描述了 Linux 内核在 x86 平台上启动的流程。嵌入式 Linux 与之类似，Bootloader 相当于 BIOS 层。由于嵌入式开发板上不使用 IDE 或 SCSI 接口的硬盘，因此也不存在 MBR 区域。

6.3.2　压缩内核的启动

为了节省资源，通常使用压缩的 Linux 内核镜像 zImage 或者 UImage。系统启动分成两个过程：
- 自解压内核到内存中；
- 跳转到解压之后的内核处运行。

下面具体的解释这两个过程。

内核镜像文件被加载到内存并获得控制权之后内核阶段开始工作，首先要做的就是自解压内核镜像文件。在内核编译时首先会生成 vmlinux，然后再压缩生成一个名为 zImage 的内核镜像文件，有时还会根据需要把它用工具制作成 uImage 的内核镜像文件，它们的头部都有解压缩的程序。

我们用 make zImage 命令生成压缩的内核镜像，在嵌入式系统当中，由于硬件资源有限，通常用这种内核镜像来减小内核占用的空间。首先有必要对 zImage 做一个解释：zImage 是标准的内核压缩镜像文件，其开始一部分是一段自解压程序。加载 zImage 时，首先运行这段自解压程序对 zImage 本身进行解压缩，然后再跳转到解压完的内核起始位置开始正式启动内核；而这段代码通常是用汇编来写的，现在先分析一下这段代码，使得大家对于内核解压这部分有一个感性的认识。

ARM 平台的自解压代码存放在 arch/arm/boot/compressed/ 目录下，其目录下的 vmlinux.lds.in 编译时会生成一个 vmlinux.lds 文件，而这个 vmlinux.lds 文件是一个链接解压程序和内核的脚本文件，这个脚本文件正是我们进行内核解压过程的关键。

现在我们可以看一下 compressed 目录下的 Makefile 来了解这个过程。

```
#
# linux/arch/arm/boot/compressed/Makefile
#
# create a compressed vmlinuz image from the original vmlinux
#
HEAD    = head.o
OBJS    = misc.o
FONTC   = $(srctree)/drivers/video/console/font_acorn_8x8.c
..................
ifeq ($(CONFIG_CPU_XSCALE),y)
OBJS            += head-xscale.o
endif
..................
#
# We now have a PIC decompressor implementation.    Decompressors running
# from RAM should not define ZTEXTADDR.   Decompressors running directly
# from ROM or Flash must define ZTEXTADDR (preferably via the config)
# FIXME: Previous assignment to ztextaddr-y is lost here. See SHARK
ifeq ($(CONFIG_ZBOOT_ROM),y)
ZTEXTADDR       := $(CONFIG_ZBOOT_ROM_TEXT)
ZBSSADDR        := $(CONFIG_ZBOOT_ROM_BSS)
else
ZTEXTADDR       := 0             //ZTEXTADDR 表示解压缩程序所用的首地址
ZBSSADDR        := ALIGN(4)      //ALIGN(4) 表示要 4 个字节自对齐
endif
..................
$(obj)/vmlinux: $(obj)/vmlinux.lds $(obj)/$(HEAD) $(obj)/piggy.$(suffix_y).o \
        $(addprefix $(obj)/, $(OBJS)) $(lib1funcs) FORCE

$(obj)/piggy.$(suffix_y): $(obj)/../Image FORCE
        $(call if_changed,$(suffix_y))

$(obj)/piggy.$(suffix_y).o:  $(obj)/piggy.$(suffix_y) FORCE
```

第 6 章　Linux 内核概述与移植

$(obj)/vmlinux.lds：$(obj)/vmlinux.lds.in arch/arm/boot/Makefile .config
　@sed "$(SEDFLAGS)" $< > $@

下面几个变量对于读者理解内核的地址非常重要：
➢ ZTEXTADDR：解压缩程序所用的首地址；
➢ ZREALADDR：解压缩后内核放置的首地址；
➢ TEXTADDR：（非压缩）内核起始的虚拟地址；
➢ ZBSSADDR：解压缩程序工作时需要使用的内存空间地址。

下面的公式可以表示 TEXTADDR 和 ZREALADDR 的关系：
virt_to_phys(TEXTADDR)＝ZREALADDR

下面我们分析 ARM 平台下的 vmlinux.lds 的代码，这段代码决定了内核的启动地址及各个段的信息：

```
OUTPUT_ARCH(arm)
ENTRY(_start)
SECTIONS
{
    /DISCARD/ : {
        *(.ARM.exidx*)
        *(.ARM.extab*)
    }
    . = 0;
    _text = .;
    .text : {
        _start = .;           //入口,其预定地址为 0x00000000
        *(.start)
        *(.text)
        *(.text.*)
        *(.fixup)
        *(.gnu.warning)
        *(.rodata)
        *(.rodata.*)
        *(.glue_7)
        *(.glue_7t)
        *(.piggydata)
        . = ALIGN(4);
    }
    _etext = .;
    _got_start = .;
```

·115·

```
    .got                    : { *(.got) }
    _got_end = .;
    .got.plt                : { *(.got.plt) }
    .data                   : { *(.data) }
    _edata = .;
    . = ALIGN(4);
    __bss_start = .;
    .bss                    : { *(.bss) }
    _end = .;
    .stack (NOLOAD)         : { *(.stack) }
    .stab 0                 : { *(.stab) }
    .stabstr 0              : { *(.stabstr) }
    .stab.excl 0            : { *(.stab.excl) }
    .stab.exclstr 0         : { *(.stab.exclstr) }
    .stab.index 0           : { *(.stab.index) }
    .stab.indexstr 0        : { *(.stab.indexstr) }
    .comment 0              : { *(.comment) }
}
```

从代码中可见,程序入口在_start,_start 的预定址地址为 0x00000000,而.start section 的预定址地址也是 0x00000000,所以其实程序的入口也就是.start secion。其中,head.S 是最先执行的文件,结合下面这段代码分析:

```
123                 .section ".start", #alloc, #execinstr
124         /*
125          * sort out different calling conventions
126          */
127                 .align
128 start:
129                 .type   start, #function
130                 .rept   8
131                 mov     r0, r0
132                 .endr
133
134                 b       1f
135                 .word   0x016f2818      @ Magic numbers to help the loader
136                 .word   start           @ absolute load/run zImage address
137                 .word   _edata          @ zImage end address
138 1:              mov     r7, r1          @ save architecture ID
139                 mov     r8, r2          @ save atags pointer
```

第6章 Linux 内核概述与移植

138 和 139 行：uboot 在引导内核时会用到 r1 和 r2 这两个寄存器，所以需要保存它们的值，以便在内核解压缩以后恢复这两个寄存器的值。

```
141 #ifndef __ARM_ARCH_2__    /* 对于我们的程序来说，这里为 ture,进入程序 */
142         /*
143          * Booting from Angel - need to enter SVC mode and disable
144          * FIQs/IRQs (numeric definitions from angel arm.h source).
145          * We only do this if we were in user mode on entry.
146          */
147         mrs r2, cpsr              @ get current mode      //获得当前程序的模式
148         tst r2, #3                @ not user?
149         bne not_angel
150         mov r0, #0x17             @ angel_SWIreason_EnterSVC
151 ARM(    swi 0x123456 )            @ angel_SWI_ARM
152 THUMB(  svc 0xab )                @ angel_SWI_THUMB
153 not_angel:
154         mrs r2, cpsr              @ turn off interrupts to
155         orr r2, r2, #0xc0         @ prevent angel from running
156         msr cpsr_c, r2
157 #else
158         teqp pc, #0x0c000003      @ turn off interrupts
159 #endif
160
```

在 147 行判断当前程序的模式，只有在 user 模式下才会执行到 150 行；否则就会进入关中断（FIQ 和 IRQ）。

```
166         /*
167          * some architecture specific code can be inserted
168          * by the linker here, but it should preserve r7, r8, and r9.
169          */
170
170         .text
171         adr      r0, LC0                                  //将标签 LC0 处的相对地址置于 r0
172 ARM(    ldmia    r0, {r1, r2, r3, r4, r5, r6, ip, sp} )
                                            //将 LC0 处连续的内存依次存储 r1~r6,ip,sp 寄存器中
173 THUMB(  ldmia    r0, {r1, r2, r3, r4, r5, r6, ip} )
174 THUMB(  ldr      sp, [r0, #28] )
175         subs     r0, r0, r1        @ calculate the delta offset   //计算偏移量(下面会有解释)
176                                    @ if delta is zero, we are
```

·117·

```
177         beq     not_relocated   @ running at the address we
178                                 @ were linked at.
```

现在我们来看一下 LC0 处的相关的代码：

```
309 .type       LC0, # object
310 LC0：       .word   LC0                 @ r1
311             .word   __bss_start         @ r2
312             .word   _end                @ r3
313             .word   zreladdr            @ r4
314             .word   _start              @ r5
315             .word   _got_start          @ r6
316             .word   _got_end            @ ip
317             .word   user_stack + 4096   @ sp
```

为了证明这一点，我们可以从内核符号表中找到这一点，这里首先解释一下内核符号表。内核符号表就是在内核内部函数或变量中可供外部引用的函数和变量的符号表，它提供了内部函数在内核空间中的相对地址。

我们可以在成功执行 make zImage 命令（内核编译成功）以后，在 arch/arm/boot/compressed/ 目录中运行 nm 命令测试：

```
arm-none-linux-gnueabi-nm  vmlinux | sort > system.map
```

原文件的片段如下：

```
00000000 A _text
00000000 t start
00000000 T _start
0000004c t not_angel
0000009c t not_relocated
0000012c t wont_overwrite
0000013c t LC0
0000015c t LC1
..................
00224930 A _got_start
00224964 A _got_end
00224964 d _GLOBAL_OFFSET_TABLE_
00224970 A __bss_start
..................
00224994 A _end
00224994 ? user_stack
30000100 A params_phys
```

第 6 章 Linux 内核概述与移植

```
30008000 A zreladdr
……………………
```

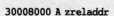

通过查看 system.map 文件可以解释上面 LC0 处起始的内容为(如图 6-4 所示)：

```
LC0      0x0000013c           ;LC0              ->r1
         0x00224970           ;_bss_start       ->r2
         0x00224994           ;_end             ->r3
         0x30008000           ;zreladdr         ->r4    //解压后内核的运行地址
         0x00000000           ;_start           ->r5
         0x00224930           ;_got_start       ->r6
         0x00224964           ;_got_end         ->ip
         0x00224994 + 4096    ;user_stack       ->sp    //堆栈指针
```

```
0x30008000         ;zreladdr→r4//解压后内核的运行地址

0x00229090         ;user_stack→sp    //堆栈指针

0x00224994         ;_end→r3

0x00224970         ;_bss_start→r2

0x00224964         ;_got_end→ip

0x00224930         ;_got_start→r6

0x0000013c         ;LC0→r1

0x00000000         ;_start→r5
```

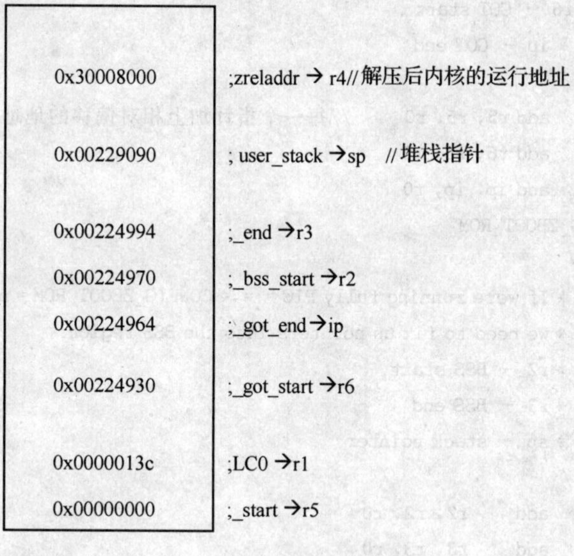

图 6.4 指针结构图

在 175 行代码中，此时 r0 的值是 LC0 相对于实际起始地址位置的一个相对地址，比如 LC0 相对于起始地址的偏移量为 0x13c，如果把程序放在 Flash 执行，也就是说起始地址如果是 0x00000000，则 LC0 的相对地址就是 0x0000013c，但如果把程序放在 RAM 中的 0x32000000 中开始执行，那么 LC0 的相对地址就是 0x3200013c 了；而 r1 寄存器的值是 LC0 预先定址的一个地址，我们从符号表中看到它为 0x0000013c。

这里之所以用(r0－r1)是为了判断程序是否按照预定的地址的方法运行，如果没有偏移，则表明程序运行正常；如果有偏移产生，则表明程序在另一个地址空间运行，这时候就需要调整 _start、_got_start、_got_end、__bss_start、__end 等一系列的相对运行地址。改变这些地址的原因就是我们要使得程序在我们预定的准确相对地址上运行。

其实 r0 存储的就是实际运行时候 LC0 的相对地址,我们可以通过这个值准确地找到程序运行的绝对地址,而 r1~r6 存储的是内核参数给定的预定程序执行的相对地址。

为了加快程序的运行速度,zImage 通常会在 U-Boot 引导内核之前把它从 Flash 中搬运到 RAM 中以加快运行的速度,所以程序执行的绝对物理地址会发生改变,所以程序就要调整上面的那些指针以使它们指在内存空间相应位置。我们之所以在这个位置做出改动是因为之前的程序没有用到绝对地址,都是相对地址。

```
182            /*
183             * We're running at a different address.   We need to fix
184             * up various pointers:
185             * r5 – zImage base address
186             * r6 – GOT start
187             *  ip – GOT end
188             */
189                add r5, r5, r0        //每一个指针加上相对偏移的地址就是调整以后的偏移地址
190                add r6, r6, r0
191                add ip, ip, r0

193 #ifndef CONFIG_ZBOOT_ROM
194            /*
195             * If we're running fully PIC = = = CONFIG_ZBOOT_ROM = n,
196             * we need to fix up pointers into the BSS region.
197             * r2 – BSS start
198             * r3 – BSS end
199             * sp – stack pointer
200             */
201                add    r2, r2, r0
202                add    r3, r3, r0
203                add    sp, sp, r0
204
205            /*
206             * Relocate all entries in the GOT table.
207             */
208  1:            ldr    r1, [r6, #0]         @ relocate entries in the GOT
209                add    r1, r1, r0           @ table.   This fixes up the
210                str    r1, [r6], #4         @ C references.
211                cmp    r6, ip
212                blo    1b
213 #else
```

```
227 #endif
```

调整好指针后就要开始对申请的内存做一个初始化工作：

```
228 not_relocated:    mov    r0, #0
229 1:               str    r0, [r2], #4        @ clear bss
230                  str    r0, [r2], #4
231                  str    r0, [r2], #4
232                  str    r0, [r2], #4
233                  cmp    r2, r3
234                  blo    1b
```

现在程序开始清理堆栈，也就是在程序中 .bss section 及 .bss section 的起始地址由 __bss_start 在链接的过程当中已经确认，但是开发板在运行 zImage 的过程中对运行地址空间进行了调整，所以 .bss section 段也就发生了改变。其实，.bss section 就是常说的堆，里面存放的是还没有经过初始化的数据。

```
236              /*
237               * The C runtime environment should now be setup
238               * sufficiently.   Turn the cache on, set up some
239               * pointers, and start decompressing.
240               */
241                  bl cache_on
242
243                  mov r1, sp       @ malloc space above stack //让把栈顶指针放到 r1 寄存器中
244                  add    r2, sp, #0x10000     @ 64k max
```

在 241 行开启 cache，它会根据 processor ID 调整合适的参数。

第 244 行在栈顶指针 stack base（the address of the top of the stack）之上，分配 64 KB 空间作为解压缩后内核的存放空间。为什么只有 64 KB 呢？因为内核的解压过程是边解压边将其放到指定的位置，而不是等到全部都解压完了再放到指定的位置，所以，不需要很大的缓冲区。同时，要把栈顶指针 SP 放到 r1 寄存器中。因为前面已经调整好了各项指针的相对地址，这里 r1 中的值后面已经不需要了，所以可以释放。

下面的代码主要是为了确定解压缩的内核存放的位置。

```
246              /*
247               * Check to see if we will overwrite ourselves.
248               * r4 = final kernel address         //r4 保存内核最终的运行起始地址
249               * r5 = start of this image          //r5 保存内核镜像的起始地址
250               * r2 = end of malloc space (and therefore this image)
```

```
                                            //r2 保存申请.bss 的顶部地址
251         * We basically want:
252         * r4 >= r2 -> OK               //见解释情况 1
253         * r4 + image length <= r5 -> OK  //见解释情况 2
254         */
255         cmp r4, r2
256         bhs wont_overwrite              //r4 >= r2 -> OK
257         sub r3, sp, r5                  @ > compressed kernel size
258         add r0, r4, r3, lsl #2          @ allow for 4x expansion
259         cmp r0, r5
260         bls wont_overwrite              //r4 + image length <= r5 -> OK
261         mov r5, r2                      @ decompress after malloc space
                                            //见解释情况 3
262         mov r0, r5
263         mov r3, r7
264         bl decompress_kernel
```

现在我们要对这几种情况做具体的分析：

解释情况 1：主要是代码行 255 和 256，解压后内核的起始位置在堆栈的顶地址之上，因此不会发生冲突可以正常解压。内核空间分布如图 6.5 所示。

解释情况 2：主要是代码行 259 和 260，解压后内核的终止位置在内核镜像的起始地址之下，因而不会发生冲突可以正常解压，内核空间分布如图 6.6 所示。

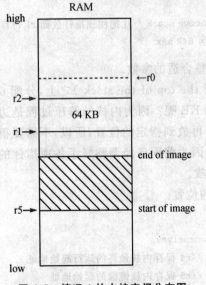

图 6.5 情况 1 的内核空间分布图

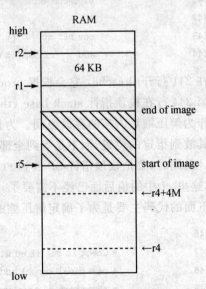

图 6.6 情况 2 的内核空间分布图

解释情况 3：主要是代码行 261～264，由于最终该内核的解压位置与当前程序映像在地址上会发生冲突，所以这里暂时把内核解压缩到 r2 所指向的内核空间，如图 6.7 所示。

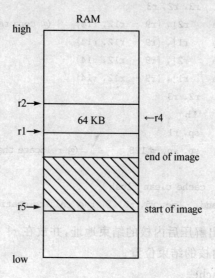

图 6.7 情况 3 的内核空间分布图

decompress_kernel 是一个 C 语言实现的函数，定义在 arch/arm/boot/compressed/misc.c 中，函数原型为：

unsigned long decompress_kernel(unsigned long output_start, unsigned long free_mem_ptr_p,unsigned long free_mem_ptr_end_p,int arch_id)

decompress_kernel 的第一个和第三个参数分别是内核解压缩目的地址和当前运行的 CPU ID。在 bl decompress_kernel 前，根据前面汇编代码的分析把相应的值都赋给了 r0 和 r3。当 decompress_kernel 函数返回时，返回值是解压缩后内核的长度，放在 r0 中。

```
269             /*
270              * r0     = decompressed kernel length
271              * r1 - r3 = unused
272              * r4     = kernel execution address
273              * r5     = decompressed kernel start
274              * r6     = processor ID
275              * r7     = architecture ID
276              * r8     = atags pointer
277              * r9 - r12,r14 = corrupted
278              */
279             add    r1, r5, r0         @ end of decompressed kernel
```

```
280             adr     r2, reloc_start
281             ldr     r3, LC1
282             add     r3, r2, r3
283     1:      ldmia   r2!, {r9 - r12, r14}   @ copy relocation code
284             stmia   r1!, {r9 - r12, r14}
285             ldmia   r2!, {r9 - r12, r14}
286             stmia   r1!, {r9 - r12, r14}
287             cmp     r2, r3
288             blo     1b
289             mov     sp, r1
290             add     sp, sp, #128           @ relocate the stack

291             bl      cache_clean_flush
292     ARM(    add     pc, r5, r0  )          @ call relocation code
```

279~288 行,首先计算出解压后内核的结束地址,并放在 r1 中。reloc_start 到 reloc_end 区间的代码 copy 到解压缩内核的结束位置。

291 行,调用函数清空 cache。

292 行,r5+r0 也就是解压缩内核的起始位置。

```
413             /*
414              * All code following this line is relocatable.   It is relocated by
415              * the above code to the end of the decompressed kernel image and
416              * executed there.   During this time, we have no stacks.
417              *
418              * r0      = decompressed kernel length
419              * r1 - r3 = unused
420              * r4      = kernel execution address
421              * r5      = decompressed kernel start
422              * r6      = processor ID
423              * r7      = architecture ID
424              * r8      = atags pointer
425              * r9 - r12,r14 = corrupted
426              */
427             .align   5
428     reloc_start: add  r9, r5, r0
429             sub     r9, r9, #128           @ do not copy the stack
430             debug_reloc_start
431             mov     r1, r4
432     1:
```

第 6 章　Linux 内核概述与移植

```
433              .rept   4
434              ldmia   r5!, {r0, r2, r3, r10 - r12, r14}    @ relocate kernel
435              stmia   r1!, {r0, r2, r3, r10 - r12, r14}
436              .endr
437              cmp     r5, r9
438              blo     1b
439              mov     sp, r1
440              add     sp, sp, #128                         @ relocate the stack
441              debug_reloc_end
442  call_kernel: bl     cache_clean_flush
443              bl      cache_off
444              mov     r0, #0                               @ must be zero
445              mov     r1, r7                               @ restore architecture number
446              mov     r2, r8                               @ restore atags pointer
447              mov     pc, r4                               @ call kernel
```

这段将解压缩的内核从临时位置搬到 ZREALADDR 位置。428～438 行完成内核的重定向，然后清 cache(442)，关 cache(443)，恢复 r0 和 r1 寄存器值为 Bootloader 传递过来时的值(444～445)。最后跳转到 ZREALADDR 这个位置(447)，这一步也就直接跳转到了 arch/arm/kernel/head-armv.S，开始了正式的 kernel 启动之旅。

6.3.3　Linux 在 ARM 中的启动流程

我们先看一下程序的主流程图，如图 6.8 所示。

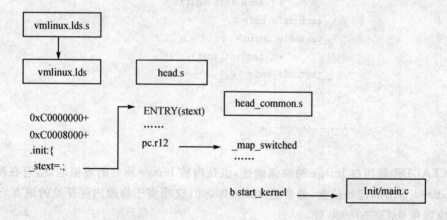

图 6.8　内核启动汇编部分主流程图

head.s 属于 Linux kernel 的启动环节，可以说是内核解压缩之后在 ARM 开发板上运行的第一个文件。这个文件的路径为：arch/arm/kernel/head.s，内核的可执行文件是由很多链接在一起的文件组成的。

这些对象文件都是由一个称为 Link Script(链接脚本)的文件经过链接后装入的。链接脚本的功能是将输入对象文件的各节映射到输出文件当中。arch/arm/kernel/中的 vmlinux.lds.s 文件就是这样的一个脚本文件。

现在来看一下 vmlinux.lds 的内容（注意，只有成功编译内核后才会产生这个文件）：

```
362         OUTPUT_ARCH(arm)
363         ENTRY(stext)
364         jiffies = jiffies_64;
365         SECTIONS
366         {
367                 . = 0xC0000000 + 0x00008000;
368                 .init : { /* Init code and data        */
369                         _stext = .;
370                         _sinittext = .;
371                                 *(.head.text)
372                                 *(.init.text) *(.cpuinit.text) *(.meminit.text)
373                         _einittext = .;
374                         __proc_info_begin = .;
375                                 *(.proc.info.init)
376                         __proc_info_end = .;
377                         __arch_info_begin = .;
378                                 *(.arch.info.init)
379                         __arch_info_end = .;
380                         __tagtable_begin = .;
381                                 *(.taglist.init)
382                         __tagtable_end = .;
                        ......................
                }
                ......................
        }
```

TEXTADDR 是内核 Image 的映像地址，也是内核 Image 所处的虚拟地址，它在系统内核空间(3 GB～4 GB)的起始位置，通常是 0xC0000000(这相应于物理内存开始的地方)+32 KB 的位置，也就是 0xC0008000 处。

ENTRY(stext)就是说明了最先执行的第一条指令是从 stext 开始，而这个 stext 就是位于 head.S 当中，它被定义且放置于 .text.init section，而且 .text.init section 在 vmlinux.lds 文件中也放置于输出文件的起始位置。

第 6 章　Linux 内核概述与移植

```
59          /*
60           * Kernel startup entry point.
61           * - - - - - - - - - - - - - - - - - - - - - - - -
62           *
63           * This is normally called from the decompressor code.    The requirements
64           * are: MMU = off, D - cache = off, I - cache = dont care, r0 = 0,
65           * r1 = machine nr, r2 = atags pointer.
66           *
67           * This code is mostly position independent, so if you link the kernel at
68           * 0xc0008000, you call this at __pa(0xc0008000).
69           *
70           * See linux/arch/arm/tools/mach - types for the complete list of machine
71           * numbers for r1.
72           *
73           * We're trying to keep crap to a minimum;DO NOT add any machine specific
74           * crap here -  that's what the boot loader (or in extreme, well justified
75           * circumstances, zImage) is for.
76           */
77                 __HEAD
78          ENTRY(stext)                                        //程序的入口点
79              setmode    PSR_F_BIT | PSR_I_BIT | SVC_MODE, r9 @ ensure svc mode
80                                    @ and irqs disabled
81              mrc     p15, 0, r9, c0, c0        @ get processor id
82              bl      __lookup_processor_type   @ r5 = procinfo r9 = cpuid
83              movs    r10, r5                   @ invalid processor (r5 = 0)?
84              beq     __error_p                 @ yes, error p
85              bl      __lookup_machine_type     @ r5 = machinfo
86              movs    r8, r5                    @ invalid machine (r5 = 0)?
87              beq     __error_a                 @ yes, error a
88              bl      __vet_atags
89              bl      __create_page_tables
```

现在有必要解释一下 59～76 行的程序注释中有一段对于入口点的说明：说这个入口点一般是在内核自解压缩代码中被调用，在进入这个入口时必须满足的条件：MMU＝off, D - Cache＝off, I - Cache＝don't care, r0＝0, r1＝machine number(see arch/arm/tools/mach-types. h)。

79 行：用于设置当前程序状态寄存器，以禁止 FIQ、IRQ 进入 SVC 模式（也就是管理模式）。

82 行：跳转到__lookup_processor_type 检测处理器内核类型。__lookup_processor_type

调用结束返回原程序时,会将返回结果保存到寄存器中。r9 保存了处理器的 ID 号。

83、84 行:如果是无效的 processor,则跳转到_error。

85 行:跳转到_lookup_machine_type,看 r5 寄存器 machine number 值是否支持,如果参数不合法,则返回 r5=0。

86、87 行:如果是无效的参数返回,则跳转到__error。

88 行:判断内部指针的状态。

89 行:创建核心页表以引导内核启动,主要功能是映射内核代码;

```
91              /*
92               * The following calls CPU specific code in a position independent
93               * manner.   See arch/arm/mm/proc - * .S for details.   r10 = base of
94               * xxx_proc_info structure selected by __lookup_machine_type
95               * above.   On return, the CPU will be ready for the MMU to be
96               * turned on, and r0 will hold the CPU control register value.
97               */
98              ldr r13, __switch_data          @ address to jump to after
99                                              @ mmu has been enabled
100             adr lr, BSYM(__enable_mmu)      @ return (PIC) address
101     ARM(add pc, r10, #PROCINFO_INITFUNC)
102     THUMB(add r12, r10, #PROCINFO_INITFUNC)
103     THUMB(mov pc, r12)
104     ENDPROC(stext)
```

98 行,把__swith_data 标号处的值,即__mmap_switched 标号的地址保存到寄存器 r13 中,也就是跳转到__mmap_switched 函数(该函数在/arch/arm/kernel/head - common.S 中)。

```
        /* /arch/arm/kernel/head - common.S */
19              .type   __switch_data, %object
20      __switch_data:
21              .long   __mmap_switched         //通过注释找到各寄存器存储的地址指针
22              .long   __data_loc              @ r4
23              .long   _data                   @ r5
24              .long   __bss_start             @ r6
25              .long   _end                    @ r7
26              .long   processor_id            @ r4
27              .long   __machine_arch_type     @ r5
28              .long   __atags_pointer         @ r6
29              .long   cr_alignment            @ r7
30              .long   init_thread_union + THREAD_START_SP @ sp
31              /*
```

```
32                  * The following fragment of code is executed with the MMU on in MMU
                    * mode,
33                  * and uses absolute addresses; this is not position independent.
34                  *
35                  * r0  = cp#15 control register
36                  * r1  = machine ID
37                  * r2  = atags pointer
38                  * r9  = processor ID
39                  */
40      __mmap_switched:
41                  adr r3, __switch_data + 4
42                  ldmia r3!, {r4, r5, r6, r7}
43                  cmp r4, r5                      @ Copy data segment if needed
44      1:          cmpne r5, r6
45                  ldrne fp, [r4], #4
46                  strne fp, [r5], #4
47                  bne 1b
48                  mov fp, #0                      @ Clear BSS (and zero fp)
49      1:          cmp r6, r7
50                  strcc fp, [r6], #4
51                  bcc 1b
52      ARM(ldmia r3, {r4, r5, r6, r7, sp})
53      THUMB(ldmia r3, {r4, r5, r6, r7})
54      THUMB(ldr sp, [r3, #16])
55                  str r9, [r4]                    @ Save processor ID//各寄存器存储的指针
56                  str r1, [r5]                    @ Save machine type
57                  str r2, [r6]                    @ Save atags pointer
58                  bic r4, r0, #CR_A               @ Clear 'A' bit
59                  stmia r7, {r0, r4}              @ Save control register values
60                  b start_kernel                  //标志内核启动的开始
61      ENDPROC(__mmap_switched)
```

start_kernel 是所有 Linux 平台进入系统内核初始化后的入口函数，主要完成剩余的与硬件平台相关的初始化工作，在进行一系列与内核相关的初始化后，调用第一个用户进程—init 进程并等待用户进程的执行，这样整个 Linux 内核便启动完毕。

现在我们就从 start_kernel 函数开始分析内核剩余的启动流程。

```
512 asmlinkage void __init start_kernel(void)
513 {
514     char * command_line;
```

```
515    extern struct kernel_param __start___param[], __stop___param[];
516    smp_setup_processor_id();
517    /*
518     * Need to run as early as possible, to initialize the
519     * lockdep hash:
520     */
521        lockdep_init();
522        debug_objects_early_init();
523    /*
524     * Set up the the initial canary ASAP:
525     */
526        boot_init_stack_canary();
527        cgroup_init_early();
528        local_irq_disable();              //关闭当前的 CPU 的中断
529        early_boot_irqs_off();
530        early_init_irq_lock_class();      //设置所有的中断描述符
531    /*
532     * Interrupts are still disabled. Do necessary setups, then
533     * enable them
534     */
535        lock_kernel();                    //获得大自旋锁
```

/*内核中有一个大自旋锁,所有进程都通过这个大锁来实现向内核态的迁移。只有获得这个大自旋锁的处理器才可以进入内核*/

```
536        tick_init();
537        boot_cpu_init();
538        page_address_init();              //初始化页地址,使用链表将其链接起来
539        printk(KERN_NOTICE "%s", linux_banner);
540        setup_arch(&command_line);        //根据 Makefile 里的 ARCH 变量编译 arm 体系
                                             //结构的相关代码
541        mm_init_owner(&init_mm, &init_task);
542        setup_command_line(command_line);
543        setup_nr_cpu_ids();
544        setup_per_cpu_areas();            //为 CPU 分配 pre-cpu 结构内存
545        smp_prepare_boot_cpu();           /* arch-specific boot-cpu hooks */
           /*初始化内存管理区*/
546        build_all_zonelists();
           /*初始化伙伴系统分配程序*/
```

```
547         page_alloc_init();
548         printk(KERN_NOTICE "Kernel command line: %s\n", boot_command_line);
549         parse_early_param();
550         parse_args("Booting kernel", static_command_line, __start___param,
551             __stop___param - __start___param,
552             &unknown_bootoption);
553         /*
554          * These use large bootmem allocations and must precede
555          * kmem_cache_init()
556          */
557         pidhash_init();
558         vfs_caches_init_early();
559         sort_main_extable();
            /* trap_init()函数和 init_IRQ()函数以完成 IDT 初始化(它们都属于内核的异常处
            理)*/
560         trap_init();
561         mm_init();                              //内存映射初始化
562         /*
563          * Set up the scheduler prior starting any interrupts (such as the
564          * timer interrupt). Full topology setup happens at smp_init()
565          * time - but meanwhile we still have a functioning scheduler.
566          */
            /* sched_init()函数用来初始化内核进程调度程序 */
567         sched_init();
568         /*
569          * Disable preemption - early bootup scheduling is extremely
570          * fragile until we cpu_idle() for the first time.
571          */
572         preempt_disable();                      //关闭内核抢占机制
            /* 判断中断状态并且关闭中断 */
573         If (!irqs_disabled()) {
574             printk(KERN_WARNING "start_kernel(): bug: interrupts were "
575                 "enabled *very* early, fixing it\n");
576             local_irq_disable();
577         }
578         rcu_init();                             //初始化(读—复制—更新(RCU)同步技术的初
                                                    //始化)
579         /* init some links before init_ISA_irqs() */
580         early_irq_init();
```

```
581        init_IRQ();
582        prio_tree_init();              //初始化优先级搜索数 index_bits_to_maxindex
                                          //数组
583        init_timers();                 //初始化定时器的相关数据结构
584        hrtimers_init();               //对于内核中高精度时钟的初始化
           /* softirq_init()函数初始化 TASKLET_SOFTIRQ 和 HI_SOFTIRQ 这两个内核的软中断 */
585        softirq_init();
586        timekeeping_init();
587        time_init();                   //初始化系统日期和时间
588        profile_init();                //内核性能调试工具初始化
589        if (! irqs_disabled())
590           printk(KERN_CRIT "start_kernel(): bug: interrupts were "
591           "enabled early\n");
592        early_boot_irqs_on();
593        local_irq_enable();
594        /* Interrupts are enabled now so all GFP allocations are safe. */
595           set_gfp_allowed_mask(__GFP_BITS_MASK);
596        kmem_cache_init_late();        //初始化 slab 分配器
597
           /* slab 分配器是一种高效地使用高速缓存的内核机制 */
598        /*
599         * HACK ALERT! This is early. We're enabling the console before
600         * we've done PCI setups etc, and console_init() must be aware of
601         * this. But we do want output early, in case something goes wrong.
602         */
603        console_init();                //初始化控制台
604        if (panic_later)
605           panic(panic_later, panic_param);
606        lockdep_info();
607        /*
608         * Need to run this when irqs are enabled, because it wants
609         * to self - test [hard/soft] - irqs on/off lock inversion bugs
610         * too.
611         */
612        locking_selftest();
613        # ifdef CONFIG_BLK_DEV_INITRD
614        if (initrd_start && ! initrd_below_start_ok &&
615           page_to_pfn(virt_to_page((void *)initrd_start)) < min_low_pfn) {
616           printk(KERN_CRIT "initrd overwritten (0x%08lx < 0x%08lx) - "
```

```
617                 "disabling it.\n",
618                 page_to_pfn(virt_to_page((void *)initrd_start)),
619                 min_low_pfn);
620                 initrd_start = 0;
621             }
622         #endif
623             page_cgroup_init();
624             enable_debug_pagealloc();
625             kmemtrace_init();
626             kmemleak_init();
627             debug_objects_mem_init();
628             idr_init_cache();
629             setup_per_cpu_pageset();
630             numa_policy_init();
631             if (late_time_init)
632                 late_time_init();
633             sched_clock_init();
634             calibrate_delay();              //确定 CPU 时钟的速度
635             pidmap_init();
636             anon_vma_init();
637         #ifdef CONFIG_X86
638             if (efi_enabled)
639                 efi_enter_virtual_mode();
640         #endif
641             thread_info_cache_init();
642             cred_init();
643             fork_init(totalram_pages);      //根据物理内存大小计算允许创建进程的数量
644             proc_caches_init();
645             buffer_init();
646             key_init();
647             radix_tree_init();
648             security_init();
649             vfs_caches_init(totalram_pages);  //虚拟文件系统初始化
650             signals_init();                 //信号量初始化
651             /* rootfs populating might need page-writeback */
652             page_writeback_init();          //根文件系统回写机制的初始化
653         #ifdef CONFIG_PROC_FS
654             proc_root_init();
655         #endif
```

```
656         cgroup_init();
657         cpuset_init();
658         taskstats_init_early();
659         delayacct_init();
660         check_bugs();
661         acpi_early_init(); /* before LAPIC and SMP init */
662         sfi_init_late();
663         ftrace_init();
664         /* Do the rest non-__inited, we're now alive */
665         rest_init();
666     }
```

start_kernel 函数的最后调用了 reset_init 函数进行后续的初始化，reset_init 函数代码如下：

```
410     static noinline void __init_refok rest_init(void)
411         __releases(kernel_lock)
412     {
413         int pid;
414         rcu_scheduler_starting();
            /* reset_init()函数最主要的作用就是启动内核线程 kernel_init() */
415         kernel_thread(kernel_init, NULL, CLONE_FS | CLONE_SIGHAND);
416         numa_default_policy();
417         pid = kernel_thread(kthreadd, NULL, CLONE_FS | CLONE_FILES);
418         kthreadd_task = find_task_by_pid_ns(pid, &init_pid_ns);
419         unlock_kernel();
420         /*
421          * The boot idle thread must execute schedule()
422          * at least once to get things moving.
423          */
424         init_idle_bootup_task(current);
425         preempt_enable_no_resched();
426         schedule();
427         preempt_disable();
428         /* Call into cpu_idle with preempt disabled */
429         cpu_idle();
430     }
```

当执行到 cpu_idle() 函数后，Linux 系统已经启动完成，内核也准备就绪，等待后面进程的产生并开始调度。

内核启动的过程非常复杂,现在总结一下内核的启动流程:

① 调用 setup_arch()函数进行与体系结构相关的第一个初始化工作。对不同的体系结构来说,该函数有不同的定义。对于 ARM 平台而言,该函数定义在 arch/arm/kernel/setup.c。它首先通过检测出来的处理器类型进行处理器内核的初始化,然后通过 bootmem_init()函数根据系统定义的 meminfo 结构进行内存结构的初始化,最后调用 paging_init()开启 MMU,创建内核页表,映射所有的物理内存和 I/O 空间。

② 创建异常向量表和初始化中断处理函数。

③ 初始化系统核心进程调度器和时钟中断处理机制。

④ 初始化串口控制台(serial-console);ARM-Linux 在初始化过程中一般都会初始化一个串口作为内核的控制台,这样内核在启动过程中就可以通过串口输出信息以便开发者或用户了解系统的启动进程。

⑤ 创建和初始化系统 cache,为各种内存调用机制提供缓存,包括动态内存分配、虚拟文件系统(Virtual File System)及页缓存。

⑥ 初始化内存管理、检测内存大小及被内核占用的内存情况。

⑦ 初始化系统的进程间通信机制(IPC)。

当以上所有的初始化工作结束后,start_kernel()函数会调用 rest_init()函数来进行最后的初始化,包括创建系统的第一个进程-init 进程来结束内核的启动。Init 进程首先进行一系列的硬件初始化,然后通过命令行传递过来的参数挂载根文件系统。最后,init 进程会执行用户传递过来的"init="启动参数执行用户指定的命令,或者执行以下几个进程之一:

execve("/sbin/init",argv_init,envp_init);
execve("/etc/init",argv_init,envp_init);
execve("/bin/init",argv_init,envp_init);
execve("/bin/sh",argv_init,envp_init);

当所有的初始化工作结束后,cpu_idle()函数会被调用来使系统处于闲置(idle)状态并等待用户程序的执行。

6.4 从"零"开始移植内核

内核移植是嵌入式工程师必须要做的一件事情。即使现在的 Linux 内核已经完成了大部分工作,但是考虑到每个产品的设计会有不同,所以移植内核仍然是不可跳跃的一个步骤。本节将指导读者一步一步地移植 Linux 内核到 ARM 平台上。

本节的移植过程将基于 TOP2440 开发板,关于该平台的硬件资源信息请参考第 4 章。

1. 获得内核源码

获得源码的路径为 http://www.kernel.org/pub/linux/kernel/v2.6/linux-2.6.33.tar。

bz2。在 Linux 系统中,执行下面的命令也可以很方便地获得需要的内核:
wget -c http://www.kernel.org/pub/linux/kernel/v2.6/linux-2.6.33.tar.bz2

使用 2.6.32 或更低版本的内核都可以完成移植工作。但是为了让大家能够更早接触新的内核,同时了解一些关于新内核的新机制,同时又要保证移植的稳定性,这里选择了这个版本的内核。

2. 解压内核

下载到内核源码以后首先要做的就是解压内核,先在任意目录下建立一个文件夹,名字就叫 TOP2440;把内核代码复制到文件夹下,然后运行命令:

tar -jxvf linux-2.6.33.tar.bz2

即将移植的内核就在刚刚解开的文件夹内。

3. 配置交叉编译方式

因为我们的目标平台是 ARM,也就是内核要下载到 ARM 开发板上运行,所以首先要把内核编译成 ARM 体系结构能够支持的机器代码,这里就需要使用前面介绍的交叉编译器进行编译。当然,也可以使用你喜欢的交叉工具链。

首先保证要把交叉编译器的添加到系统环境变量当中。进入内核目录,查看 Makefile 文件:

cd linux-2.6.33
vi Makefile

在第 169 行可以看到 ARCH 和 CROSS_COMPILE 这两个宏定义,这两个参数分别代表内核运行的平台和交叉编译器,将其修改为"ARCH = arm"和"CROSS_COMPILE = arm-none-linux-gnueabi-"。其中要注意一点,这两行的最后不能加空格,不然会造成在编译时找不到编译器。

4. 修改 ARM 内核的时钟频率

开发板在工作过程当中需要内核配合开发板内核的时钟频率,由芯片手册得知,修改内核源码"arch/arm/machs3c2440/mach-smdk2440.c"中的 162 行,如下:

    s3c24xx_init_clocks(12000000);

5. 配置内核选项

(1) 从系统默认的配置单得到最基本的配额

下面开始根据开发板的架构来配置内核。配置内核的目标是使得内核能够在我们定制的硬件平台控制外设(即编译驱动程序),上层应用程序能够通过系统调用来控制这些硬件工作。系统默认的最基本配置单在内核源码"arch/arm/configs/"目录下面的"s3c2410_defconfig"。

第 6 章　Linux 内核概述与移植

执行 make menuconfig 命令配置内核，首先调入这个基本的配置文件做模板。在配置菜单中选择 Load an Alternate Configuration File，然后调用那个配置文件。进入内核源码目录中运行命令：

make menuconfig

运行成功后，你可以看到内核配置菜单，如图 6.9 所示。

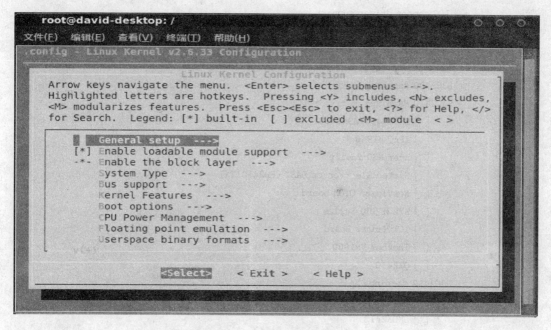

图 6.9　内核配置主菜单

选择 Load an Alternate Configuration File，如图 6.10 所示。获得最需要的参考配置后返

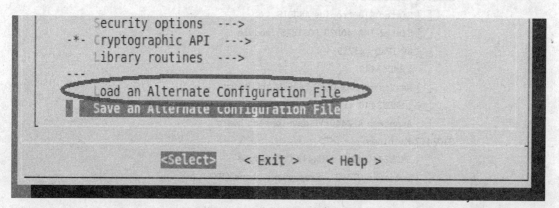

图 6.10　载入预设配置文件

回配置界面，进入 System Type 选项下的配置单。开始配置硬件平台的芯片配置：

```
System Type - - ->
    ARM system type (Samsung S3C2410, S3C2412, S3C2413, S3C2440, S3C2442, S3C2443) - - ->
        [ ] PWM device support
        [*] S3C2410 DMA support
        [ ] S3C2410 DMA support debug
        [*] ADC common driver support
        [*] Force UART FIFO on during boot process
        (1) S3C UART to use for low-level messages
        (0) Space between gpio banks
            S3C2400 Machines - - ->
            S3C2410 Machines - - ->
                [ ] SMDK2410/A9M2410
                [ ] IPAQ H1940
                [ ] Acer N30 family
                [ ] Simtec Electronics BAST (EB2410ITX)
                [ ] NexVision OTOM Board
                [ ] AML M5900 Series
                [ ] TCT Hammer Board
                [ ] Thorcom VR1000
                [ ] QT2410
            S3C2412 Machines - - ->
                [ ] Logitech Jive
                [ ] SMDK2413
                [ ] SMDK2412
                [ ] VMSTMS
            S3C2440 Machines - - ->
                [ ] Simtec Electronics ANUBIS
                [ ] Simtec IM2440D20 (OSIRIS) module
                [ ] HP iPAQ rx3715
                [*] SMDK2440
                [ ] NexVision NEXCODER 2440 Light Board
                [*] SMDK2440 with S3C2440 CPU module
                [ ] Avantech AT2440EVB development board
            S3C2442 Machines - - ->
                [ ] SMDM2440 with S3C2442 CPU module
                [ ] Openmoko GTA02 / Freerunner phone (NEW)
            S3C2443 Machines - - ->
                [ ] SMDK2443
```

第 6 章 Linux 内核概述与移植

(2) 在配置菜单中加入 TOP2440 的信息

```
General setup - - - >
        [*] Prompt for development and/or incomplete code/drivers
        (-TOP2440) Local version - append to kernel release
        [*] Automatically append version information to the version string
        [*] Support for paging of anonymous memory (swap)
        [*] System V IPC
        [ ] POSIX Message Queues
        [ ] BSD Process Accounting
        [ ] Export task/process statistics through netlink (EXPERIMENTAL)
        [ ] Auditing support
RCU Subsystem - - - >
RCU Implementation (Classic RCU) - - - >
        (X) Tree-based hierarchical RCU
        ( ) UP-only small-memory-footprint RCU
        (16) Kernel log buffer size (16 => 64KB, 17 => 128KB)
        [ ] Group CPU scheduler
        [ ] Control Group support - - - >
        [*] enable deprecated sysfs features to support older userspace tools
        [ ] Kernel->user space relay support (formerly relayfs)
        -*- Namespaces support
        [ ] UTS namespace
        [ ] IPC namespace
        [ ] User namespace (EXPERIMENTAL)
        [ ] PID Namespaces (EXPERIMENTAL)
        [ ] Network namespace
        [ ] Initial RAM filesystem and RAM disk (initramfs/initrd) support
        [*] Optimize for size
        [ ] Configure standard kernel features (for small systems) - - - >
        [ ] Strip assembler-generated symbols during link
        [*] Disable heap randomization
Choose SLAB allocator (SLUB (Unqueued Allocator)) - - - >
        (X) SLAB
        ( ) SLUB (Unqueued Allocator)
        [ ] Profiling support (EXPERIMENTAL)
        [ ] Activate markers
        [ ] Kprobes
```

这里的-TOP2440 就是对于开发板的描述信息,选择 exit 回到主菜单。

(3) 选择是否支持 EABI

EABI(Embedded application binary interface)即嵌入式应用二进制接口,是描述可连接目标代码、库目标代码、可执行文件影像、如何连接、执行、调试、以及目标代码生成过程,和 C、C++语言接口的规范,是编译链接工具的基础规范,也是研究它们工作原理的基础。

我们使用的是 4.3.2,是支持 EABI 的编译器,所以一定要选中 se the ARM EABI to compile the kernel 这项;如果使用的是 3.4.5 或者以下的编译器,那么就不要选中它。

```
Kernel Features  - - ->
Memory split (3G/1G user/kernel split) - - ->
        [ ] Preemptible Kernel (EXPERIMENTAL)
        [*] Use the ARM EABI to compile the kernel
        [*] Allow old ABI binaries to run with this kernel (EXPERIMENTAL)
        [ ] High Memory Support (EXPERIMENTAL)
Memory model (Flat Memory) - - ->
        (X) Flat Memory
        [ ] Add LRU list to track non-evictable pages
(4096) Low address space to protect from user allocation
```

(4) 总线支持

对于 TOP2440 来说,不会用到这些总线,所以不用选择。

```
Bus support - - ->
    <> PCCard (PCMCIA/CardBus) support - - ->
```

(5) 配置 ARM 的启动选项

配置启动时的默认盘符和打印调试信息的串口:

```
Boot options - - ->
    (0x0) Compressed ROM boot loader base address
    (0x0) Compressed ROM boot loader BSS address
    (root = /dev/hda1 ro init = /bin/bash console = ttySAC0)Default kernel command string
    //这里配置启动时的默认盘符和打印调试信息的串口
        () Default kernel command string
        [ ] Kernel Execute-In-Place from ROM
        [ ] Kexec system call (EXPERIMENTAL)
```

(6) 配置电源管理选项

在此选项中选择是否需要电源管理的支持。

```
CPU Power Management - - ->
    [ ] CPU Frequency scaling
    [ ] CPU idle PM support
```

第6章 Linux 内核概述与移植

(7) 配置浮点数运算仿真

这里配置浮点数运算仿真功能：

```
Floating point emulation --->
    *** At least one emulation must be selected ***
    [*] NWFPE math emulation        //支持"NWFPE"数学运算仿真
    [*] Support extended precision
    [*] FastFPE math emulation (EXPERIMENTAL)    //支持"FastFPE"数学运算仿真。
```

(8) 配置用户空间的二进制格式

这里配置系统可以识别的文件格式，其中 ELF 是必选的。

```
Userspace binary formats --->
    [*] Kernel support for ELF binaries        //支持 ELF 格式可执行程序
    [ ] Write ELF core dumps with partial segments
    <*> Kernel support for a.out and ECOFF binaries //支持 a.out 格式程序
    < > Kernel support for MISC binaries
```

(9) 配置网络支持

这里配置系统支持的网络协议，注意，这里不配置网卡驱动程序。

```
[*] Networking support --->        //支持网络功能
        --- Networking support
            Networking options --->
                <*> Packet socket        //支持 TCP/IP 网络协议
                <*> Unix domain sockets
                < > PF_KEY sockets
                [*] TCP/IP networking
                [*] IP: multicasting
                [ ] IP: advanced router
                [*] IP: kernel level autoconfiguration
                [*] IP: DHCP support
                [*] IP: BOOTP support
                [ ] IP: RARP support
                < > IP: tunneling
                < > IP: GRE tunnels over IP
                [ ] IP: ARP daemon support (EXPERIMENTAL)
                [ ] IP: TCP syncookie support (disabled per default)
                < > IP: AH transformation
                < > IP: ESP transformation
                < > IP: IPComp transformation
```

```
    <*> IP: IPsec transport mode
    <*> IP: IPsec tunnel mode
    <*> IP: IPsec BEET mode
    [ ] Large Receive Offload (ipv4/tcp)
    <*> INET: socket monitoring interface
    [*] TCP: advanced congestion control  --->
    [ ] TCP: MD5 Signature Option support (RFC2385) (EXPERIMENTAL)
    < > The IPv6 protocol  --->
    [ ] Security Marking
    [ ] Network packet filtering framework (Netfilter)  --->
    < > The DCCP Protocol (EXPERIMENTAL)  --->
    < > The SCTP Protocol (EXPERIMENTAL)  --->
    < > The TIPC Protocol (EXPERIMENTAL)  --->
    < > Asynchronous Transfer Mode (ATM)
    < > 802.1d Ethernet Bridging
    [ ] Distributed Switch Architecture support  --->
    < > 802.1Q VLAN Support
    < > DECnet Support
    < > ANSI/IEEE 802.2 LLC type 2 Support
    < > CCITT X.25 Packet Layer (EXPERIMENTAL)
    < > LAPB Data Link Driver (EXPERIMENTAL)
    < > Acorn Econet/AUN protocols (EXPERIMENTAL)
    < > WAN router
    < > Phonet protocols family
    [ ] QoS and/or fair queueing  --->
    [ ] Data Center Bridging support
    Network testing  --->
    < > Packet Generator(USE WITH CAUTION)
    [ ] Amateur Radio support  --->
    < > CAN bus subsystem support  --->
    < > IrDA (infrared) subsystem support  --->
    < > Bluetooth subsystem support  --->
    < > RxRPC session sockets
    [ ] Wireless  --->
    < > WiMAX Wireless Broadband support  --->
    < > RF switch subsystem support  --->
    < > Plan 9 Resource Sharing Support (9P2000) (Experimental) -
```

(10) 配置文件系统支持

这里配置系统支持的文件系统类型。

第6章 Linux内核概述与移植

```
File systems - - ->
        < > Second extended fs support
        < * > Ext3 journalling file system support
        [ ] Default to  data = ordered'in ext3
        [ * ] Ext3 extended attributes
        [ * ]    Ext3 POSIX Access Control Lists
        [ ] Ext3 Security Labels
        < > The Extended 4 (ext4) filesystem
        < > Reiserfs support
        < > JFS filesystem support
        < > XFS filesystem support
        < > OCFS2 file system support
        < > Btrfs filesystem (EXPERIMENTAL) Unstable disk format
        [ * ] Dnotify support
        [ * ] Inotify file change notification support
        [ * ] Inotify support for userspace
        [ ] Quota support
        < > Kernel automounter support
        < > Kernel automounter version 4 support (also supports v3)
        < > FUSE (Filesystem in Userspace) support
Caches - - ->
        < > General filesystem local caching manager
CD - ROM/DVD Filesystems - - ->
        < > ISO 9660 CDROM file system support
        < > UDF file system support
DOS/FAT/NT Filesystems - - ->
        < > MSDOS fs support
        < * > VFAT (Windows - 95) fs support
        (437) Default codepage for FAT
        (iso8859 - 1) Default iocharset for FAT
        < > NTFS file system support
Pseudo filesystems - - ->
        [ * ] Virtual memory file system support (former shm fs)
        [ ] Tmpfs POSIX Access Control Lists
        < > Userspace - driven configuration filesystem
        [ * ] Miscellaneous filesystems - - ->
        - - - Miscellaneous filesystems
        < > ADFS file system support (EXPERIMENTAL)
        < > Amiga FFS file system support (EXPERIMENTAL)
```

```
< >  Apple Macintosh file system support (EXPERIMENTAL)
< >  Apple Extended HFS file system support
< >  BeOS file system (BeFS) support (read only) (EXPERIMENTAL)
< >  BFS file system support (EXPERIMENTAL)
< >  EFS file system support (read only) (EXPERIMENTAL)
< >  Journalling Flash File System v2 (JFFS2) support
<*>  Compressed ROM file system support (cramfs)
<*>  SquashFS 4.0 - Squashed file system support
< >  FreeVxFS file system support (VERITAS VxFS(TM) compatible)
< >  Minix file system support
< >  SonicBlue Optimized MPEG File System support
< >  OS/2 HPFS file system support
< >  QNX4 file system support (read only)
< >  ROM file system support
< >  System V/Xenix/V7/Coherent file system support
< >  UFS file system support (read only)
< >  NILFS2 file system support (EXPERIMENTAL)
[*] Network File Systems  - - - >
- - -  Network File Systems
<*>  NFS client support
[*]  NFS client support for NFS version 3
[*]  NFS client support for the NFSv3 ACL protocol extension
[ ]  NFS client support for NFS version 4 (EXPERIMENTAL)
[*]  Root file system on NFS
<*>  NFS server support
[*]     NFS server support for NFS version 3
[*]     NFS server support for the NFSv3 ACL protocol extension
[ ]     NFS server support for NFS version 4 (EXPERIMENTAL)
< >  Secure RPC: Kerberos V mechanism (EXPERIMENTAL)
< >  Secure RPC: SPKM3 mechanism (EXPERIMENTAL)
< >  SMB file system support (OBSOLETE, please use CIFS)
< >  CIFS support (advanced network filesystem, SMBFS successor)
< >  NCP file system support (to mount NetWare volumes)
< >  Coda file system support (advanced network fs)
< >  Andrew File System support (AFS) (EXPERIMENTAL)
Partition Types  - - - >
[ ] Advanced partition selection
- * - Native language support  - - - >
- - -  Native language support
```

第6章　Linux内核概述与移植

```
(iso8859-1) Default NLS Option
<*> Codepage 437 (United States, Canada)
< > Codepage 737 (Greek)
< > Codepage 775 (Baltic Rim)
< > Codepage 850 (Europe)
< > Codepage 852 (Central/Eastern Europe)
< > Codepage 855 (Cyrillic)
< > Codepage 857 (Turkish)
< > Codepage 860 (Portuguese)
< > Codepage 861 (Icelandic)
< > Codepage 862 (Hebrew)
< > Codepage 863 (Canadian French)
< > Codepage 864 (Arabic)
< > Codepage 865 (Norwegian, Danish)
< > Codepage 866 (Cyrillic/Russian)
< > Codepage 869 (Greek)
<*> Simplified Chinese charset(CP936, GB2312)
< > Traditional Chinese charset (Big5)
< > Japanese charsets (Shift-JIS, EUC-JP)
< > Korean charset (CP949, EUC-KR)
< > Thai charset (CP874, TIS-620)
< > Hebrew charsets (ISO-8859-8, CP1255)
< > Windows CP1250 (Slavic/Central European Languages)
< > Windows CP1251 (Bulgarian, Belarusian)
<*> ASCII (United States)
<*> NLS ISO 8859-1 (Latin 1;Western European Languages)
< > NLS ISO 8859-2 (Latin 2;Slavic/Central European Languages
< > NLS ISO 8859-3 (Latin 3;Esperanto, Galician, Maltese, Turkish)
< > NLS ISO 8859-4 (Latin 4;old Baltic charset)
< > NLS ISO 8859-5 (Cyrillic)
< > NLS ISO 8859-6 (Arabic)
< > NLS ISO 8859-7 (Modern Greek)
< > NLS ISO 8859-9 (Latin 5;Turkish)
< > NLS ISO 8859-13 (Latin 7;Baltic)
< > NLS ISO 8859-14 (Latin 8;Celtic)
< > NLS ISO 8859-15 (Latin 9;Western European Languages with Euro)
< > NLS KOI8-R (Russian)
< > NLS KOI8-U/RU (Ukrainian, Belarusian)
<*> NLS UTF-8
```

            < > Distributed Lock Manager (DLM) - - - >
            - - - Distributed Lock Manager (DLM)

(11) 配置内核调试选项

为了减小内核的尺寸,可以不配置这些内核调制选项,特别是发布的版本。如果是调试版本,根据情况选择调试功能。

```
Kernel hacking  - - - >
            [ ] Show timing information on printks
            [ ] Enable __deprecated logic
            [ ] Enable __must_check logic
            (1024) Warn for stack frames larger than (needs gcc 4.4)
            [ ] Magic SysRq key
            [ ] Enable unused/obsolete exported symbols
            [ ] Debug Filesystem
            [ ] Run 'make headers_check when building vmlinux
            [ ] Kernel debugging
            [ ] SLUB debugging on by default
            [ ] Enable SLUB performance statistics
            [ ] Check for stalled CPUs delaying RCU grace periods
            [ ] Latency measuring infrastructure
            [ ] Sysctl checks
Tracers  - - - >
            [ ] Kernel Function Tracer
            [ ] Scheduling Latency Tracer
            [ ] Trace process context switches
            [ ] Trace various events in the kernel
            [ ] Trace boot initcalls
            [ ] Trace likely/unlikely profiler
            [ ] Trace max stack
            [ ] Trace SLAB allocations
            [ ] Trace workqueues
            [ ] Support for tracing block io actions
            [ ] Sample kernel code  - - - >
            - - - Sample kernel code
            [ ] Enable stack unwinding support
            [ ] Verbose user fault messages
S3C UART to use for low - level debug
```

第 6 章　Linux 内核概述与移植

（12）配置安全性相关的选项

```
Security options  - - ->
    [ ] Enable access key retention support
    [ ] Enable different security models
    [ ] Enable the securityfs filesystem
```

（13）配置支持加密算法

可以选择让内核支持各种加密算法：

```
{*} Cryptographic API  - - ->
    {M} Cryptographic algorithm manager
    < > GF(2^128) multiplication functions (EXPERIMENTAL)
    < > Null algorithms
    < > Software async crypto daemon
    <M> Authenc support
    < > Testing module
    *** Authenticated Encryption with Associated Data ***
    < > CCM support
    < > GCM/GMAC support
    < > Sequence Number IV Generator
    *** Block modes ***
    < > CBC support
    < > CTR support
    < > CTS support
    {*} ECB support
    < > LRW support (EXPERIMENTAL)
    < > PCBC support
    < > XTS support (EXPERIMENTAL)
    *** Hash modes ***
    < > HMAC support
    < > XCBC support
    < > VMAC support
    *** Digest ***
    <M> CRC32c CRC algorithm
    < > MD4 digest algorithm
    < > MD5 digest algorithm
    < > Michael MIC keyed digest algorithm
    < > RIPEMD-128 digest algorithm
    < > RIPEMD-160 digest algorithm
    < > RIPEMD-256 digest algorithm
```

```
            < >  RIPEMD-320 digest algorithm
            < >  SHA1 digest algorithm
            < >  SHA224 and SHA256 digest algorithm
            < >  SHA384 and SHA512 digest algorithms
            < >  Tiger digest algorithms
            < >  Whirlpool digest algorithms
            * * * Ciphers * * *
           {M}  AES cipher algorithms
            < >  Anubis cipher algorithm
           {M}  ARC4 cipher algorithm
        < >  Blowfish cipher algorithm
            < >  Camellia cipher algorithms
            < >  CAST5 (CAST-128) cipher algorithm
            < >  CAST6 (CAST-256) cipher algorithm
            < >  DES and Triple DES EDE cipher algorithms
            < >  FCrypt cipher algorithm
            < >  Khazad cipher algorithm
            < >  Salsa20 stream cipher algorithm (EXPERIMENTAL)
            < >  SEED cipher algorithm
            < >  Serpent cipher algorithm
            < >  TEA, XTEA and XETA cipher algorithms
            < >  Twofish cipher algorithm
            * * * Compression * * *
            < >  Deflate compression algorithm
            < >  Zlib compression algorithm
            < >  LZO compression algorithm
            * * * Random Number Generation * * *
            < >  Pseudo Random Number Generation for Cryptographic modules
            [*]  Hardware crypto devices - - - >
             - - - Hardware crypto devices
```

(14) 配置压缩和校验库函数

```
Library routines - - - >
            < >  CRC-CCITT functions
            <M>  CRC16 functions
            < >  CRC calculation for the T10 Data Integrity Field
            {M}  CRC ITU-T V.41 functions
            -*-  CRC32 functions
            <M>  CRC7 functions
            <M>  CRC32c (Castagnoli, et al) Cyclic Redundancy-Check
```

6.4.1 驱动程序的配置与移植

驱动程序是嵌入式 Linux 中工作量最大的一个环节，不仅要合理配置，更要根据开发板的不同而进行移植。

（1）Nand Flash

配置 Nand Flash 驱动的意义在于给内核认识开发板上 Nand Flash 的分区结构，内核根据硬件的实际容量对 Nand Flash 设备进行分区，进而管理 Flash 存储空间。让内核在解压运行时对 Nand Flash 进行初始化，并且支持对 Flash 硬件设备的读、写、擦除等操作。

分区的重要性在于能够很好地利用和管理硬件存储空间，让 U-Boot、内核镜像（这里是 uImage）、根文件系统能够互相不干扰地正常工作。

修改内核源码"arch/arm/plat-s3c24xx/common-smdk.c"文件，在 109 行左右有一个结构体名为 smdk_default_nand_part[]，将其修改为如下所示：

```
/* NAND parititon for TOP2440 */
    static struct mtd_partition smdk_default_nand_part[] = {
    [0] = {
            .name = "U-Boot",
            .size = 0x00030000,
            .offset = 0,  //分配 U-BOOT 分区
        },
    [1] = {
            .name = "Param",
            .offset = 0x00030000,
            .size = 0x00010000,
        },  //UBoot 存放参数区
    [2] = {
            .name = "Splash",
            .offset = 0x00040000,
            .size = 0x00040000,
        },  //用于制作需要的开机 Logo 分区
    [3] = {
            .name = "Kernel",
            .offset = 0x00080000,
            .size = 0x00300000,
        },  //烧写 Kernel 内核的分区
    [4] = {
            .name = "Root",
            .offset = 0x00380000,
```

```
            .size = 0x00a00000,
        },//只读文件系统分区
        [5] = {
            .name = "Yaffs",
            .offset = 0x00d80000,
            .size = 0x03280000,
        }//可读写文件系统分区,也就是通常的 yaffs 分区
};
```

前面的代码修改是对 Flash 存储的一个布局规划,只有在内核中添加对 Nand Flash 驱动的配置,才能够让内核知道这种布局。下面是关于 MTD 功能模块的配置参考:

```
Device Drivers - - ->
    <*> Memory Technology Device (MTD) support - - ->
    [*] MTD partitioning support
    < > RedBoot partition table parsing
    [ ] Command line partition table parsing
    <*> Direct char device access to MTD devices
    -*- Common interface to block layer for MTD 'translation layers
    <*> Caching block device access to MTD devices
    <*> NAND Device Support - - ->
    <*> NAND Flash support for Samsung S3C SoCs  //只须添加这项,其他的选项保持默认的即可
```

(2) Yaffs 文件系统

Yaffs 文件系统是较为流行的文件系统,不过内核没有提供 Yaffs 的支持,需要自行下载。读者可以在 http://www.aleph1.co.uk/cgi-bin/viewcvs.cgi/下载,如图 6.11 所示。

选择 Download GNU tarball 下载补丁 cvs-root.tar.gz。

\#tar xvfz cvs–root.tar.gz(解压得到补丁目录 cvs)
\#cd cvs/yaffs2/(进到 yaffs2 的补丁目录下)

\#./patch-ker.sh c ~/work/TOP2440/linux-2.6.33/(执行补丁脚本,为 2.6.33 的内核添加补丁)此时到内核源码的"fs/"将添加一个名为"yaffs2/"的目录,同时"fs/"目录下面的 Makefile 文件和 Kconfig 文件也添加了 yaffs2 的配置和编译条件。在配置单当中增加对 yaffs 文件系统的支持。

其实主要是配置 File systems,添加如下的选项:

```
File systems - - ->
    Miscellaneous filesystems - - ->
        <*> YAFFS2 file system support
        -*- 512 byte / page devices
```

第 6 章　Linux 内核概述与移植

图 6.11　Yaffs 文件系统下载界面

```
[ ] Use older-style on-NAND data format with pageStatus byte
[ ] Lets Yaffs do its own ECC
-*- 2048 byte (or larger) / page devices
```

此时的内核可以支持 yaffs 文件系统。

(3) 串　口

内核在默认情况下只支持 2 个串口，也就是芯片的 UART0 和 UART1，而 UART2 的驱动是针对红外接口的，而不是串口驱动，这里将其修改为串口驱动。

修改内核源码"arch/arm/mach-s3c2440/mach-smdk2440.c"文件的 80 行有一个结构体：S3C2410_uartcfg smdk2440_uartcfgs[]　初始化串口的结构体

这里对第三个串口进行修改，修改第 100 行的代码，这里改成：

```
.ulcon           = 0x03,//0x43            TOP2440
```

只用的默认配置单 s3c2440_defconfig 完成了对串口的配置，还需要把不用的串口驱动去掉，以下是配置的情况：

```
Device Drivers --->
        Character devices --->
        Serial drivers --->
        < > 8250/16550 and compatible serial support
        *** Non-8250 serial port support ***
        <*> Samsung SoC serial support
        [*] Support for console on Samsung SoC serial port
        <*> Samsung S3C2440/S3C2442 Serial port support
```

(4) 网 卡

这里只需要使用默认的配置就可以，因为网络接口的设计与参考板相同。同时，去掉一些没有用的配置项：

```
Device Drivers --->
    [*] Network device support --->
        [*] Ethernet (10 or 100Mbit) --->
            -*- Generic Media Independent Interface device support
            <*> DM9000 support
            (4)  DM9000 maximum debug level
        [ ] Ethernet (1000Mbit) --->
        [ ] Ethernet (10000Mbit) --->
        [ ] Wireless LAN --->
```

(5) USB

接下来是 USB 设备的移植，包括 U 盘、USB 鼠标键盘、USB 摄像头等。在 2.6.33 的内核中已经对很多 USB 设备提供了很好的支持，这里只需要做相应的配置就可以完成对它们的支持。配置单的配置如下：

```
Device Drivers --->
    SCSI device support --->(其余的全部不选)
        <*> SCSI device support
        [*] legacy /proc/scsi/ support
        <M> SCSI tape support
        <*> SCSI disk support
        <M> SCSI CDROM support
        [*]     Enable vendor-specific extensions (for SCSI CDROM)
        <*> SCSI generic support
        <M> SCSI media changer support
        [*] Probe all LUNs on each SCSI device
        [*] Verbose SCSI error reporting (kernel size + = 12k)
        [*] Asynchronous SCSI scanning
        [*] SCSI low-level drivers   --->
    [*] HID Devices --->(其余保留默认配置)
        <*> USB Human Interface Device (full HID) support
    [*] USB support --->(保留默认配置即可)
```

在 Linux 2.6.33 的内核中包含了很多 USB 摄像头驱动，只要有相应的摄像头就可以进行测试，现在介绍最常用的 zc301 芯片组的 USB 摄像头的驱动的移植。以下是配置菜单：

```
Device Drivers --->
```

第 6 章　Linux 内核概述与移植

```
Multimedia devices --->
<*> Video For Linux
[*] Enable Video For Linux API 1 (DEPRECATED)
-*- Enable Video For Linux API 1 compatible Layer
[*] Video capture adapters --->
[*] Autoselect pertinent encoders/decoders and other helper chip
[*] V4L USB devices --->
<*> USB ZC0301[P] Image Processor and Control Chip support
*** Multimedia core support ***
[*] Enable Video For Linux API 1 (DEPRECATED)
[*] Video capture adapters --->
--- Video capture adapters
[*] V4L USB devices --->
--- V4L USB devices
<*> USB Video Class (UVC)
[*] UVC input events device support
<*> GSPCA based webcams --->（其余不选）
--- GSPCA based webcams
<*> ZC3XX USB Camera Driver
```

(6) LCD

新版本的 Linux 的内核同样对 LCD 有了完善的支持。只需要简单的处理即可应用到 TOP2440 的 LCD 控制器。

修改"drivers/video/s3c2410fb.c"文件，修改 366 行开始的函数，内容如下：

```
static void s3c2410fb_activate_var(struct fb_info * info)
{
    struct s3c2410fb_info * fbi = info->par;
    void __iomem * regs = fbi->io;
    int type = fbi->regs.lcdcon1 & S3C2410_LCDCON1_TFT;
    struct fb_var_screeninfo * var = &info->var;
    struct s3c2410fb_mach_info * mach_info = fbi->dev->platform_data;
    struct s3c2410fb_display * default_display = mach_info->displays +
                                                 mach_info->default_display;
    int clkdiv = s3c2410fb_calc_pixclk(fbi, var->pixclock) / 2;
    dprintk("%s: var->xres = %d\n", __FUNCTION__, var->xres);
    dprintk("%s: var->yres = %d\n", __FUNCTION__, var->yres);
    dprintk("%s: var->bpp = %d\n", __FUNCTION__, var->bits_per_pixel);
    if (type == S3C2410_LCDCON1_TFT) {
        s3c2410fb_calculate_tft_lcd_regs(info, &fbi->regs);
```

```
            - - clkdiv;
            if (clkdiv < 0)
            clkdiv = 0;
            } else {
    s3c2410fb_calculate_stn_lcd_regs(info, &fbi->regs);
    if (clkdiv < 2)
    clkdiv = 2;
    }
    //fbi->regs.lcdcon1 |= S3C2410_LCDCON1_CLKVAL(clkdiv);
    fbi->regs.lcdcon1 |= S3C2410_LCDCON1_CLKVAL(default_display->setclkval);
    /* write new registers */
```

完成了这部分修改之后,在 s3c2410fb_display 结构体中添加了一个 setclkval 的变量,那么需要在该结构体的原型中添加上该变量,修改 Linux-2.6.33 的"arch/arm/mach-s3c2410/include/mach/fb.h"文件,添加如下内容(40 行左右):

```
/* LCD description */
struct s3c2410fb_display {
/* LCD type */
unsigned type;
/* Screen size */
unsigned short width;
unsigned short height;
/* Screen info */
unsigned short xres;
unsigned short yres;
unsigned short bpp;
unsigned pixclock; /* pixclock in picoseconds */
unsigned setclkval; /* clkval */
unsigned short left_margin;  /* value in pixels (TFT) or HCLKs (STN) */
unsigned short right_margin; /* value in pixels (TFT) or HCLKs (STN) */
unsigned short hsync_len;    /* value in pixels (TFT) or HCLKs (STN) */
unsigned short upper_margin; /* value in lines (TFT) or 0 (STN) */
unsigned short lower_margin; /* value in lines (TFT) or 0 (STN) */
unsigned short vsync_len;    /* value in lines (TFT) or 0 (STN) */
/* lcd configuration registers */
unsigned long lcdcon5;
};
```

下一步修改 LCD 的参数设置。修改 LCD 各个参数的配置,该配置参数在"arch/arm/

mach-s3c2440/mach-smdk2440.c"文件中的由 107 行开始的结构体中,然后将其改为如下内容即可(注意:添加上刚刚添加的那个变量 setclkval 的赋值):

```
/* LCD driver info */
static struct s3c2410fb_display smdk2440_lcd_cfg __initdata = {
    .lcdcon5 = S3C2410_LCDCON5_FRM565 |
               S3C2410_LCDCON5_INVVLINE |
               S3C2410_LCDCON5_INVVFRAME |
               S3C2410_LCDCON5_PWREN |
               S3C2410_LCDCON5_HWSWP,
    .type = S3C2410_LCDCON1_TFT,
    .width = 320,
    .height = 240,
    .pixclock = 270000, /* HCLK 50 MHz, divisor 3 */
    .setclkval = 0x4,
    .xres = 320,
    .yres = 240,
    .bpp = 16,
    .left_margin = 21,
    .right_margin = 40,
    .hsync_len = 31,
    .upper_margin = 16,
    .lower_margin = 5,
    .vsync_len = 4,
};
static struct s3c2410fb_mach_info smdk2440_fb_info __initdata = {
    .displays = &smdk2440_lcd_cfg,
    .num_displays = 1,
    .default_display = 0,
#if 0
    /* currently setup by downloader */
    .gpccon = 0xaa940659,
    .gpccon_mask = 0xffffffff,
    .gpcup = 0x0000ffff,
    .gpcup_mask = 0xffffffff,
    .gpdcon = 0xaa84aaa0,
    .gpdcon_mask = 0xffffffff,
    .gpdup = 0x0000faff,
    .gpdup_mask = 0xffffffff,
#endif
```

```
    .lpcsel = 0,
};
```

然后修改"drivers/video/Kconfig"文件,把从 1798~1819 行的内容改成如下所示:

```
config FB_S3C24X0
    tristate "S3C24X0 LCD framebuffer support"
    depends on FB && ARCH_S3C2410
    select FB_CFB_FILLRECT
    select FB_CFB_COPYAREA
    select FB_CFB_IMAGEBLIT
    ---help---
      Frame buffer driver for the built-in LCD controller in the Samsung
      S3C2410 processor.
      This driver is also available as a module ( = code which can be
      inserted and removed from the running kernel whenever you want). The
      module will be called s3c2410fb. If you want to compile it as a module,
      say M here and read <file:Documentation/kbuild/modules.txt>.
      If unsure, say N.
choice
    prompt "LCD select"
    depends on FB_S3C24X0
    help
      S3C24x0 LCD size select
config FB_S3C24X0_S320240
    boolean "3.5 inch 320x240 QM LCD"
    depends on FB_S3C24X0
    help
      3.5 inch 320x240 QM LCD
endchoice
config FB_S3C2410_DEBUG
    bool "S3C24X0 lcd debug messages"
    depends on FB_S3C24X0
    help
      Turn on debugging messages. Note that you can set/unset at run time
      through sysfs
```

修改"drivers/video/Makefile"文件,把 109 行的内容改成如下所示:(如下黑体所示)

```
obj-$(CONFIG_FB_MAXINE)    += maxinefb.o
obj-$(CONFIG_FB_METRONOME) += metronomefb.o
```

```
obj-$(CONFIG_FB_BROADSHEET) + = broadsheetfb.o
obj-$(CONFIG_FB_S1D13XXX) + = s1d13xxxfb.o
obj-$(CONFIG_FB_SH7760) + = sh7760fb.o
obj-$(CONFIG_FB_IMX) + = imxfb.o
obj-$(CONFIG_FB_S3C) + = s3c-fb.o
obj-$(CONFIG_FB_S3C24X0) + = s3c2410fb.o
```

配置内核的方法如下：

对 LCD 进行配置：

```
Device Drivers - - - >
    Graphics support - - - >
        < * > Support for frame buffer devices - - - >
        [ * ] Enable firmware EDID
        [ * ] Enable Video Mode Handling Helpers
              * * * Frame buffer hardware drivers * * *
        < * > S3C24X0 LCD framebuffer support
              LCD select (3.5 inch 320x240 WanXin LCD) - - - >
                  (X) 3.5 inch 320 240 QM LCD
        < * > Framebuffer Console support
        [ * ] Bootup logo - - - >
            [ * ] Standard 224 - color Linux logo for 320X240
```

（7）触摸屏

首先需要得到触摸屏驱动，这里使用的是 Top2440 配套光盘中所使用的 top2440_ts.c 触摸屏驱动文件，把这个文件放置到内核的"drivers/input/touchsreen/"目录下，或者到下面的地址下载：http://www.top-elec.com/contact.aspx?id=32。然后，修改同目录下的 Kconfig 和 Makefile 文件。

在 Kconfig 文件的 468 行添加如下内容：

```
config TOUCHSCREEN_TOP2440
    tristate "Top-Elec TOP2440 TouchScreen input driver"
    depends on ARCH_S3C2410 && INPUT && INPUT_TOUCHSCREEN
    help
        Say Y here if you have the TOP2440 TouchScreen.
            and depends on TOP2440_ADC
        If unsure, say N.
        To compile this driver as a module, choose M here; the
        module will be called top2440_ts.
```

在 Makefile 文件的最后添加如下内容：

```
obj-$(CONFIG_TOUCHSCREEN_TOP2440)+ = top2440_ts.o
```

配置内核的方法如下：

输入：#make menuconfig 进入配置单，然后配置如下：

```
Device Drivers --->
    Input device support --->
        [*] Touchscreens --->
            <*> Top-Elec TOP2440 TouchScreen input driver
```

配置完毕后保存配置，然后编译内核，烧写镜像到开发板中，触摸就能够使用。

(8) SD 卡

Linux 2.6.33 中自带了 SD 卡的驱动，因此只需要做简单的改动即可使用 SD 卡，并且该 SD 卡驱动支持到 32 GB 的超大容量。内核的配置选项如下：

```
Device Drivers --->
    <*> MMC/SD/SDIO card support --->
    --- MMC/SD/SDIO card support
    *** MMC/SD/SDIO Card Drivers ***
    <*> MMC block device driver
    [*] Use bounce buffer for simple hosts
    *** MMC/SD/SDIO Host Controller Drivers ***
    <*> Samsung S3C SD/MMC Card Interface support
```

(9) IIC 总线

在 TOP2440 开发板中存在 IIC 总线的 EEPROM(AT24C02)，可以通过对其读/写测试 IIC 总线是否驱动上。配置内核(使用默认配置即可)：

```
Device Drivers --->
    <*> I2C support --->
    --- I2C support
        <*> I2C device interface
        I2C Hardware Bus support --->
        *** I2C system bus drivers (mostly embedded / system-on-chip)
        <*> S3C2410 I2C Driver
```

6.4.2 保存内核配置选项

在主菜单中选择 Save an Alternate Configuration File 可以来保存配置单，我们一般将它保存为".config"文件，因为编译系统时会调用该文件，如图 6.12 所示。

第 6 章　Linux 内核概述与移植

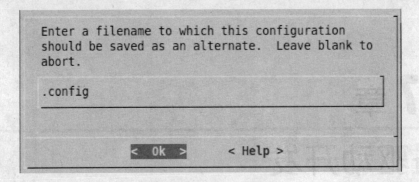

图 6.12　保存内核配置

保存为".config"文件后退出配置单,最后运行 make 命令开始编译。如果成功,则在 arch/arm/boot/下得到 zImage 文件。

第 7 章

设备驱动开发

知识点：
理解 Linux 模块编程；
理解 Linux 的设备驱动程序。

7.1 理解 Linux 模块编程

第 6 章中学习了 Linux 内核的相关知识，从中了解到 Linux 内核的主要功能是完成内存的管理、进程的调度管理、文件系统的管理、设备的管理等。也许有一天，你想为内核增加一种调度算法，或为嵌入式系统编写一个更高效的文件系统，那么你坐下来开始编写的代码就是内核级程序，也就是内核模块。最常见的内核模块是驱动程序，也是在嵌入式系统开发中非常重要的一个环境。

开始学习内核编程前，需要了解用户空间和内核空间的概念。内核全权负责对硬件资源的访问，不管被访问的是显卡还是硬盘等其他设备。用户程序常为这些资源竞争。为方便实现这种机制，CPU 可以在不同的状态运行。不同的状态赋予不同的对系统操作的自由。Linux 使用了两种状态：最高级的状态(操作状态 0，即"内核态"，可以执行任何操作)和最低级的状态(操作状态 3，即"用户态")。

7.1.1 创建第一个模块程序

本章讲的重点是 Linux 系统下的驱动程序的编写，首先学习 Linux 内核模块编程。下面的代码是一个最简单的内核模块程序：

```
/*
 * hello.c - A simple Kernel Module
```

```
*/
#include <linux/module.h>
#include <linux/init.h>
#include <linux/kernel.h>
static int __init hello_init(void)
{
    printk(KERN_INFO "Hello Kernel Module.\n");
    return 0;
}
static void __exit clean_module(void)
{
    printk(KERN_INFO "Bye Kernel.\n");
}
module_init(hello_init);
module_exit(clean_module);
MODULE_AUTHOR("Sun");
MODULE_DESCRIPTION("Description of this module");
MODULE_LICENSE("Dual BSD/GPL");
```

在编译这段代码以前,我们有必要进行一些解释。有过应用程序开发经验的人可能认为这个代码缺少了 main 函数,其实这正是内核程序和应用程序的最大区别。内核模块的入口函数是哪个呢?内核模块要么从函数 init_module 或是宏 module_init 指定的函数调用开始。它告诉内核模块提供哪些功能扩展并且让内核准备好在需要时调用它。它完成这些后,该函数就执行结束了。要注意的是,模块在被内核调用前也什么都不做。所有的模块或是调用 cleanup_module 或是用宏 module_exit 指定的函数。这是模块的退出函数。它撤销入口函数所做的一切,例如,注销入口函数所注册的功能。

在这个代码中,因为是一个示意代码,因此只有两个函数:hello_init 和 cleanup_module。其中,hello_init 函数是这个模块的入口函数,因为它被 module_init 宏所指定。同样,这个代码的退出函数是 cleanup_module,因为它被 module_exit 宏指定。这两个宏在内核源码的 include\linux\init.h 文件中定义,感兴趣的读者可以深入研究下去。

```
/**
 * module_init() - driver initialization entry point
 * @x: function to be run at kernel boot time or module insertion
 *
 * module_init() will either be called during do_initcalls() (if
 * builtin) or at module insertion time (if a module).   There can only
 * be one per module.
 */
```

```
#define module_init(x)  __initcall(x);
/**
 * module_exit() - driver exit entry point
 * @x: function to be run when driver is removed
 *
 * module_exit() will wrap the driver clean-up code
 * with cleanup_module() when used with rmmod when
 * the driver is a module.  If the driver is statically
 * compiled into the kernel, module_exit() has no effect.
 * There can only be one per module.
 */
#define module_exit(x)   __exitcall(x);
```

除了上述两个宏以外，代码中还有另外 3 个宏：

➢ MODULE_AUTHOR   指明代码作者；
➢ MODULE_DESCRIPTION   对这个模块进行简介；
➢ MODULE_LICENSE   告诉内核该模块的版权信息。一般情况下用 GPL 或者 BSD（或两者）。

这些宏是可选的，但是如果没有，则当向内核插入该模块时，你会看到污染内核的警告。

除了这几个宏以外，内核还提供了其他一些，都在 include/linux/module.h 文件中定义，见表 7.1。这些 MODULE_ 声明习惯上放在文件最后，但是也可以放在前面。

表 7.1 模块用到的宏

宏名称	功　能	宏名称	功　能
MODULE_INFO	模块信息	MODULE_PARM_DESC	模块参数描述
MODULE_ALIAS	模块别名	MODULE_DEVICE_TABLE	模块设备表
MODULE_LICENSE	模块版权信息	MODULE_VERSION	模块版本
MODULE_AUTHOR	模块作者	MODULE_FIRMWARE	模块需要的固件文件
MODULE_DESCRIPTION	模块的描述		

接下来学习这个代码中的函数。该模块提供了两个函数，每个函数只是简单地打印一行语句。打印语句的函数是 printk，与我们在应用程序中用到的 printf 类似。不同之处在于每个 printk() 声明都会带一个优先级，就像看到的 KERN_INFO（或数字）那样。内核总共定义了 8 个优先级的宏，你可以从文件 linux/kernel.h 查看这些宏和它们的意义。如果不指明优先级，则系统将采用默认的优先级 DEFAULT_MESSAGE_LOGLEVEL。有关 printk 函数的级别见下面的代码：

```
#define    KERN_EMERG      "<0>"    /* system is unusable              */
#define    KERN_ALERT      "<1>"    /* action must be taken immediately */
#define    KERN_CRIT       "<2>"    /* critical conditions             */
#define    KERN_ERR        "<3>"    /* error conditions                */
#define    KERN_WARNING    "<4>"    /* warning conditions              */
#define    KERN_NOTICE     "<5>"    /* normal but significant condition */
#define    KERN_INFO       "<6>"    /* informational                   */
#define    KERN_DEBUG      "<7>"    /* debug-level messages            */
```

在编写驱动程序时,应使用宏(比如 KERN_ALERT),因为这样的代码可读性强。当优先级低于 int console_loglevel 时,信息直接打印在你的终端上。如果 syslogd 和 klogd 同时都在运行,则信息也同时添加在文件/var/log/messages,而不管是否显示在控制台上。我们使用像 KERN_ALERT 这样的高优先级,以确保 printk()将信息输出到控制台而不是只是添加到日志文件中。当编写真正实用的模块时,你应该针对可能遇到的情况使用合适的优先级。

发现另外一个不同时,函数名之前添加了__init 和__exit 宏。内核代码中,经常会使用这类宏,例如,标记数据的__initdata 和__exitdata 宏。此宏定义可知标记后的函数与数据其实是放到了特定的(代码或数据)段中。标记为初始化的函数表明在初始化期间使用。在模块装载之后,模块装载就会将初始化函数扔掉,这样可以将该函数占用的内存释放出来。__exit 修饰词标记函数只在模块卸载时使用。如果模块被直接编进内核或内核不允许卸载模块,则被此标记的函数将被简单地丢弃。

那么被标记的函数或数据究竟被放到哪个段中呢?这还要看内核源码,请打开 include/init.h 文件了解详细信息:

```
#define __init          __section(.init.text) __cold notrace
#define __initdata      __section(.init.data)
#define __initconst     __section(.init.rodata)
#define __exitdata      __section(.exit.data)
#define __exit_call     __used __section(.exitcall.exit)
#define __ref           __section(.ref.text) noinline
#define __refdata       __section(.ref.data)
#define __refconst      __section(.ref.rodata)
```

7.1.2 内核模块的编译与使用

到现在,我们基本掌握了这个程序的每行代码,接下来学习如何编译并加载它,这又和应用程序编程有很大不同。下面是一个用来编译内核模块的 Makefile 文件,只需要进行简单的修改就可以用来编译内核模块程序。

```
KERNELDIR = 内核路径
```

```
PWD := $(shell pwd)
CC = gcc
obj-m := hello.o
modules:
 $(MAKE) -C $(KERNELDIR) M=$(PWD) modules
clean:
 rm -rf *.o *~ core .depend .*.cmd *.ko *.mod.c .tmp_versions
.PHONY: modules modules_install clean
```

执行 make 命令后，可以产生 hello.ko 模块。针对这个 Makefile 的简要分析如下：

> obj-m := hello.o 代表了我们要构造的模块名为 hell.ko，make 会在该目录下自动找到 hello.c 文件进行编译。如果 hello.o 是由其他的源文件生成（比如 hello1.c 和 hello2.c）的，则在下面加上（注意红色字体的对应关系）：hello-objs := hello1.o hello2.o ……。

> $(MAKE) -C $(KERNELDIR) M=$(PWD) modules，其中，-C $(KERNELDIR) 指定了内核源代码的位置，其中保存有内核的顶层 makefile 文件。

> M=$(PWD) 指定了模块源代码的位置。

> modules 目标指向 obj-m 变量中设定的模块。

加载内核模块的命令是 insmod：

```
insmod helloworld.ko
```

当模块加载成功以后，它就和内核中的其他部分完全一样。我们有几种方法了解这个模块的详细信息。最直观的方法是使用 lsmod(lsmod hello.ko)命令。lsmod 命令可以获得系统中加载了的所有模块以及模块间的依赖关系。例如，下面是加载了 hello 模块的输出：

Module	Size	Used by
hello	5632	0
autofs4	24517	2
hidp	23105	2
rfcomm	42457	0
l2cap	29505	10 hidp,rfcomm
bluetooth	53797	5 hidp,rfcomm,l2cap
vmblock	20640	4
vsock	49056	0
vmci	37028	1 vsock
vmmemctl	15932	0
sunrpc	144893	1
vmhgfs	48128	1
dm_mirror	29253	0

第 7 章 设备驱动开发

```
dm_multipath          22089    0
dm_mod                61661    2 dm_mirror,dm_multipath
video                 21193    0
sbs                   18533    0
backlight             10049    1 video
```

我们可以很清晰地看到，hello 模块现在已经融入内核，大小为 5 632 个字节，目前还没有被任何程序引用。lsmod 命令实际上读取并分析"/proc/modules"文件，与上述 lsmod 命令结果对应的"/proc/modules"文件如下：

```
[root@localhost day7]# cat /proc/modules
hello 5632 0 - Live 0xe08e9000 (U)
autofs4 24517 2 - Live 0xe099d000
hidp 23105 2 - Live 0xe09d9000
rfcomm 42457 0 - Live 0xe0b2d000
l2cap 29505 10 hidp,rfcomm, Live 0xe0b16000
bluetooth 53797 5 hidp,rfcomm,l2cap, Live 0xe0a22000
vmblock 20640 4 - Live 0xe09b8000 (U)
vsock 49056 0 - Live 0xe0b09000 (FU)
vmci 37028 1 vsock, Live 0xe0abc000 (U)
vmmemctl 15932 0 - Live 0xe09b3000 (U)
sunrpc 144893 1 - Live 0xe0ae4000
vmhgfs 48128 2 - Live 0xe0a31000 (U)
dm_mirror 29253 0 - Live 0xe09d0000
dm_multipath 22089 0 - Live 0xe09ac000
dm_mod 61661 2 dm_mirror,dm_multipath, Live 0xe09bf000
video 21193 0 - Live 0xe09a5000
sbs 18533 0 - Live 0xe0977000
backlight 10049 1 video, Live 0xe0999000
i2c_ec 9025 1 sbs, Live 0xe0995000
button 10705 0 - Live 0xe0982000
battery 13637 0 - Live 0xe097d000
asus_acpi 19289 0 - Live 0xe0962000
ac 9157 0 - Live 0xe0973000
ipv6 258273 14 - Live 0xe09e1000
```

Live 表示模块可用，0xe08e9000 是模块的起始地址。这里使用了 proc 文件系统。/proc 文件系统是一种特殊的、由程序创建的文件系统，内核使用它向外界输出信息。/proc 下面的每个文件都绑定于一个内核函数，这个函数在文件被读取时动态地生成文件的"内容"。例如，/proc/modules 列出的是当前载入模块的列表，这样可以动态访问其中进程和内核信息。

Linux 系统对/proc 的使用很频繁。现代 Linux 系统中的很多工具都是通过/proc 来获取它们的信息,如 ps、top。因为 /proc 文件系统是动态的,所以驱动程序模块可以在任何时候添加或删除其中的文件项。

除了 proc 系统外,内核还提供了新的 sys 文件系统。内核已加载模块的信息也可以通过/sys/module 目录查询。加载 hello.ko 后,内核中将包含/sys/module/hello 目录,该目录下又包含一个 refcnt 文件和一个 sections 目录,refcnt 文件表示该模块被引用的次数,sections 目录中存放模块加载至内存的相应节信息。在/sys/module/hello 目录下运行 tree -a 命令得到如下目录树,阅读其中的每个文件,则会了解这个模块的每个 section 的信息。

```
[root@tu003175 hello]# tree -a
.
|-- refcnt
|-- sections
|   |-- .bss
|   |-- .data
|   |-- .exit.text
|   |-- .gnu.linkonce.this_module
|   |-- .init.text
|   |-- .rodata.str1.1
|   |-- .strtab
|   |-- .symtab
|   |-- .text
|   `-- __versions
`-- srcversion
1 directory, 12 files
```

当模块使用完成后,为了节省内存,可以把它从内核中卸载。这个过程也比较简单,只要使用 rmmod 命令即可:

```
rmmod hello
```

当模块卸载成功后,lsmod 的输出结果中已经没有 hello 模块的身影。当然,sys 文件系统中也自动删除 hello 文件夹。

7.1.3 模块参数

用户空间的应用程序可以接收用户的参数,内核模块也一样能够接收来自用户的参数,但是方式有些不同。相关的宏有:

```
MODULE_PARM(var, type);
MODULE_PARM_DESC(var, "description");
```

如果读者对模块参数机制感兴趣,则可以阅读 include\linux\moduleparam.h 文件。

参数常常被声明为一个静态全局变量,如 static int number=5;然后使用 module_param(参数名,参数类型,参数读写权限)为模块定义一个参数,例如:

```
module_prarm(number,int,S_IRUGO);
```

这样就可以在插入模块时为参数指定值。如果没有指定,则使用默认值,例如 number=5,则 5 是参数 number 的默认值。下面看一个带有参数的内核模块:

```
#include <linux/init.h>
#include <linux/module.h>
static int number = 5;
module_param(number,int,S_IRUGO);
static int hello_init(void)
{
    printk(KERN_INFO "number = % d\n", number);
    return 0;
}
static void    hello_exit(void)
{
    printk(KERN_INFO "Bye Kernel.\n");
}
module_init(hello_init);
module_exit(hello_exit);
MODULE_AUTHOR("Sun");
MODULE_DESCRIPTION("Description of this module");
MODULE_LICENSE("Dual BSD/GPL");
```

模块编译成功后,使用下面的命令加载:

```
insmod hellopr.ko num = 100
```

显示的结果为:

```
num = 100
```

在"module_param(num,int,S_IRUGO);"定义参数时,其中的参数读/写权限 S_IRUGO 其实是对参数文件的读/写权限,所以权限的设置值就和对文件的设置值一样,如上面对 num 参数权限的设置 S_IRUGO 就是对所有用户具有读的权限,而 S_IRUGO|S_IWUSR 则允许 root 来改变参数。

模块参数的类型(即 MODULE_PARM 中的 type)参见表 7.2。

表 7.2 模块参数类型

简写	类型	简写	类型
b	byte(unsigned char)	L	long
h	short	s	string(char *)
I	int		

这些参数最好有默认值,如果有些必要参数用户没有设置,则可以通过在 module_init 指定的 init 函数返回负值来拒绝模块的加载。内核模块还支持数组类型的模块,如果在类型符号前加上数字 n,则表示最大程度为 n 的数组,用"—"隔开的数字分别代表最小和最大的数组长度。

7.1.4 模块符号导出

设计模块的目标之一是为内核提供额外的入口函数,从而实现更复杂或特定的一些功能。因此,我们常常会将自己设计模块中的函数导出。Linux 为用户提供下面的宏完成符号导出任务(参见 include\linux\module.h):

```
#define __EXPORT_SYMBOL(sym, sec)                         \
    extern typeof(sym) sym;                               \
    __CRC_SYMBOL(sym, sec)                                \
    static const char __kstrtab_##sym[]                   \
    __attribute__((section("__ksymtab_strings"), aligned(1))) \
    = MODULE_SYMBOL_PREFIX #sym;                          \
    static const struct kernel_symbol __ksymtab_##sym     \
    __used                                                \
    __attribute__((section("__ksymtab" sec), unused))     \
    = { (unsigned long)&sym, __kstrtab_##sym }
#define EXPORT_SYMBOL(sym)                                \
    __EXPORT_SYMBOL(sym, "")
#define EXPORT_SYMBOL_GPL(sym)                            \
    __EXPORT_SYMBOL(sym, "_gpl")
#define EXPORT_SYMBOL_GPL_FUTURE(sym)                     \
    __EXPORT_SYMBOL(sym, "_gpl_future")
```

说到符号,如何获得导出的符号地址呢?在内核中,我们可以通过读取/proc/kallsyms 文件来获得相应符号的地址。再举一个例子,见下面的代码:

```
/*
 * hellosym.c - Another simple Kernel Module
```

第7章 设备驱动开发

```c
*/
#include <linux/module.h>
#include <linux/init.h>
#include <linux/kernel.h>
static int test_sym(void)
{
    printk("Only for test\n");
    return 0;
}
static int __init hello_init(void)
{
    printk(KERN_INFO "Hello Kernel Module.\n");
    return 0;
}
static void __exit clean_module(void)
{
    printk(KERN_INFO "Bye Kernel.\n");
}
EXPORT_SYMBOL(test_sym);
module_init(hello_init);
module_exit(clean_module);
MODULE_AUTHOR("Sun");
MODULE_DESCRIPTION("Description of this module");
MODULE_LICENSE("Dual BSD/GPL");
```

这段代码与最初的代码相比，增加了一个 test_sym 函数，同时，通过 EXPORT_SYMBOL 宏导出了这个函数。编译并加载，然后查看/proc/ kallsyms 文件，则找到 test_sym 函数的踪影：

```
00000000 a hellosym.c         [hellosym]
e08e9010 t clean_module       [hellosym]
e0806000 t hello_init         [hellosym]
e08e9000 T test_sym           [hellosym]
e0b390a0 ? __mod_license26    [hellosym]
e0b390c0 ? __mod_description25 [hellosym]
e0b390e7 ? __mod_author24     [hellosym]
e08e9054 r __ksymtab_test_sym [hellosym]
e08e9060 r __kstrtab_test_sym [hellosym]
e08e905c r __kcrctab_test_sym [hellosym]
00000000 a hellosym.mod.c     [hellosym]
```

```
e0b39100 ? __mod_srcversion29    [hellosym]
e0b39123 ? __module_depends      [hellosym]
e08e9080 r ____versions          [hellosym]
e0b39140 ? __mod_vermagic5       [hellosym]
e08e9500 d __this_module         [hellosym]
e08e9010 t cleanup_module        [hellosym]
e0806000 t init_module           [hellosym]
c042666a U printk                [hellosym]
a6c23a53 a __crc_test_sym        [hellosym]
```

可以做一个实验，把"EXPORT_SYMBOL(test_sym);"这一行语句注释，重新编译并加载，这回再看 proc/ kallsyms 文件中还有没有 test_sym。

由于内核庞大，因此编写内核代码时也要注意命名空间的问题：

- 对于不需要 export 的全局 symbol 最好用 static 进行修饰，限制其作用域为本文件，以防污染内核的命名空间。
- 对于由内核或其他模块 export 的一些 symbol，最好用 extern 进行修饰，以示其不在本文件。
- 在可能用到 errno 变量的场合，因为内核没有 export 此 symbol，只能有用户自行定义，比如 int errno。

7.2 理解 Linux 的设备驱动程序

设备驱动程序是 Linux 内核的重要组成部分。像操作系统的其他部分一样，驱动程序在一个高优先级的环境下工作，如果发生错误则可能会引发严重的问题。设备驱动程序控制了操作系统和硬件设备之间的交互，图 7.1 简单描述了操作系统和设备驱动的关系。

Linux 以模块的形式加载设备类型，通常来说一个模块对应实现一个设备驱动，因此是可以分类的。将模块分成不同的类型或者类并不是一成不变的，开发人员可以根据实际工作的需要在一个模块中实现不同的驱动程序。但是建议使用一个设备驱动对应一类设备的模块方式，这样便于多个设备的协调工作，也利于应用程序的开发和扩展。

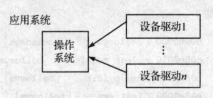

图 7.1　操作系统与设备驱动的关系

驱动程序本质上说也是一种内核模块程序，因此从架构来看，与前面讲过的模块大同小异。它完成以下的功能：

① 对设备初始化和释放。
② 把数据从内核传送到硬件和从硬件读取数据。

第 7 章 设备驱动开发

③ 读取应用程序传送给设备文件的数据和回送应用程序请求的数据。

④ 检测和处理设备出现的错误。

Linux 操作系统下有 3 种主要的设备文件类型：字符设备、块设备和网络设备。字符设备和块设备的主要区别是：在对字符设备发出读/写请求时，实际的硬件 I/O 一般就紧接着发生了，块设备则不然。它利用一块系统内存作缓冲区，当用户进程对设备请求能满足用户的要求时，则返回请求的数据；如果不能，就调用请求函数来进行实际的 I/O 操作。块设备是主要针对磁盘等慢速设备设计的，以免耗费过多的 CPU 时间来等待。而网络设备比较特殊，它兼具字符设备和块设备的特点。

7.2.1 字符设备

字符设备(character device)和普通文件之间的主要区别是：普通文件可以来回读/写，而大多数字符设备仅仅是数据通道，只能顺序读/写。但是不能完全排除字符设备模拟普通文件读/写过程的可能性。字符设备是 Linux 最简单的设备，可以像文件一样访问，如图 7.2 所示。应用程序使用标准系统调用打开、读取、写和关闭，好像这个设备是一个普通文件一样，甚至连接一个 Linux 系统上网的 PPP 守护进程使用的 MODEM(调制解调器)也是这样的。初始化字符设备时，它的设备驱动程序向 Linux 登记，并在字符设备向量表中增加一个 device_struct 数据结构条目，这个设备的主设备标识符(如对于 tty 设备的主设备标识符是 4)用作这个向量表的索引。一个设备的主设备标识符是固定的。chrdevs 向量表中的每一个条目、一个 device _struct 数据结构，包括两个元素：一个登记设备驱动程序的名称指针和一个指向一组文件操作的指针。这块文件操作本身位于这个设备的字符设备驱动程序中，每一个都处理特定的文

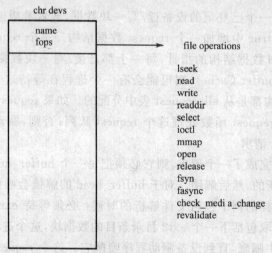

图 7.2 字符设备

件操作,比如打开、读、写和关闭。/proc/devices 中字符设备的内容来自 chrdevs 向量表,可参见 include/linux/major.h。

当代表一个字符设备(例如/dev/cua0)的字符特殊文件被打开时,核心必须做一些事情,从而去掉用正确的字符设备驱动程序的文件操作例程。与普通文件或目录一样,每一个设备特殊文件都用 VFS I 结点表达。这个字符特殊文件的 VFS inode(实际上所有的设备特殊文件)都包括设备的 major 和 minor 标识符。

7.2.2 块设备

块设备(block device)是文件系统的物质基础,也支持像文件一样被访问。这种为打开的块特殊文件提供正确的文件操作组的机制和字符设备的十分相似。Linux 用 blkdevs 向量表维护已经登记的块设备文件。它像 chrdevs 向量表一样,使用设备的主设备号作为索引。它的条目也是 device_struct 数据结构。与字符设备不同,块设备进行分类,SCSI 是其中一类,而 IDE 是另一类。类向 Linux 内核登记并向核心提供文件操作。一种块设备类的设备驱动程序向这种类提供和类相关的接口。例如,SCSI 设备驱动程序必须向 SCSI 子系统提供接口,让 SCSI 子系统来对核心提供这种设备的文件操作,参见 fs/devices.c。

每一个块设备驱动程序必须提供普通的文件操作接口和对于 buffer Cache 的接口。每一个块设备驱动程序填充 blk_dev 向量表中的 blk_dev_struct 数据结构。这个 blk_dev_struct 数据结构包括一个请求例程的地址和一个指针,指向一个 request 数据结构的列表,每一个都表达 buffer Cache 向设备读/写一块数据的一个请求,参见 drivers/block/ll_rw_blk.c 和 include/linux/blkdev.h。

当 buffer Cache 从一个已登记的设备读/写一块数据,或者希望读/写一块数据到其他位置时,它就在 blk_dev_struc 中增加一个 request 数据结构。每个 request 结构都有一个指向一个或多个 buffer_head 数据结构的指针,每一个都是读/写一块数据的请求。如果 buffer_head 数据结构被锁定(buffer Cache),则可能会有一个进程在等待这个缓冲区的阻塞进程完成。每一个 request 结构都是从 all_request 表中分配的。如果 request 增加到空的 request 列表,则调用驱动程序的 request 函数处理这个 request 队列;否则,驱动程序只是简单地处理 request 队列中的每一个请求。

一旦设备驱动程序完成了一个请求,则它必须把每一个 buffer_head 结构从 request 结构中删除,标记它们为最新的,然后解锁。对于 buffer_head 的解锁会唤醒任何正在等待这个阻塞操作完成的进程。这样的例子包括文件解析的时候:必须等待 ext2 文件系统从包括这个文件系统的块设备上读取包括下一个 ext2 目录条目的数据块,这个进程会在将要包括目录条目的 buffer_head 队列中睡眠,直到设备驱动程序唤醒它。这个 request 数据结构会被标记为空闲,可以被另一个块请求使用。

字符设备和块设备的主要区别是:在对字符设备发出读/写请求时,实际的硬件 I/O 一般

第7章 设备驱动开发

就紧接着发生了，块设备则不然，它利用一块系统内存作为缓冲区，当用户进程对设备请求能满足用户的要求时，就返回请求的数据，如果不能就调用请求函数来进行实际的 I/O 操作。块设备主要是针对磁盘等慢速设备设计的，以免耗费过多的 CPU 时间来等待。

7.2.3 简单的字符设备驱动程序实例

我们首先编写一个简单的字符设备驱动程序，这段程序描述出了一个字符设备驱动程序应该具有的架构。

```c
/*
 * A demo driver for Simple Character Device."
 * simple_chrdev.c support.stz@cic.tsinghua.edu.cn
 * Fri Jun 2th 20:32:43 GMT 2006
 * current version: 1.0.0
 * All rights reserved. Licensed under dual BSD/GPL license.
 */
#include <linux/kernel.h>
#include <linux/module.h>
#include <linux/init.h>
#include <linux/fs.h>
#include <linux/cdev.h>
#include <linux/ioctl.h>
#define CDRIVER_NAME "Simple_chrdev"
int CDRIVER_MAJOR = 0;
int CDRIVER_MINOR = 0;
int count = 1;
loff_t simple_llseek (struct file * filp, loff_t off, int whence);
int simple_ioctl (struct inode * inode, struct file * filp, unsigned int cmd, unsigned long arg);
int simple_open(struct inode * inode, struct file * filp);
int simple_release(struct inode * inode, struct file * filp);
extern struct file_operations simple_fops;
struct cdev * simple_cdev;
dev_t simple_dev;
struct file_operations simple_fops =
{
    .owner    = THIS_MODULE,
    .llseek   = simple_llseek,
    .open     = simple_open,
    .release  = simple_release,
};
```

```c
/* llseek */
loff_t simple_llseek(struct file * filp, loff_t off, int whence)
{
    //Do something you want.
    return 0 ;
}
/* Open */
int simple_open(struct inode * inode, struct file * filp)
{
    printk("Simple Device is opened\n");
    try_module_get(THIS_MODULE) ;
    return 0 ;
}
/* Release */
int simple_release(struct inode * inode, struct file * filp)
{
    printk("Simple Device is released! \n");
    module_put(THIS_MODULE) ;
    return 0 ;
}
static int __init simple_init(void)
{
    int result;
/* register major and minor */
    if(CDRIVER_MAJOR)
    {
    simple_dev = MKDEV(CDRIVER_MAJOR, CDRIVER_MINOR) ;
    result = register_chrdev_region(simple_dev,count,CDRIVER_NAME);
    }
    else
    {
/* Dynamic assign major */
    result = alloc_chrdev_region(&simple_dev, CDRIVER_MINOR,count,CDRIVER_NAME);
    CDRIVER_MAJOR = MAJOR(simple_dev);
    }
    if(result<0)
    {
    printk(KERN_ERR "Cannot get major % d! \n",CDRIVER_MAJOR) ;
    return -1 ;
```

第 7 章 设备驱动开发

```
/* Register Character Device Driver */
    simple_cdev = cdev_alloc();
    if(simple_cdev != NULL)
    {
        cdev_init(simple_cdev, &simple_fops);
        simple_cdev->ops = &simple_fops;
        simple_cdev->owner = THIS_MODULE;
        if(cdev_add(simple_cdev, simple_dev, count))
            printk(KERN_NOTICE "Someting wrong when adding simple_cdev! \n");
        else
            printk("Success adding simple_cdev! \n");//设备注册成功显示的消息
    }
    else
    {
        printk(KERN_ERR "Register simple_dev error! \n");
        return -1;
    }
    return 0;
}
static void __exit simple_exit(void)
{
    printk("Unloading simple_cdev now...\n");        //卸载模块时输出的消息
    cdev_del(simple_cdev);
    unregister_chrdev_region(simple_dev, count);
}
module_init(simple_init);                            //内核模块入口
module_exit(simple_exit);                            //卸载模块时调用的函数入口
MODULE_AUTHOR("Tianze SUN");
MODULE_DESCRIPTION("A SIMPLE Character");
MODULE_LICENSE("Dual BSD/GPL");
```

分析这段代码的首要任务是找到它的入口点。通过前面模块的学习，我们在代码最后可以找到 module_init 宏，参数 simple_init 是这个驱动程序加载后最先执行的地方。

一般来说，驱动程序的初始化函数主要完成下面几个任务：

➤ 注册设备；
➤ 申请资源；
➤ 其他初始化。

当然，根据设备的不同或出于节省资源角度考虑，申请资源的过程也可能放在设备首次被调用时发生。

设备驱动程序所提供的入口点在设备驱动程序初始化的时候向系统进行登记，以便系统在适当的时候调用。在 Linux 系统中，通过调用 register_chrdev 向系统注册字符型设备驱动程序。函数原型如下：

int register_chrdev(unsigned int major, const char * name, struct file_operations * fops)

定义中 major 是为设备驱动程序向系统申请的主设备号，如果 major 为 0，则系统为该驱动程序动态地分配一个主设备号，不过系统分配的这个主设备号是临时的。name 是设备名。fops 就是前面所说的对各个调用的入口点的说明。此函数返回 0 表示成功，返回-INVAL 表示申请的主设备号非法，一般来说是主设备号大于系统所允许的最大设备号。返回-EBUSY 表示所申请的主设备号正在被其他设备驱动程序使用。如果动态分配主设备号成功，则此函数将返回所分配的主设备号。如果 register_chrdev 操作成功，则设备名就会出现在/proc/devices 文件里。

建立字符设备以前，必须分配设备号。可以使用 register_chrdev_region 函数完成，该函数原型如下：

int register_chrdev_region(dev_t first, unsigned int count, char * name)

first 是要分配的设备号范围的起始值，count 是请求的连续设备号的数目，name 是与该编号范围关联的设备名称，也就是在/proc/devices 和 sysfs 中出现的名称。读者可能会有疑问：如何能够确定起始范围？实际上，Linux 提供了动态分配设备号的函数，通过这个函数，内核可以为我们分配合适的设备号。函数原型如下：

int alloc_chrdev_region(dev_t * dev, unsigned int firstminor, unsigned int count, char * name)

其中，dev 用于输出的参数，保存已分配范围的第一个编号。firstminor 是要使用的被请求的第一个次设备号，通常设置为 0。

将不需要的资源及时释放是一个好的编程习惯。在不使用设备号时，也应该把它释放，只需调用 unregister_chrdev_region 函数即可。函数原型如下：

void unregister_chrdev_region(dev_t first, unsigned int count)

初始化部分一般还负责为设备驱动程序申请系统资源，包括内存、中断、时钟、I/O 端口等，这些资源也可以在 open 子程序或别的地方申请。在这些资源不用的时候，应该释放它们，以利于资源的共享。

在 2.6 内核中开发驱动程序使用下面的方法：

struct cdev * my_cdev = cdev_alloc( );

第7章 设备驱动开发

```
my_cdev->ops = &chr_fops;
```

接下来的两行代码初始化已经分配的结构并通知内核：

```
void cdev_init ( struct cdev * cdev, struct file_operations * fops);
int cdev_add( struct cdev * dev, dev_t num, unsigned int count);
```

cdev 结构代表字符设备，在 cdev.h 文件中定义。

```
struct cdev {
    struct kobject kobj;              //kobject 结构，Linux 2.6 新引入的设备模型
    struct module * owner;
    struct file_operations * ops;
    struct list_head list;
    dev_t dev;
    unsigned int count;
};
```

在注册设备的过程中，最重要的一个内容是填充 file_operations 结构。file_operations 是一个字符设备把驱动的操作和设备号联系在一起的纽带，是一系列指针的集合，每个被打开的文件都对应于一系列的操作。在系统内部，I/O 设备的存取操作通过特定的入口点来进行，而这组特定的入口点恰恰是由设备驱动程序提供的。通常这组设备驱动程序接口是由结构 file_operations 结构体向系统说明的，它定义在 include/linux/fs.h 中：

```
/*
 * NOTE:
 * read, write, poll, fsync, readv, writev, unlocked_ioctl and compat_ioctl
 * can be called without the big kernel lock held in all filesystems.
 */
struct file_operations {
    struct module * owner;
    loff_t ( * llseek) (struct file * , loff_t, int);
    ssize_t ( * read) (struct file * , char __user * , size_t, loff_t * );
    ssize_t ( * write) (struct file * , const char __user * , size_t, loff_t * );
    ssize_t ( * aio_read) (struct kiocb * , const struct iovec * , unsigned long, loff_t);
    ssize_t ( * aio_write) (struct kiocb * , const struct iovec * , unsigned long, loff_t);
    int ( * readdir) (struct file * , void * , filldir_t);
    unsigned int ( * poll) (struct file * , struct poll_table_struct * );
    int ( * ioctl) (struct inode * , struct file * , unsigned int, unsigned long);
    long ( * unlocked_ioctl) (struct file * , unsigned int, unsigned long);
    long ( * compat_ioctl) (struct file * , unsigned int, unsigned long);
    int ( * mmap) (struct file * , struct vm_area_struct * );
```

```
int (*open) (struct inode *, struct file *);
int (*flush) (struct file *, fl_owner_t id);
int (*release) (struct inode *, struct file *);
int (*fsync) (struct file *, struct dentry *, int datasync);
int (*aio_fsync) (struct kiocb *, int datasync);
int (*fasync) (int, struct file *, int);
int (*lock) (struct file *, int, struct file_lock *);
ssize_t (*sendpage) (struct file *, struct page *, int, size_t, loff_t *, int);
unsigned long (*get_unmapped_area)(struct file *, unsigned long, unsigned long, unsigned long, unsigned long);
int (*check_flags)(int);
int (*dir_notify)(struct file *filp, unsigned long arg);
int (*flock) (struct file *, int, struct file_lock *);
ssize_t (*splice_write)(struct pipe_inode_info *, struct file *, loff_t *, size_t, unsigned int);
ssize_t (*splice_read)(struct file *, loff_t *, struct pipe_inode_info *, size_t, unsigned int);
int (*setlease)(struct file *, long, struct file_lock **);
};
```

这个结构提供了非常丰富的接口,我们以"int (*open) (struct inode *, struct file *);"为例。上层用户打开某一个设备时,使用 open 函数调用(Glibc 提供)。而这个设备可能是串口、可能是并口,也可能是一个键盘。不论打开的是哪一种设备,对于应用程序来说,它只使用 open 系统调用。倘若 Glibc 针对每一个设备都提供了一个 open 函数(假设 open_tty、open_par、open_key),那对程序员来说简直是一个噩梦。但显然,不同设备的打开方式是不一样的。例如,设备资源的申请和分配、寄存器配置等。这些内容往往由驱动程序完成。因此,当上层用户提出 open 请求时,内核找到 file_operations→open 提供的函数进行处理。

要注意的是,虽然内核提供了如此丰富的接口,但是驱动内核模块是不需要实现每个函数的。通常可以根据设备特性,实现所需要的功能。在我们的例子中,只实现了 open、llseek 和 release 操作:

```
struct file_operations simple_fops =
{
.owner = THIS_MODULE,
.llseek = simple_llseek,
.open = simple_open,
.release = simple_release,
};
```

第7章 设备驱动开发

概括地说,编写一个字符设备驱动程序实质是为这个设备创建一个指向结构体 struct file_operations 的指针,通常命名为 devicename_fops。

大部分驱动程序包括 3 个重要的内核数据结构,除了前面讲到的 file_operations,还有 file 和 inode 两个结构。了解每个结构的细节对于掌握 Linux 驱动开发甚至 Linux 内核分析都是有益的。

struct file 代表一个打开的文件,在执行 file_operation 中的 open 操作时被创建,这里需要注意的是与用户空间 inode 指针的区别。一个在内核,而 file 指针在用户空间,由 c 库来定义。file 结构原型也在 fs.h 中定义:

```c
struct file {
    /*
     * fu_list becomes invalid after file_free is called and queued via
     * fu_rcuhead for RCU freeing
     */
    union {
        struct list_head    fu_list;
        struct rcu_head     fu_rcuhead;
    } f_u;
    struct path         f_path;
#define f_dentry    f_path.dentry
#define f_vfsmnt    f_path.mnt
    const struct file_operations    *f_op;
    atomic_long_t       f_count;
    unsigned int        f_flags;
    fmode_t             f_mode;
    loff_t              f_pos;
    struct fown_struct  f_owner;
    unsigned int        f_uid, f_gid;
    struct file_ra_state f_ra;
    u64                 f_version;
#ifdef CONFIG_SECURITY
    void                *f_security;
#endif
    /* needed for tty driver, and maybe others */
    void                *private_data;
#ifdef CONFIG_EPOLL
    /* Used by fs/eventpoll.c to link all the hooks to this file */
    struct list_head    f_ep_links;
    spinlock_t          f_ep_lock;
```

```
#endif /* #ifdef CONFIG_EPOLL */
    struct address_space     *f_mapping;
#ifdef CONFIG_DEBUG_WRITECOUNT
    unsigned long f_mnt_write_state;
#endif
};
```

file 结构也是用串行来管理，它的一些主要字段含义见表 7.3。

表 7.3 file 结构

字 段	含 义
f_u	这个联合由两个链表成员构成，主要用在更新文件。其中，RCU（Read-Copy Update）是 Linux 2.6 内核中新的锁机制，读者可以参考相关教程
f_next	指到下一个 file 结构
f_pprev	指到上一个 file 结构地址的地址
f_dentry	记录其 inode 的入口地址
f_mode	文件读取类型
f_pos	文件的读写位置
f_count	结构的引用次数
f_flags	打开文件时指定的标志
f_owner	记录了要接收 SIGIO 和 SIGURG 的行程 ID 或行程群组 ID
private_data	系统在调用驱动程序的 open 方法前将这个指针置为 NULL。驱动程序可以将这个字段用于任意目的，也可以忽略这个字段。驱动程序可以用这个字段指向已分配的数据，但是一定要在内核释放 file 结构前的 release 方法中清除它
f_uid	文件所属用户的 ID
f_gid	文件所属组的 ID
f_security	描述安全措施或者是记录与安全有关的信息
f_path	它是一个 path 结构体，其中一个成员 *mnt 的作用是指出该文件的已安装文件系统，另一个成员 *dentry 是与文件相关的目录项对象
f_op	就是前面使用的 file_operations 结构体指针，包含着与文件关联的操作

在驱动开发中，文件的读/写模式（mode）、标志（f_flags）都是设备驱动关心的内容，私有数据指针（private_data）在驱动中被广泛使用，通常指向设备驱动自定义的用于描述设备的结

构体。下面的代码可用于判断以阻塞还是非阻塞方式打开设备文件:

```
if (file->f_flags & O_NONBLOCK) //非阻塞
//do something;
else //阻塞
//do something else;
```

struct inode 结构是用来在内核内部表示文件的。同一个文件可以打开好多次,所以可以对应很多 struct file。但是只对应一个 struct inode。inode 结构原型也在 fs.h 中定义:

```
struct inode {
    struct hlist_node    i_hash;
    struct list_head     i_list;
    struct list_head     i_sb_list;
    struct list_head     i_dentry;
    unsigned long        i_ino;
    atomic_t             i_count;
    unsigned int         i_nlink;
    uid_t                i_uid;
    gid_t                i_gid;
    dev_t                i_rdev;
    u64                  i_version;
    loff_t               i_size;
#ifdef __NEED_I_SIZE_ORDERED
    seqcount_t           i_size_seqcount;
#endif
    struct timespec      i_atime;
    struct timespec      i_mtime;
    struct timespec      i_ctime;
    unsigned int         i_blkbits;
    blkcnt_t             i_blocks;
    unsigned short       i_bytes;
    umode_t              i_mode;
    spinlock_t           i_lock;        /* i_blocks, i_bytes, maybe i_size */
    struct mutex         i_mutex;
    struct rw_semaphore  i_alloc_sem;
    const struct inode_operations   *i_op;
    const struct file_operations    *i_fop;    /* former ->i_op->default_file_ops */
    struct super_block   *i_sb;
    struct file_lock     *i_flock;
    struct address_space *i_mapping;
```

```
    struct address_space    i_data;
# ifdef CONFIG_QUOTA
    struct dquot            * i_dquot[MAXQUOTAS];
# endif
    struct list_head        i_devices;
    union {
        struct pipe_inode_info * i_pipe;
        struct block_device    * i_bdev;
        struct cdev            * i_cdev;
    };
    int                     i_cindex;

    __u32                   i_generation;

# ifdef CONFIG_DNOTIFY
    unsigned long           i_dnotify_mask;/ * Directory notify events * /
    struct dnotify_struct   * i_dnotify;/ * for directory notifications * /
# endif

# ifdef CONFIG_INOTIFY
    struct list_head        inotify_watches;/ * watches on this inode * /
    struct mutex            inotify_mutex;    / * protects the watches list * /
# endif

    unsigned long           i_state;
    unsigned long           dirtied_when;    / * jiffies of first dirtying * /

    unsigned int            i_flags;

    atomic_t                i_writecount;
# ifdef CONFIG_SECURITY
    void                    * i_security;
# endif
    void                    * i_private;/ * fs or device private pointer * /
};
```

inode 结构的一些主要字段含义见表 7.4。

表 7.4 inode 结构

字段	含义	字段	含义
i_hash	哈希表	i_alloc_sem	索引节点信号量
i_list	索引节点链表	*i_op	索引节点操作表
i_sb_list	超级块项链表	*i_fop	默认的索引节点操作
i_dentry	目录项链表	*i_sb	指向超级块对象的指针
i_ino	节点号	*i_flock	文件锁链表
i_count	引用计数	*i_mapping	相关的地址映射
i_nlink	硬链接数	i_data	设备地址映射
i_uid	使用者 ID	*i_dquot [MAXQUOTAS]	节点的磁盘限额
i_gid	使用者组 ID	i_devices	块设备链表
i_rdev	实设备标识符	i_cindex	拥有一组此设备号的设备文件的索引
i_version	版本	i_generation	保留
i_size	以字节为单位的文件大小	i_dnotify_mask	目录事件通知掩码
i_size_seqcount	同步计数	*i_dnotify	目录事件
i_atime	上次访问文件的时间	inotify_watches	返回在该目录下的所有文件上面发生的事件
i_mtime	上次修改文件的时间	inotify_mutex	通知机制下的锁
i_ctime	创建索引节点的时间	i_state	状态标志
i_blkbits	块的位数：文件在做 I/O 时的区块大小	dirtied_when	首次修改时间
i_blocks	文件的块数：文件所使用的磁盘块数，一个磁盘块为 512 字节	i_flags	文件系统标志
i_bytes	文件中最后一个块的字节数	i_writecount	写计数
i_mode	文件的访问权限	*i_security	安全标识
i_lock	自旋锁	*i_private	指向私有数据的指针
i_mutex	防止 inode 操作时互斥		

inode_operations 是针对 inode 设计的一组函数指针集，与 file_operations 类似。这里列出来，读者对它有个了解就可以了。只有设计文件系统时用到，在一般的驱动程序中我们不用实现。

```
struct inode_operations {
```

```
int (*create) (struct inode *,struct dentry *,int, struct nameidata *);
struct dentry * (*lookup) (struct inode *,struct dentry *, struct nameidata *);
int (*link) (struct dentry *,struct inode *,struct dentry *);
int (*unlink) (struct inode *,struct dentry *);
int (*symlink) (struct inode *,struct dentry *,const char *
int (*mkdir) (struct inode *,struct dentry *,int);
int (*rmdir) (struct inode *,struct dentry *);
int (*mknod) (struct inode *,struct dentry *,int,dev_t);
int (*rename) (struct inode *, struct dentry *,
        struct inode *, struct dentry *);
int (*readlink) (struct dentry *, char __user *,int);
void * (*follow_link) (struct dentry *, struct nameidata *);
void (*put_link) (struct dentry *, struct nameidata *, void *);
void (*truncate) (struct inode *);
int (*permission) (struct inode *, int);
int (*setattr) (struct dentry *, struct iattr *);
int (*getattr) (struct vfsmount *mnt, struct dentry *, struct kstat *);
int (*setxattr) (struct dentry *, const char *,const void *,size_t,int);
ssize_t (*getxattr) (struct dentry *, const char *, void *, size_t);
ssize_t (*listxattr) (struct dentry *, char *, size_t);
int (*removexattr) (struct dentry *, const char *);
void (*truncate_range)(struct inode *, loff_t, loff_t);
long (*fallocate)(struct inode *inode, int mode, loff_t offset,
        loff_t len);
int (*fiemap)(struct inode *, struct fiemap_extent_info *, u64 start,
        u64 len);
};
```

7.2.4 深入学习设备驱动

前面小节只是编写了一个简单的演示,它距离一个实用的驱动程序还很远。真正实用的驱动程序要复杂得多,要处理如中断、DMA、I/O port 等问题。本小节会逐步介绍这些技术。

1. 申请中断

在 Linux 系统中,为设备申请中断并不复杂,request_irq 函数负责申请中断,free_irq 函数用来释放中断。这两个函数在 kernel\irq\manage.c 中实现:

```
int request_irq(unsigned int irq, irq_handler_t handler, unsigned long irqflags, const char *devname, void *dev_id)
void free_irq(unsigned int irq, void *dev_id)
```

第 7 章 设备驱动开发

函数的参数说明见表 7.6。

表 7.6 request_irq 函数的参数说明

参 数	说 明
irq	要申请的硬件中断号
handler	向系统登记的中断处理子程序，中断产生时由系统来调用。调用时所带参数 irq 为中断号
irqflags	申请时的选项。它决定中断处理程序的一些特性，其中最重要的是中断处理程序是快速处理程序（设置 SA_INTERRUPT）还是慢速处理程序（不设置 SA_INTERRUPT）
devname	设备名，将会出现在/proc/interrupts 文件里
dev_id	为共享中断使用，以区分不同的处理程序。如果中断由某个处理程序独占，则 dev_id 可以为 NULL

Linux 中的中断处理程序很有特色，它的一个中断处理程序分为两个部分：上半部（tophalf）和下半部（bottom half）。之所以会有上半部和下半部之分，完全是考虑到中断处理的效率。上半部的功能是"登记中断"。当一个中断发生时，它就把设备驱动程序中的中断例程下半部挂到该设备的下半部执行队列中去，然后等待新中断的到来。因此，上半部执行的速度就会很快。而上半部是完全屏蔽中断的，因此如果上半部占有 CPU 时间过长，有可能错过其他的中断。所以，要尽可能多地对设备产生的中断进行服务和处理，中断处理程序就一定要快。

下面我们看一个关于 request_irq 的实际用法：

```
int i;
outw(TxReset, ioaddr + EL3_CMD);
outw(RxReset, ioaddr + EL3_CMD);
outw(SetStatusEnb | 0x00, ioaddr + EL3_CMD);
i = request_irq(dev->irq, &el3_interrupt, 0, dev->name, dev);
if (i)
    return i;
```

这是内核中 3c509 网卡的驱动程序。这段代码申请了一个名为"dev->name"的中断，中断号为"dev->irq"。dev 是用来描述这个设备的对象，我们这里不进行研究。你只要知道 dev 代表这个具体设备即可。&el3_interrupt 是与中断相联系的中断处理函数。当有中断产生后，内核会执行 el3_interrupt 函数。至于 el3_interrupt 函数该怎么实现，完全取决于你的业务逻辑。比如对于网卡设备来说，要统计状态、进行数据处理等。最简单的 demo 则是打印一行语句："I am in the interrupt."。

2. 申请 DMA

DMA(直接内存访问,Direct Memory Access)方式是 I/O 系统与主机交换数据的主要方式之一,是一种不经过 CPU 而直接从内存存取数据的数据交换模式。PIO 模式下硬盘和内存之间的数据传输是由 CPU 来控制的;而在 DMA 模式下,CPU 只须向 DMA 控制器下达指令,让 DMA 控制器来处理数的传送,数据传送完毕再把信息反馈给 CPU,这样就很大程度上减轻了 CPU 资源占有率。DMA 模式与 PIO 模式的区别就在于,DMA 模式不过分依赖 CPU,可以大大节省系统资源,二者在传输速度上的差异并不十分明显。DMA 模式又可以分为 Single-Word DMA(单字节 DMA)和 Multi-Word DMA(多字节 DMA)两种,其中所能达到的最大传输速率也只有 16.6 MB/s。

DMA 主要由硬件来实现,此时高速外设和内存之间进行数据交换不通过 CPU 的控制,而是利用系统总线。因此,它是与硬件相关的。下面以 S3C2410(ARM 平台)为例,看看如何申请 DMA。

使用 DMA 的主要工作流程是:申请 DMA 通道→申请 DMA 中断→设置控制寄存器→挂入 DMA 等待队列→清除 DMA 中断→释放 DMA 通道。

整个流程使用的函数在/arch/arm/plat-s3c24xx/dma.c 中实现,读者可以自行阅读。

```
int s3c2410_dma_request(unsigned int channel, struct s3c2410_dma_client *client, void *dev)
int s3c2410_dma_free(dmach_t channel, struct s3c2410_dma_client *client)
int s3c2410_dma_enqueue(unsigned int channel, void *id, dma_addr_t data, int size)
static inline int s3c2410_dma_loadbuffer(struct s3c2410_dma_chan *chan, struct s3c2410_dma_buf *buf)
static int s3c2410_dma_start(struct s3c2410_dma_chan *chan)
static int s3c2410_dma_dostop(struct s3c2410_dma_chan *chan)
static int s3c2410_dma_flush(struct s3c2410_dma_chan *chan)
int s3c2410_dma_free(dmach_t channel, struct s3c2410_dma_client *client)
```

其中,s3c2410_dma_request 申请某通道的 DMA 资源,填充 s3c2410_dma_t 数据结构的内容,申请 DMA 中断。s3c2410_dma_free 释放 DMA 通道,释放中断;s3c2410_dma_enqueue 准备任务队列;s3c2410_dma_loadbuffer 载入 buf,更新通道状态;等待 DMA 操作触发;s3c2410_dma_start 启动 DMA 传输,s3c2410_dma_dostop 停止 DMA 传输;s3c2410_dma_flush 释放 DMA 通道所申请的所有内存资源。s3c2410_dma_free 释放 DMA 通道。

3. 申请 I/O

计算机只认识 0 和 1。无论驱动程序写得多么复杂,归根到底无非还是向某个端口赋值,这个值只能是 0 或者 1,或者是写寄存器,而接收这个 0 或者 1 的就是 I/O 口。如果 CPU 提供了很多的 I/O 口,那么我们的工作就会容易一些。与中断和内存不同,使用一个没有申请的 I/O 端口不会使 CPU 产生异常,也就不会导致诸如 Segmentation fault 这类错误的发生。在使用 I/O 端口前,也应该检查 I/O 端口是否已有别的程序在使用。若没有,再把此端口标记为正在使用,在使用完以后释放它。CPU 对外设 I/O 端口物理地址的编址方式有两种:一种是 I/O 映射,另一种是内存映射。Linux 将基于 I/O 映射方式的或内存映射方式的 I/O 端口通称为"I/O 区域(region)"。Linux 内核使用 resource 结构类型来描述这些 I/O 区域。resource 结构在 ioport.h 文件中定义。

```
struct resource {
    const char * name;                          //资源名称
    unsigned long start, end;                   //资源起始和终止地址
    unsigned long flags;                        //资源属性,如是否可读、可缓存等
    struct resource * parent, * sibling, * child;  //资源以树的形式进行管理
};
```

我们不需要特别关注资源的管理过程,让 Linux 内核完成就可以了。对于驱动开发人员来说,需要关心的是下面的宏,因为它们才是对端口进行操作的函数。

```
#define request_region(start,n,name)    __request_region(&ioport_resource, (start), (n), (name))
#define request_mem_region(start,n,name) \
    __request_region(&iomem_resource, (start), (n), (name))
#define rename_region(region, newname) do { (region)->name = (newname); } while (0)
#define release_region(start,n)         __release_region(&ioport_resource, (start), (n))
#define check_mem_region(start,n)       __check_region(&iomem_resource, (start), (n))
#define release_mem_region(start,n)     __release_region(&iomem_resource, (start), (n))
```

request_region 告诉内核,使用起始地址为 start 的 n 个端口,name 是设备名。在 request_region 函数中通过 kzalloc 函数分配内存,并将分配的内存设置为 0。当然,kzalloc 函数实际上还是通过 kmalloc 完成内存分配的。request_region 函数返回所分配的 resource 结构的指针。分配的端口可以从/proc/ioports 文件中得到。

request_region 宏和 request_mem_region 宏类似,都是使用 request_region 函数获得资源,区别是申请的资源不同。ioport_resource 描述基于 I/O 映射方式的整个 I/O 端口空间,iomem_resource 描述基于内存映射方式的 I/O 内存资源空间。读者可以参考下面两个结构:

```
struct resource ioport_resource = {
    .name  = "PCI IO",
    .start = 0x0000,
    .end   = IO_SPACE_LIMIT,                    //对 S3C2410 处理器,该值为 0xffffffff
    .flags = IORESOURCE_IO,                     //资源类型,0x00000100
};
```

```
struct resource iomem_resource = {
    .name = "PCI mem",
    .start = 0UL,
    .end = ~0UL,
    .flags = IORESOURCE_MEM,          //资源类型,0x00000200
};
```

如果端口使用完毕,应该将其返还给内核,以便其他设备使用。这个工作由 release_region 完成。通常在卸载模块时调用。显然 release_region 的核心是 kfree 函数。感兴趣的读者可以在 kernel/resource.c 文件中找到 release_region 函数的实现。

check_region 用来检查给定的 I/O 端口是否可用,原理是先申请一块可用的区域,并将其释放。

获得了可用的端口,可以对其进行读/写操作。这些访问 I/O 口的函数在 asm/io.h 文件中定义,与平台紧密相关。下面几个函数是 S3C2410 平台使用的。

```
#define inb(p)      (__builtin_constant_p((p)) ? __inbc(p)    : __inb(p))
#define inw(p)      (__builtin_constant_p((p)) ? __inwc(p)    : __inw(p))
#define inl(p)      (__builtin_constant_p((p)) ? __inlc(p)    : __inl(p))
#define outb(v,p)   (__builtin_constant_p((p)) ? __outbc(v,p) : __outb(v,p))
#define outw(v,p)   (__builtin_constant_p((p)) ? __outwc(v,p) : __outw(v,p))
#define outl(v,p)   (__builtin_constant_p((p)) ? __outlc(v,p) : __outl(v,p))
```

其中,in 表示读取某个端口的值,out 表示向某个端口赋值。b、w、l 分别代表 8 位、16 位和 32 位的端口。从下面的汇编代码得知,端口控制最终是通过调用 strb 和 ldrb 指令实现的。

```
#define __outbc(value,port)                                    \
({                                                             \
    if (__PORT_PCIO((port)))                                   \
        __asm__ __volatile__(                                  \
        "strb %0, [%1, %2]     @ outbc"                        \
        : : "r" (value), "r" (PCIO_BASE), "Jr" ((port)));      \
    else                                                       \
        __asm__ __volatile__(                                  \
        "strb %0, [%1, #0]     @ outbc"                        \
        : : "r" (value), "r" ((port)));                        \
})

#define __inbc(port)                                           \
({                                                             \
    unsigned char result;                                      \
    if (__PORT_PCIO((port)))                                   \
```

```
        __asm__ __volatile__(                         \
        "ldrb %0, [%1, %2]     @ inbc"                \
        : "=r" (result) : "r" (PCIO_BASE), "Jr" ((port))); \
    else                                              \
        __asm__ __volatile__(                         \
        "ldrb %0, [%1, #0]     @ inbc"                \
        : "=r" (result) : "r" ((port)));              \
    result;                                           \
})
```

上面谈到的I/O操作都是一次传输一个数据,实际上内核也实现了对I/O端口的串操作,从速度上快了许多。不过在新版本的内核中,已经明确指出这些方法并不推荐使用,估计在新版本的内核中将被淘汰。

```
#define insb(p,d,l)     __raw_readsb(__ioaddr(p),d,l)
#define insw(p,d,l)     __raw_readsw(__ioaddr(p),d,l)
#define insl(p,d,l)     __raw_readsl(__ioaddr(p),d,l)
#define outsb(p,d,l)    __raw_writesb(__ioaddr(p),d,l)
#define outsw(p,d,l)    __raw_writesw(__ioaddr(p),d,l)
#define outsl(p,d,l)    __raw_writesl(__ioaddr(p),d,l)
```

虽然已经掌握了读写I/O端口的方法,但是要知道,I/O端口空间非常有限,无法满足现在总线的设备。实际上现在的总线设备都以内存映射方式来映射它的I/O端口和外设内存。但是驱动程序并不能直接通过物理地址访问I/O内存资源,而必须将它们映射到核心虚地址空间内,然后才能根据映射所得到的核心虚地址范围,通过访内指令访问这些I/O内存资源。Linux内核提供了ioremap()函数将I/O内存资源的物理地址映射到核心虚地址空间中,对于ARM平台,新版本的内核使用下面几个宏定义完成内存映射,这些宏在asm-arm/io.h文件中。

```
#ifndef __arch_ioremap
#define ioremap(cookie,size)            __ioremap(cookie,size,0)
#define ioremap_noCache(cookie,size)    __ioremap(cookie,size,0)
#define ioremap_Cached(cookie,size)     __ioremap(cookie,size,L_PTE_CACHEABLE)
#define iounmap(cookie)                 __iounmap(cookie)
#else
#define ioremap(cookie,size)            __arch_ioremap((cookie),(size),0)
#define ioremap_noCache(cookie,size)    __arch_ioremap((cookie),(size),0)
#define ioremap_Cached(cookie,size)     __arch_ioremap((cookie),(size),L_PTE_CACHEABLE)
#define iounmap(cookie)                 __arch_iounmap(cookie)
#endif
```

其中，所调用的 __ioremap 和 __iounmap 函数在 arch\arm\mm\ioremap.c 文件中实现。

```
void __iomem * __ioremap(unsigned long phys_addr, size_t size, unsigned long flags)
void __iounmap(void __iomem * addr)
```

phys_addr 是要映射的起始 I/O 地址，size 是要映射的空间大小，flags 是要映射的 I/O 空间的与权限有关的标志。在将 I/O 内存资源的物理地址映射成核心虚地址后，可以像读/写内存一样读/写 I/O 资源。下面的一组函数是在 lib/iomap.c 文件中定义的，其中参数 addr 是经过 ioremap 映射的地址。

```
unsigned int fastcall ioread8(void __iomem * addr)        //从 addr 处读取 1 个字节
unsigned int fastcall ioread16(void __iomem * addr)
unsigned int fastcall ioread16be(void __iomem * addr)
unsigned int fastcall ioread32(void __iomem * addr)
unsigned int fastcall ioread32be(void __iomem * addr)
void fastcall iowrite8(u8 val, void __iomem * addr)
void fastcall iowrite16(u16 val, void __iomem * addr)
void fastcall iowrite16be(u16 val, void __iomem * addr)
void fastcall iowrite32(u32 val, void __iomem * addr)
void fastcall iowrite32be(u32 val, void __iomem * addr)
```

下列一组函数是上述函数的重复版本，必须在给定的 I/O 内存地址处读/写一系列值时使用。

```
void fastcall ioread8_rep(void __iomem * addr, void * dst, unsigned long count)
void fastcall ioread16_rep(void __iomem * addr, void * dst, unsigned long count)
void fastcall ioread32_rep(void __iomem * addr, void * dst, unsigned long count)
void fastcall iowrite8_rep(void __iomem * addr, const void * src, unsigned long count)
void fastcall iowrite16_rep(void __iomem * addr, const void * src, unsigned long count)
void fastcall iowrite32_rep(void __iomem * addr, const void * src, unsigned long count)
```

如果要对一块 I/O 内存进行操作，可以使用下面的宏：

```
#define memset_io(c,v,l)      _memset_io(__mem_pci(c),(v),(l))
#define memcpy_fromio(a,c,l)  _memcpy_fromio((a),__mem_pci(c),(l))
#define memcpy_toio(c,a,l)    _memcpy_toio(__mem_pci(c),(a),(l))
```

其中的 3 个函数在 arm\kernel\io.c 文件中实现，其功能注释得非常清楚。

```
/*
 * Copy data from IO memory space to "real" memory space.
 * This needs to be optimized.
 *
```

第7章 设备驱动开发

```
void _memcpy_fromio(void * to, const volatile void __iomem * from, size_t count)
{
    unsigned char * t = to;
    while (count) {
        count -- ;
        * t = readb(from);
        t ++ ;
        from ++ ;
    }
}
/*
 * Copy data from "real" memory space to IO memory space.
 * This needs to be optimized.
 */
void _memcpy_toio(volatile void __iomem * to, const void * from, size_t count)
{
    const unsigned char * f = from;
    while (count) {
        count -- ;
        writeb( * f, to);
        f ++ ;
        to ++ ;
    }
}
/*
 * "memset" on IO memory space.
 * This needs to be optimized.
 */
void _memset_io(volatile void __iomem * dst, int c, size_t count)
{
    while (count) {
        count -- ;
        writeb(c, dst);
        dst ++ ;
    }
}
```

4. 定时器使用

在设备驱动程序里，经常用到计时机制。在 Linux 系统中，时钟由系统接管，设备驱动程序可以向系统申请时钟。定时器的使用流程是：初始化定时器→注册定时器→修改定时器（可选）→删除定时器。

Linux 内核为我们提供的函数包括：

```
void fastcall init_timer(struct timer_list * timer)                    //初始化定时器
static inline void add_timer(struct timer_list * timer)                //注册定时器
static inline int timer_pending(const struct timer_list * timer)       //判断定时器是否成功注册
int mod_timer(struct timer_list * timer, unsigned long expires)        //修改定时器
int del_timer(struct timer_list * timer)                               //删除定时器
int del_timer_sync(struct timer_list * timer)                          //删除定时器,确保不会在其他
                                                                       //CPU 上运行
int try_to_del_timer_sync(struct timer_list * timer)                   //删除无效的定时器,SMP 使用
void add_timer_on(struct timer_list * timer, int cpu)                  //在指定的 CPU 上注册定时器
                                                                       //SMP 使用
```

其中，struct timer_list 的定义如下：

```
struct timer_list {
    struct list_head entry;
    unsigned long expires;
    void ( * function)(unsigned long);
    unsigned long data;
    struct timer_base_s * base;
};
```

各数据成员的含义如下：

- 双向链表元素 list：用来将多个定时器连接成一条双向循环队列。
- expires：指定定时器到期的时间，这个时间被表示成自系统启动以来的时钟滴答计数（即时钟节拍数）。当一个定时器的 expires 值小于或等于 jiffies 变量时，我们就说这个定时器已经超时或到期了。在初始化一个定时器后，通常把它的 expires 域设置成当前 expires 变量的当前值加上某个时间间隔值（以时钟滴答次数计）。系统最小时间间隔与所用的硬件平台有关，在核心里定义了常数 HZ 表示 1 s 内最小时间间隔的数目，则 num×HZ 表示 num 秒。
- 函数指针 function：指向一个可执行函数。当定时器到期时，内核就执行 function 所指定的函数。而 data 域则被内核用作 function 函数的调用参数。系统计时到预定时间就调用 function，并把此子程序从定时队列里删除，因此如果想每隔一定时间间隔执行一次，就必须在 function 里再一次调用 add_timer。

下面我们就看看内核中有关定时器的使用：

```
/ * Set watchdog timer to expire in <val> ms. * /
```

第 7 章 设备驱动开发

```
            self->errno = 0;
            setup_timer(&self->watchdog, irda_discovery_timeout,
                    (unsigned long)self);
            self->watchdog.expires = jiffies + (val * HZ/1000);
            add_timer(&(self->watchdog));
            /* Wait for IR-LMP to call us back */
            __wait_event_interruptible(self->query_wait,
                    (self->cachedaddr != 0 || self->errno == -ETIME),
                            ret);
            /* If watchdog is still activated, kill it! */
            if(timer_pending(&(self->watchdog)))
                del_timer(&(self->watchdog));
```

这段小代码截取自 af_irda.c（一个红外驱动）。首先通过 setup_timer 函数建立一个定时器。setup_time 的原型在 include\linux\timer.h 中，可以看到，setup_timer 设定延时到后执行的函数，data 是延时函数的参数。之后，通过 init_timer 初始化 timer_list 结构。

```
static inline void setup_timer(struct timer_list * timer,
            void (* function)(unsigned long),
            unsigned long data)
{
    timer->function = function;
    timer->data = data;
    init_timer(timer);
}
```

add_timer 函数将该定时器注册到内核中。注册之后定时器就开始计时，到达时间 expires 时，执行回调函数 function(->data)。add_timer 的函数实现也在 timer.h 中定义：

```
static inline void add_timer(struct timer_list * timer)
{
    BUG_ON(timer_pending(timer));
    __mod_timer(timer, timer->expires);
}
```

__mod_timer 用来修改定时器时间，在 timer.c 中实现。如果所给的要修改的时间等于定时器原来的时间并且定时器现在正处于活动状态，则不修改，返回 1；否则，修改定时器时间，返回 0。mod_timer() 是一个非有效的更新处于活动状态的定时器时间的方法，如果定时器处于非活动状态，则激活定时器。在功能上，mod_timer() 等价于：

```
del_timer(timer);
```

· 193 ·

嵌入式 Linux 开发技术

```
timer->expires = expires;
add_timer(timer);
```

timer_pending 用来检查是否有定时任务,或者说判断定时器是否已加到定时器列表中。del_timer 很简单,负责从内核中删除已经注册的定时器 timer。如果该定时器是活动的,则返回 1;否则,返回 0。

在定时器应用中经常需要比较两个时间值,以确定 timer 是否超时,所以 Linux 内核在 timer.h 头文件中定义了 4 个时间关系比较操作宏。这里我们说时刻 a 在时刻 b 之后,就意味着时间值 a≥b。Linux 推荐用户使用它所定义的时间比较操作宏(include/linux/jiffies):

```
#define time_after(a,b)         \
    (typecheck(unsigned long, a) && \
    typecheck(unsigned long, b) && \
    ((long)(b) - (long)(a) < 0))
#define time_before(a,b)    time_after(b,a)
#define time_after_eq(a,b)      \
    (typecheck(unsigned long, a) && \
    typecheck(unsigned long, b) && \
    ((long)(a) - (long)(b) >= 0))
#define time_before_eq(a,b) time_after_eq(b,a)
#define time_in_range(a,b,c) \
    (time_after_eq(a,b) && \
    time_before_eq(a,c))
```

掌握了上述理论后,我们自己动手编写一个简单的内核模块,以便加深对定时器的理解。代码如下:

```
/*
 * A demo kernel module for studing timer."
 * simple_timer.c support. stz@cic.tsinghua.edu.cn
 * current version:1.0.0
 * All rights reserved. Licensed under dual BSD/GPL license.
 */
#include <linux/init.h>
#include <linux/module.h>
#include <linux/timer.h>
struct timer_list my_timelist;
#define TIMEOUT 2
void timer_test(unsigned long arg)
{
```

第7章 设备驱动开发

```
            printk("Time up\n");
            mod_timer(&my_timelist,jiffies + TIMEOUT * HZ);
}
static int hello_init(void)
{
            unsigned long data = 0;
            init_timer(&my_timelist);
            my_timelist.expires = jiffies + (TIMEOUT * HZ);
            my_timelist.function = timer_test;
            my_timelist.data = data;
            add_timer(&my_timelist);
            printk("Hello, world\n");
            return 0;
}
static void hello_exit(void)
{
            del_timer(&my_timelist);
            printk("Bye,Timer\n");
}
module_init(hello_init);
module_exit(hello_exit);
MODULE_LICENSE("Dual BSD/GPL");
MODULE_AUTHOR("Sun");
```

编译并加载后,每隔 2 s,内核会在屏幕上打印一句"Time up"。当卸载模块后,屏幕打印"Bye,Timer",定时器被删除。读者可以根据这个代码流程,在自己的驱动中增加定时器机制。

7.3 Linux 驱动开发中的并发控制

在驱动程序中,当多个线程同时访问相同的资源时,可能会引发一系列的竞争,因此必须对共享资源进行并发控制。Linux 内核中解决并发控制的最常用方法是自旋锁与信号量(绝大多数时候作为互斥锁使用)。自旋锁与信号量在功能上类似,但是实现机制则不同。本节将分析这两种用于并发控制的机制。

无论是信号量,还是自旋锁,在任何时刻,最多只能有一个保持者,即在任何时刻最多只能有一个执行单元获得锁。

7.3.1 信号量

信号量是最早出现的用来解决进程同步与互斥问题的机制,包括一个称为信号量的变量及对它进行的两个原语操作。这两个原语操作使用荷兰语命令：Prolagen(降低)和 Verhogen(升起)，通常简称为 P、V 操作。

信号量可以用来保护两个或多个关键代码段，这些关键代码段不能并发调用。在进入一个关键代码段之前，线程必须获取一个信号量。如果关键代码段中没有任何线程，那么线程立即进入该框图中的那个部分。一旦该关键代码段完成了，那么该线程必须释放信号量，其他想进入该关键代码段的线程必须等待直到第一个线程释放信号量。为了完成这个过程，需要创建一个信号量，然后将 Acquire Semaphore VI 以及 Release Semaphore VI 分别放置在每个关键代码段的首末端。确认这些信号量 VI 引用的是初始创建的信号量。信号量基本使用形式为：

```
static DECLARE_MUTEX(my_sem);//声明互斥信号量
if(down_interruptible(&my_sem))
    //可被中断的睡眠,当信号来到,睡眠的任务被唤醒
    //临界区
up(&my_sem);//释放信号量
```

与信号量相关的内核 API 见表 7.7。

表 7.7 信号量的 API

函数原型	功能
DECLARE_MUTEX(name)	声明一个信号量 name 并初始化他的值为 0，即声明一个互斥锁
DECLARE_MUTEX_LOCKED(name)	声明一个互斥锁 name，但把他的初始值配置为 0，即锁在创建时就处在已锁状态
sema_init (struct semaphore * sem, int val)	初始化配置信号量的初值
init_MUTEX (struct semaphore * sem)	初始化一个互斥锁，把信号量 sem 的值配置为 1
init_MUTEX_LOCKED (struct semaphore * sem)	初始化一个互斥锁，把信号量 sem 的值配置为 0
down(_ *)(struct semaphore * sem)	获得信号量 sem
up(struct semaphore * sem)	释放信号量 sem，即把 sem 的值加 1，假如 sem 的值为非正数，表明有任务等待该信号量，因此唤醒这些等待者

除了前面提到的信号量外，Linux 内核还提供了读/写信号量。读/写信号量对访问者进行了细分，或者为读者，或者为写者，读者在保持读/写信号量期间只能对该读/写信号量保护的共享资源进行读访问；如果一个任务除了需要读，可能还需要写，那么它必须归类为写者，它在对共享资源访问之前必须先获得写者身份，写者在发现自己不需要写访问的情况下可以降级为读者。读/写信号量同时拥有的读者数不受限制，也就是说可以有任意多个读者同时拥有一个读/写信号量，它适于在读多写少的情况，在 Linux 内核中对进程的内存映像描述结构的

第7章 设备驱动开发

访问就使用了读/写信号量进行保护。

一般来说,当对低开销、短期、中断上下文加锁时,优先考虑自旋锁;当对长期、持有锁需要休眠的任务时,可以优先考虑信号量。而其他情况建议使用读/写信号量。读写信号量的相关API见表7.8。

表 7.8 读写信号量的 API

函数原型	功　能
DECLARE_RWSEM(name)	声明一个读/写信号量 name 并对其进行初始化
init_rwsem(struct rw_semaphore * sem)	对读/写信号量 sem 进行初始化
down_read(struct rw_semaphore * sem)	读者调用该函数来得到读写信号量 sem。该函数会导致调用者睡眠,因此只能在进程上下文使用
down_read_trylock(struct rw_semaphore * sem)	该函数类似于 down_read,只是它不会导致调用者睡眠
down_write(struct rw_semaphore * sem)	写者使用该函数来得到读/写信号量 sem,它也会导致调用者睡眠,因此只能在进程上下文使用
down_write_trylock(struct rw_semaphore * sem)	该函数类似于 down_write,只是它不会导致调用者睡眠
up_read(struct rw_semaphore * sem)	读者使用该函数释放读写信号量 sem,它和 down_read 或 down_read_trylock 配对使用
up_write(struct rw_semaphore * sem)	写者调用该函数释放信号量 sem,它和 down_write 或 down_write_trylock 配对使用
downgrade_write(struct rw_semaphore * sem)	该函数用于把写者降级为读者

通过学习前面的内容,我们应该掌握信号量的原理以及 API,下面的代码是内核模块中对信号量机制的使用。

```
#include<linux/init.h>
#include<linux/module.h>
#include<linux/sched.h>
#include<linux/sem.h>
MODULE_LICENSE("Dual BSD/GPL");
int num[2][5] = {
{0,2,4,6,8},
    {1,3,5,7,9}
};
```

```c
struct semaphore sem_one;
struct semaphore sem_two;
int thread_show_one(void *);
int thread_show_two(void *);
int thread_show_one(void *p)
{
    int i;
    int *num = (int *)p;
    for(i = 0;i<5;i++) {
        down(&sem_one);
        printk(KERN_INFO" Semaphore: %d\n",num[i]);
        up(&sem_two);
    }
    return 0;
}
int thread_show_two(void *p)
{
    int i;
    int *num = (int *)p;
    for(i = 0;i<5;i++) {
        down(&sem_two);
        printk(KERN_INFO" Semaphore: %d\n",num[i]);
        up(&sem_one);
    }
    return 0;
}
static int semdemo _init(void)
{
    init_MUTEX(&sem_one);
    init_MUTEX(&sem_two);
    kernel_thread(thread_show_one,num[0],CLONE_KERNEL);
    kernel_thread(thread_show_two,num[1],CLONE_KERNEL);
    return 0;
}
static void semdemo _exit(void)
{
    printk(KERN_ALERT" semdemo module quit\n");
}
module_init(semdemo_init);
module_exit(semdemo _exit);
```

7.3.2 自旋锁

自旋锁是专为防止多处理器并发而引入的一种锁,在内核中大量应用于中断处理等部分。自旋锁最多只能被一个内核任务持有,如果一个内核任务试图请求一个已被争用(已经被持有)的自旋锁,那么这个任务就会一直进行忙循环→旋转→等待锁重新可用。要是锁未被争用,则请求它的内核任务便能立刻得到它并且继续进行。自旋锁可以在任何时刻防止多于一个的内核任务同时进入临界区,因此这种锁可有效地避免多处理器上并发运行的内核任务竞争共享资源。

事实上,自旋锁的初衷就是:在短期间内进行轻量级的锁定。一个被争用的自旋锁使得请求它的线程在等待锁重新可用的期间进行自旋(特别浪费处理器时间),所以自旋锁不应该被持有时间过长。如果需要长时间锁定,则最好使用信号量。自旋锁的基本形式如下:

```
spin_lock(&mr_lock);
//临界区
spin_unlock(&mr_lock);
```

因为自旋锁在同一时刻最多只能被一个内核任务持有,所以一个时刻只有一个线程允许存在于临界区中,这点很好地满足了对称多处理机器需要的锁定服务。在单处理器上,自旋锁只当作一个设置内核抢占的开关。如果内核抢占也不存在,那么自旋锁在编译时会被完全剔除出内核。简单地说,自旋锁在内核中主要用来防止多处理器中并发访问临界区,防止内核抢占造成的竞争。另外,自旋锁不允许任务睡眠,它能够在中断上下文中使用。我们要考虑这样一种情况:假设有一个或多个内核任务和一个或多个资源,每个内核都在等待其中的一个资源,但所有的资源都已经被占用了。这便会发生所有内核任务都在相互等待,但它们永远不会释放已经占有的资源,于是任何内核任务都无法获得所需要的资源,无法继续运行,这便意味着死锁发生了。因此,必须杜绝死锁现象的发生。

内核中使用自旋锁的地方非常多,我们随便找一个内核中的代码:

```
void pnp_remove_card(struct pnp_card * card)
{
    struct list_head * pos, * temp;
    device_unregister(&card->dev);
    spin_lock(&pnp_lock);
    list_del(&card->global_list);
    list_del(&card->protocol_list);
    spin_unlock(&pnp_lock);
    list_for_each_safe(pos, temp, &card->devices) {
        struct pnp_dev * dev = card_to_pnp_dev(pos);
```

```
            pnp_remove_card_device(dev);
    }
}
```

为了保证 list_del 的顺利执行,代码中使用了自旋锁,直 list_del 完成才释放这个锁。

编写一个驱动程序涉及的内容远不止上面的一些内容,但是结构是不变的。所以读者在学习驱动开发时,首先要掌握的就是驱动结构。在有了初步的框架后,深入研究设备的特性,完善驱动程序的编写。

第 8 章
嵌入式 Linux 应用程序开发——多进程

知识点：
理解 Linux 下多任务应用程序开发；
多进程控制；
进程间通信。

通过前几章的内容，我们对嵌入式 Linux 的环境搭建、内核编译、驱动开发等有了一定的了解。接下来应该是将应用程序移植到开发板中。但很显然，嵌入式系统中的应用程序肯定不是一个简单的 hello world，而是涉及多任务编程的。本章将讲述应用程序开发中最基本也是最核心的多进程编程，你将学到以下内容：进程环境、进程控制、进程间通信、信号机制的内容。

8.1 进程环境

在学习多进程前，首先需要了解 main 函数是如何被调用的，一个进程在系统中是如何运行的，它的运行空间是如何分布的等基础。本节将简要介绍有关进程的概念和基础知识，它是后续多进程编程的基础。

8.1.1 从 main 函数说起

一般 C 程序都是从 main() 函数开始执行的，它是所有程序运行的入口，而它的函数原型并不为人熟知。

```
int main(int argc,char * argv[]);
```

其中，argc 是命令行参数的数目，argv 是指向参数各个指针所构成的数组。在 Linux 下，一般使用带参数 main 函数是很常见的，尤其在网络程序、图形化编程中。

当内核执行一个 C 程序时，在调用 main 前会先调用一个特殊的启动例程。可执行程序文件将此启动例程指定为程序的起始地址——这是由连接编辑器设置的，而连接编辑器则由 C 编译器(比如 gcc)调用。启动例程从内核取得命令行参数和环境变量值，然后为按上述方式调用 main 函数做好安排。

为了更好地理解进程空间，还需了解程序的运行空间，图 8.1 所示为一个典型的 C 程序存储空间布局。

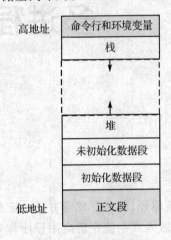

图 8.1 典型 C 程序的存储空间布局

它们的意义分别如下：

(1) 栈

栈由编译器自动分配和释放。栈中存放的是局部变量及每次函数调用时返回地址与调用者的环境信息(例如某些机器寄存器)。栈会为新被调用的函数自动和临时变量分配存储空间。

(2) 堆

堆一般需要由程序员分配释放管理，若程序员不释放，程序结束时可能由 OS 回收。但一般需要自行进行内存管理，不然会触发内存泄露。堆一般用于进行动态存储的分配，如 malloc/free 或 new/delete 函数。

(3) 非初始化数据段

通常将此段称为 bss 段，这一名称来源于早期汇编程序的一个操作符，意思是"block started by symbol(由符号开始的块)"，未初始化的全局变量和静态变量存放在这里。在程序开始执行之前，内核将此段初始化为 0。函数外的说明"long sum[1000];"使此变量存放在非初始化数据段中。

(4) 初始化的数据

通常将此段称为数据段，它包含了程序中需赋初值的变量。初始化的全局变量和静态变量存放在这里。例如，C 程序中任何函数之外的说明"int maxcount=99;"使此变量以初值存放在初始化数据段中。

(5) 正文段

CPU 执行的机器指令部分。通常，正文段是可共享的，所以即使是经常执行的程序(如文本编辑程序、C 编译程序、shell 等)在存储器中也只需有一个副本，另外，正文段常常是只读的，以防程序由于意外事故而修改其自身的指令。

对于 x86 处理器上的 Linux，正文段一般从 0x08048000 单元开始，栈底则在 0xC0000000 之下开始(栈由高地址向低地址方向增长)。堆顶和栈底之间未用的虚拟空间很大。对于嵌入

第 8 章 嵌入式 Linux 应用程序开发——多进程

式系统要根据具体的平台确定。

shell 中的 size 命令可以看到一个程序的正文段(text)、数据段(data)、非初始化数据段(bss)及文件长度,例如:

```
[root@localhost ~]# size test
   text    data     bss     dec     hex filename
  79210    1380     404   80994   13c62 test
```

8.1.2 清理函数 atexit

一般单任务的 C 程序可以不显式地退出,或者用 return 或者 exit 函数退出。而进程在退出时其实还会执行一些用户清理函数。按照 ANSI C 的规定,一个进程可以登记多至 32 个这样的函数,这些函数将由 exit 自动调用。这些函数被称为终止处理程序(exit handler),并用 atexit 函数来登记这些函数。它的原型如下:

```
#include <stdlib.h>
int atexit(void *(func)(void));
            返回:若成功则为 0,若出错则为非 0
```

其中,atexit 的参数是一个函数地址,当调用此函数时无需向它传送任何参数,也不期望它返回一个值。exit 以登记这些函数的相反顺序调用它们。同一函数若登记多次,则也被调用多次。

终止处理程序每登记一次,则被调用一次。典型的 atexit 调用方法参见程序清单 8.1。

程序清单 8.1　atexit 的使用

```c
#include <stdlib.h>
#include <unistd.h>
static void atexit1(void)
{
  printf("the first exit! \n");
}
static void atexit2(void)
{
  printf("the second exit! \n");
}
int main(int argc,char *argv[])
{ int i;
  if (argc != 3){
      printf("usage:./test <atexit>\n");
      exit(0);}
```

嵌入式 Linux 开发技术

```
    if(strcmp(argv[1],"atexit") == 0){
      atexit(atexit1);
      atexit(atexit2);
    }
    printf("main function done! \n");
    return 0;
}
```

运行结果如下：

```
[root@localhost]#gcc -o atexit atexit.c
[root@localhost]#./atexit
usage:./argv <atexit>
[root@localhost]#./ atexit atexit
main i function done!
the second exit!
the first exit!
```

例 8.1 在调用./atexit 进程的时候通过命令行参数给 main 函数传递了的运行参数，这是 Linux 应用程序的常规操作。从结果可知，最后注册的注销函数会最先执行。图 8.2 所示的是 Linux 下 C 程序的运行和终止的流程。

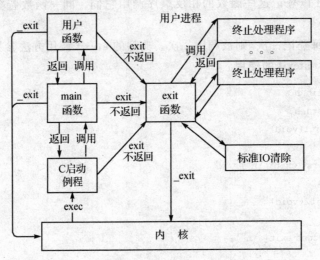

图 8.2 进程的启动和终止

其中有关 exit 函数与 _exit 函数的区别在后续章节中有更详细的介绍，下一章的线程部分还会有对应的线程清理函数。

8.2 进程控制

进程首先需要创建,之后是执行实际的任务,然后终止退出,最后由系统回收相关的系统资源。本节将介绍多进程编程和对应 API 函数的使用、意义。

8.2.1 进程创建

创建一个进程的系统调用是 fork。fork()在 Linux 函数库中的原型如表 8.1 所列。

表 8.1 fork 函数语法要点

所需头文件	#include <sys/types.h> /* 提供类型 pid_t 的定义 */ #include <unistd.h> /* 提供函数的定义 */
函数原型	pid_t fork(void);
函数返回值	0:子进程 子进程 ID(大于 0 的整数):父进程 -1:出错

下面来看 fork 函数是如何建立一个进程的。由 fork 创建的新进程通常称为子进程(child process);该函数被调用一次,但返回两次。两次返回的区别是子进程的返回值是 0,而父进程的返回值则是新子进程的进程 ID。接着,子进程和父进程继续执行 fork 之后的指令。

使用 fork 函数得到的子进程可以说是父进程的一个完全的复制品,它从父进程处继承了整个进程的地址空间,包括进程上下文、进程堆栈、内存信息、打开的文件描述符、信号控制设定、进程优先级、进程组号、当前工作目录、根目录、资源限制、控制终端等。当然,不同的是,子进程有其独有的进程号、资源使用和计时器等。因此可以看出,使用 fork 函数的代价是很大的,它复制了父进程中的代码段、数据段和堆栈段里的大部分内容,使得 fork 函数的执行速度并不很快。

当然,现在很多的实现并不做一个父进程数据段和堆的完全拷贝,因为在 fork 之后经常跟随着后续说明的 exec。作为替代,使用了写时复制(Copy-On-Write,COW)的技术。这些区域由父、子进程共享,而且内核将它们的存取许可权改变为只读的。

下面通过一个小程序来对它有更多的了解。

程序清单 8.2 多进程的创建

```
/* fork_test.c */
#include<sys/types.h>
#inlcude<unistd.h>
main()
```

```
{
    pid_t pid;
    /* there is only one process */
    pid = fork();
    /* now the parent and child run at the same time */
    if(pid<0)
        printf("error in fork!");
    else if(pid = = 0)
        printf("child process, my process ID is %d\n",getpid());
    else
        printf("parent process, my process ID is %d\n",getpid());
}
```

编译并运行,结果如下:

```
[root@localhost ~]#gcc fork_test.c -o fork_test
[root@localhost ~]#./fork_test
parent process, my process ID is 4391
child process, my process ID is 4392
```

对于运行结果,大部分人会有一个问题:为什么会打印两次 ID? 这是因为在语句 pid=fork()之前,只有一个进程在执行这段代码,但在这条语句之后,就变成两个进程在执行了,一个是父进程,一个是子进程,它们各自接着往下运行各自的代码,而且这两个进程的代码部分完全相同,各自执行各自的。下面接着看程序,将要执行的下一条语句是 if(pid==0)。但是再往下,父进程和子进程要执行的语句就不同了,原因在于它们的 pid 值不一样。pid 是由 fork 函数返回得到的,fork 调用的一个奇妙之处就是它仅仅被调用一次,却能够返回两次,父进程中返回一次,子进程中返回一次,但是返回的值却不同。将子进程 ID 返回给父进程的理由是:因为一个进程的子进程可以多于一个,所以没有一个函数使一个进程可以获得其所有子进程的进程 ID。fork 使子进程得到返回值 0 的理由是:一个进程只会有一个父进程,所以子进程总是可以调用 getppid 以获得其父进程的进程 ID。

因此,返回值要符合以下规则:
① 在父进程中,fork 返回新创建子进程的进程 ID;
② 在子进程中,fork 返回 0;
③ 如果出现错误,fork 返回一个负值。

所以在父进程的程序中,pid 是子进程的 pid;在子进程的程序中,pid 是 0。

fork 出错可能有两种原因:
① 当前的进程数已经达到了系统规定的上限,这时 errno 的值被设置为 EAGAIN。
② 系统内存不足,这时 errno 的值被设置为 ENOMEM。

fork 系统调用出错的可能性很小,而且如果出错,一般都为第一种错误。如果出现第二种错误,说明系统已经没有可分配的内存,正处于崩溃的边缘,这种情况对 Linux 来说是很罕见的。

另外,在 fork 之后是父进程先执行还是子进程先执行是不确定的,这取决于内核所使用的调度算法。如果要求父、子进程之间相互同步,则要求某种形式的进程间通信。

8.2.2 exec 函数族

fork 函数创建子进程后,子进程往往要调用一种 exec 函数以执行另一个程序。当进程调用一种 exec 函数时,该进程完全由新程序代换,而新程序则从其 main 函数开始执行。事实上有 6 种不同的 exec 函数可供使用,常常统称为 exec()函数族,它们在 Linux 函数库中的原型如表 8.2 所列。

表 8.2 exec 函数语法要点

所需头文件	#include <unistd.h>
函数原型	int execl(const char * path, const char * arg, ...);
	int execv(const char * path, char * const argv[]);
	int execle(const char * path, const char * arg, ..., char * const envp[]);
	int execve(const char * path, char * const argv[], char * const envp[]);
	int execlp(const char * file, const char * arg, ...);
	int execvp(const char * file, char * const argv[]);
函数返回值	-1:出错

这些函数原型的参数中,path 是被执行应用程序的完整路径,参数 argv 是传给被执行应用程序的命令行参数,参数 envp 是传给被执行应用程序的环境变量。

事实上这 6 个函数中只有一个 execve 是内核的系统调用。另外 5 个只是库函数,它们最终都要调用系统调用。在这种安排中,库函数 execlp 和 execvp 使用 path 环境变量查找第一个包含名为 filename 的可执行文件的路径名前缀。这 6 个函数之间的关系如图 8.3 所示。

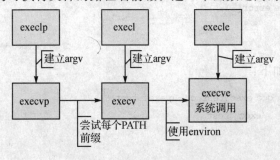

图 8.3 exec 函数族关系

exec 函数族的使用见程序清单 8.3。

程序清单 8.3　exec 函数使用示例

```c
/* execv_test.c */
#include <sys/types.h>
#include <unistd.h>
#include <stdio.h>
#include <stdlib.h>
int main(void)
{    pid_t pid;
    char * arg[] = {"env",NULL};
    char * envp[] = {"PATH = /root","USER = root",NULL};
    printf(" EXEC test! \n");
    pid = fork();                         /* 创建子进程 */
    if(pid == -1)                         /* 出错检查 */
      {
         perror("fork");
         exit;
      }
    /* 子进程 */
    else if(pid == 0){
    printf("Child,my PID is %d\n", getpid());
    if(execl("/bin/ls","ls","-a",NULL)<0)
       perror("execl error!");
    printf("this won't be execute forever\n");
    exit(0);
    }
    /* 父进程 */
    printf("Parent,my PID is %d\n", getpid());
    if(execve("/bin/env",arg,envp)<0)
       perror("execve error!");
    exit(0);
}
```

编译并运行,结果如下:

[root@localhost]# gcc exec_test.c -o exec_test
[root@localhost]# ./exec_test
EXEC test!
Child,my PID is 9348
Parent,my PID is 9347

第 8 章　嵌入式 Linux 应用程序开发——多进程

```
PATH = /root
USER = root
[root@localhost test]#
.  client execv fifo_client.c msg server .. ex    execv.c fifo_server.c msg.c test
```

上述程序里调用了 2 个 Linux 常用的系统命令，ls 和 env。ls 查看当前目录下的文件，env 用来列出所有环境变量。

注意：exec 一旦调用就会清空当前进程的所有数据，即子进程和父进程就没有关系了。

8.2.3　进程终止

一般而言，进程终止有很多原因，它们分别是：
① 从 main 返回；
② 调用 exit；
③ 调用 _exit 或 _Exit；
④ 最后一个线程从启动例程返回；
⑤ 最后一个线程调用 pthread_exit；
⑥ 调用 abort；
⑦ 接到一个信号并终止；
⑧ 最后一个线程对取消请求做出响应。

其中，后 3 种是异常终止，但无论如何，执行 exit 后进程就会停止剩下的所有操作，清除包括 PCB 在内的各种数据结构，关闭所有打开描述符，释放它所使用的存储器并终止本进程的运行。

上述的 _exit 和 exit 可以说是一对"孪生兄弟"，但两者之间还是有区别，这种区别主要体现在它们在函数库中的定义。它们的函数原型如表 8.3 所列。

表 8.3　exit 和 _exit 函数语法要点

所需头文件	exit：#include <stdlib.h>
	_exit：#include <unistd.h>
函数原型	exit：void exit(int status)
	_exit：void _exit(int status)
函数传入值	status 是一个整型的参数，可以利用这个参数传递进程结束时的状态。一般来说，0 表示没有意外的正常结束；其他的数值表示出现了错误，进程非正常结束。在实际编程时，可以用 wait 系统调用接收子进程的返回值，从而针对不同的情况进行不同的处理

除了语法上的区别,exit 和_exit 还有一个本质的不同。图 8.4 对这两个系统调用的执行过程给出了一个较为直观的对比。

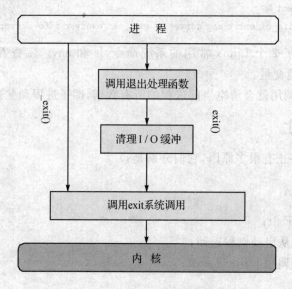

图 8.4 exit 和_exit 执行过程流程图

可以看出,_exit()函数的作用最为简单:直接使进程停止运行,清除其使用的内存空间,并销毁其在内核中的各种数据结构;exit()函数则在这些基础上作了一些包装,在执行退出之前加了若干道工序,也是因为这个原因,有些人认为 exit 已经不能算是纯粹的系统调用。

exit()函数与_exit()函数最大的区别就在于 exit()函数在调用该系统调用之前要检查文件的打开情况,把文件缓冲区中的内容写回文件,就是图中的"清理 I/O 缓冲"一项。

程序清单 8.4 exit()函数示例

```
/*exit.c*/
#include<stdlib.h>
main()
{
    printf("output begin\n");
    printf("content in buffer");
    exit(0);
}
```

编译并运行,结果如下:

```
[root@localhost]#gcc exit.c -o exit
[root@localhost]#./exit
output begin
```

content in buffer

程序清单8.5 _exit()函数示例

```
/*_exit.c*/
#include<unistd.h>
main()
{
    printf("output begin\n");
    printf("content in buffer");
    _exit(0);
}
```

编译并运行,结果如下:

```
[root@localhost]#gcc _exit.c -o _exit
[root@localhost]#./_exit
output begin
```

读者可以想想为什么这两个程序会得出不同的结果。

其实,在Linux的标准函数库中,有一套称作"高级I/O"的函数,为人熟知的printf()、fopen()、fread()、fwrite()都在此列,它们也称作"缓冲I/O(buffered I/O)"。其特征是对应每一个打开的文件,在内存中都有一片缓冲区,每次读文件时,会多读出若干条记录,这样下次读文件时就可以直接从内存的缓冲区中读取;每次写文件的时候,也仅仅是写入内存中的缓冲区,等满足了一定的条件(达到一定数量,或遇到特定字符,如换行符\n和文件结束符EOF),再将缓冲区中的内容一次性写入文件,这样就大大增加了文件读写的速度,但也为编程带来了一点点麻烦。如果有一些数据认为已经写入了文件,实际上因为没有满足特定的条件,它们还只是保存在缓冲区内,这时用_exit()函数直接将进程关闭,缓冲区中的数据就会丢失;反之,如果想保证数据的完整性,就一定要使用exit()函数。

8.2.4 进程退出的同步

进程的初级同步由wait或者waitpid函数实现,它们主要是对子进程的退出进行同步,这和后续的进程间通信有一定的区别,但本质上它利用的是后续章节的信号机制。

1. wait函数

进程一旦调用了wait函数,就立即阻塞自己,由wait自动分析是否当前进程的某个子进程已经退出,如果让它找到了这样一个已经变成僵尸的子进程,wait就会收集这个子进程的信息,并把它彻底销毁后返回;如果没有找到这样一个子进程,wait就会一直阻塞在这里,直到有一个出现为止。wait()的函数原型见表8.4。

表 8.4 wait 函数语法要点

所需头文件	#include <sys/types.h> #include <sys/wait.h>
函数原型	pid_t wait(int * status)
函数传入值	这里的 status 是一个整型指针,是该子进程退出时的状态。 • status 若为空,则代表任意状态结束的子进程; • status 若不为空,则代表指定状态结束的子进程。 另外,子进程的结束状态可由 Linux 中一些特定的宏来测定
函数返回值	成功:子进程的进程号 失败:-1

参数 status 用来保存被收集进程退出时的一些状态,它是一个指向 int 类型的指针。但如果对这个子进程是如何死掉的毫不在意,就可以设定这个参数为 NULL。如果收集成功,wait 会返回被收集子进程的进程 ID;如果调用进程没有子进程,调用就会失败,此时 wait 返回-1,同时 errno 被置为 ECHILD。

如果参数 status 的值不是 NULL,wait 就会把子进程退出时的状态取出并存入其中;这是一个整数值(int),可以通过它查得这个子进程是正常退出还是被非正常结束的,以及正常结束时的返回值,或被哪一个信号结束的等信息。由于这些信息被存放在一个整数的不同二进制位中,所以用常规的方法读取会非常麻烦,人们就设计了一套专门的宏(macro)来完成这项工作,其中最常用的两个:

(1) WIFEXITED(status)

这个宏用来指出子进程是否为正常退出,如果是,它会返回一个非零值。(请注意,虽然名字一样,这里的参数 status 并不同于 wait 唯一的参数—指向整数的指针 status,而是那个指针所指向的整数,切记不要搞混了!)

(2) WEXITSTATUS(status)

当 WIFEXITED 返回非零值时,可以用这个宏来提取子进程的返回值,如果子进程调用 exit(5)退出,WEXITSTATUS(status)就会返回 5;如果子进程调用 exit(7),EXITSTATUS(status)就会返回 7。请注意,如果进程不是正常退出的,也就是说,WIFEXITED 返回 0,这个值就毫无意义。

详细的用法参见程序清单 8.6 中的 exit_check 函数。

程序清单 8.6 wait()函数使用示例

```
/ * wait_test.c * /
#include <sys/types.h>
```

```c
#include <unistd.h>
#include <stdio.h>
#include <stdlib.h>
#include <sys/wait.h>
#include <signal.h>
void exit_check(int stat)          //用于检测子进程退出状态的函数
{
  if(WIFEXITED(stat))
    printf("exit normally! the return code is: %d\n",WEXITSTATUS(stat));
  else if(WIFSIGNALED(stat))
    printf("exit abnormally! the signal code is: %d %s\n",WTERMSIG(stat),
  #ifdef   WCOREDUMP
    WCOREDUMP(stat) ? "(core file generated)" : "(no core file)");
  #else
    "" );
  #endif
  else if(WIFEXITED(&stat)!=pid)
STOPPED(stat))
    printf("the stop code is: %d \n",WSTOPSIG(stat));
}
int main(void)
{    int test = 0,stat;
    pid_t pid;
    printf(" wait test! \n");
    if((pid = fork() )<0){
        perror("fork");exit(pid);
    }
    else if(pid == 0){
        exit(3);}
    if(wait(&stat)!=pid)
        perror("wait error");
    exit_check(stat);
/* the parent continues fork here */
    if((pid = fork() )<0){
        perror("fork");exit(pid);
    }
    else if(pid = = 0){
        test /= 0;}    //divide by 0 will generate SIGFPE(算术异常浮点溢出除 0)
    if(wait(&stat) = = pid)
    exit_check(stat);
    exit(0);
}
```

编译并运行,结果如下:

[root@localhost]# gcc －o test_wait wait.c
wait.c:在函数'main'中:
wait.c:42:警告:被零除
[root@localhost]# ./test_wait
wait test!
exit normally! the return code is:3
exit abnormally! the signal code is:8 (no core file)

在上述程序中,第一个子进程会主动正常地退出,退出码设置为3(这里的3仅仅作为测试用),结果是"exit normally! the return code is:3"。而第二个进程中被零除的代码行会产生 SIGFPE 信号终止进程,因此第二个退出状态的检测结果是"exit abnormally! the signal code is:8 (no core file)"。

2. waitpid( )函数

从本质上讲,系统调用 waitpid 和 wait 的作用是完全相同的,它的语法规范见表 8.5。

表 8.5 waitpid 函数语法要点

所需头文件	# include <sys/types.h> # include <sys/wait.h>	
函数原型	pid_t waitpid(pid_t pid, int * status, int options)	
函数传入值	pid	pid>0:只等待进程 ID 等于 pid 的子进程,不管是否已经有其他子进程运行结束退出了,只要指定的子进程还没有结束,waitpid 就会一直等下去
		pid=－1:等待任何一个子进程退出,此时和 wait 作用一样
		pid=0:等待其组 ID 等于调用进程的组 ID 的任一子进程
		pid<－1:等待其组 ID 等于 pid 的绝对值的任一子进程
	status	同 wait
	options	WNOHANG:若由 pid 指定的子进程并不立即可用,则 waitpid 不阻塞,此时返回值为 0
		WUNTRACED:若某实现支持作业控制,则由 pid 指定的任一子进程状态已暂停,且其状态自暂停以来还未报告过,则返回其状态
		0:同 wait,阻塞父进程,等待子进程退出
函数返回值	正常:子进程的进程号	
	使用选项 WNOHANG 且没有子进程退出:0	
	调用出错:－1	

第8章 嵌入式 Linux 应用程序开发——多进程

相比 wait，waitpid 多出了两个可由用户控制的参数 pid 和 options，从而为编程提供了另一种更灵活的方式。参数 pid 是等待特定的进程，下面具体看一下参数 options。

options 提供了一些额外的选项来控制 waitpid，目前在 Linux 中只支持 WNOHANG 和 WUNTRACED 两个选项，这是两个常数，可以用"|"运算符把它们连接起来使用，比如：

ret = waitpid(-1,NULL,WNOHANG | WUNTRACED);

如果不想使用它们，也可以把 options 设为 0，如：

ret = waitpid(-1,NULL,0);

如果使用了 WNOHANG 参数调用 waitpid，即使没有子进程退出，它也会立即返回，不会像 wait 那样永远等下去。而 WUNTRACED 参数由于涉及一些跟踪调试方面的知识，加上极少用到，这里就不多费笔墨了，有兴趣的读者可以自行查阅相关材料。

事实上 wait 就是经过包装的 waitpid。查看＜内核源码目录＞/include/unistd.h 文件 349～352 行就会发现以下程序段：

```
static inline pid_t wait(int * wait_stat)
{
    return waitpid(-1,wait_stat,0);
}
```

程序清单 8.7　waitpid 示例程序

```
/* waitpid_test.c */
#include <sys/types.h>
#include <unistd.h>
#include <stdio.h>
#include <stdlib.h>
#include <sys/wait.h>
void exit_check(int stat)
{
  if(WIFEXITED(stat))
    printf("exit normally! the return code is: %d\n",WEXITSTATUS(stat));
  else if(WIFSIGNALED(stat))
    printf("exit abnormally! the signal code is: %d %s\n",WTERMSIG(stat),
#ifdef    WCOREDUMP
    WCOREDUMP(stat) ? "(core file generated)" : "(no core file)");
#else
    "" );
#endif
  else if(WIFEXITED(&stat)!= pid)
```

```c
        STOPPED(stat))
            printf("the stop code is: %d \n",WSTOPSIG(stat));
}
int main(void)
{       int test = 0,stat;
        pid_t pid;
        printf(" waitpid test! \n");
        if((pid = fork() )<0){
            perror("fork");exit(pid);
        }
        else if(pid == 0){
            sleep(2);
            printf("Child, I'll exit now %d\n",getpid());
            exit(3);
        }
        int tmp;
        do{
            tmp = waitpid(pid,&stat,WNOHANG);
            if(tmp == 0){       //若子进程还未退出,则父进程暂停1秒
                printf("The child process has not exited\n");
                sleep(1);
            }
        }while(tmp == 0);       //若发现子进程退出,打印出相应情况
        if(tmp == pid) {
            printf("Get child %d\n",tmp);
            exit_check(stat);}
        else
            printf("some error occured.\n");
        exit(0);
}
```

编译并运行,结果如下:

[root@localhost]# gcc waitpid_standard.c -o waitpid_standard
[root@localhost]# ./waitpid_standard
waitpid test!
The child process has not exited
The child process has not exited
The child process has not exited
The child process has not exited

```
Child, I'll exit now 8011
Get child 8011
exit normally! the return code is: 3
```

上述程序使用了 waitpid 的非阻塞模式,通过 while 循环进行子进程退出状态的监控。子进程完成自己的任务(睡眠 3 s)后退出,父进程捕获到退出信号后开始退出。

8.3 进程间通信

8.3.1 概　述

IPC 是进程间通信(Inter Process Communication)的简称,所谓进程通信,就是不同进程之间进行一些信息的传输,这种传输有简单,也有复杂。机制不同,复杂度也不一样。通信是一个广义上的意义,不仅仅指传递一些 massege,还包含进程之间的同步和合作等。

在 Linux 系统中,以进程为单位分配和管理资源。由于保护的缘故,一个进程不能直接访问另一个进程的资源,也就是说,进程之间互相封闭。但在一个复杂的应用系统中,通常会使用多个相关的进程来共同完成一项任务,因此要求进程之间必须能够互相通信,从而共享资源和信息。所以,一个操作系统内核必须提供进程间的通信机制。

Linux 用于进程间通信有多种方法,其中常用的方式是管道(Pipe)、有名管道(FIFO)、信号(Signal)、消息队列、共享内存、信号量(Semaphore)、套接口(Socket)等。而 Linux 下的进程通信手段基本上是从 Unix 平台上的进程通信手段继承而来的。而对 Unix 发展做出重大贡献的两大主力 AT&T 的贝尔实验室及 BSD(加州大学伯克利分校的伯克利软件发布中心)在进程间通信方面的侧重点有所不同。前者对 Unix 早期的进程间通信手段进行了系统的改进和扩充,形成了"system V IPC",其通信进程主要局限在单个计算机内;后者则跳过了该限制,形成了基于套接口(socket)的进程间通信机制。而 Linux 则把两者的优势都继承了下来,图 8.5 显示了 Linux 下进程间的通信方式。

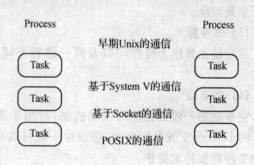

图 8.5　Linux 进程间通信

- Unix 进程间通信(IPC)方式包括:管道、FIFO、信号。
- System V 进程间通信(IPC)包括:System V 消息队列、System V 信号灯、System V 共享内存区。
- Posix 进程间通信(IPC)包括:Posix 消息队列、Posix 信号灯、Posix 共享内存区。

下面对上述几种进程间通信的手段做简要介绍。

(1) 管道(Pipe)及有名管道(named pipe)

管道可用于具有亲缘关系进程间的通信,有名管道克服了管道没有名字的限制,因此,除具有管道所具有的功能外,它还允许无亲缘关系进程间的通信。此外,二者都只是半双工通信方式,只能进行单向传输。

(2) 信　号

信号是比较复杂的通信方式,用于通知接受进程有某种事件发生,除了用于进程间通信外,进程还可以发送信号给进程本身；Linux除了支持Unix早期信号语义函数sigal外,还支持语义符合Posix.1标准的信号函数sigaction(实际上,该函数是基于BSD的,BSD为了实现可靠信号机制,又能够统一对外接口,用sigaction函数重新实现了signal函数)。

(3) 消息队列

消息队列是消息的链接表,包括Posix消息队列、systemV消息队列。有足够权限的进程可以向队列中添加消息,被赋予读权限的进程则可以读走队列中的消息。消息队列克服了信号承载信息量少、管道只能承载无格式字节流以及缓冲区大小受限等缺点。

(4) 共享内存

共享内存使得多个进程可以访问同一块内存空间,是最快的可用IPC形式,是针对其他通信机制运行效率较低而设计的。往往与其他通信机制(如信号量)结合使用,以达到进程间的同步及互斥。

(5) 信号量

信号量主要作为进程间以及同一进程不同线程之间的同步手段,典型的是P操作和V操作。

(6) 套接口

它是更为一般的进程间通信机制,可用于不同机器之间的进程间通信。起初是由Unix系统的BSD分支开发出来的,但现在一般可以移植到其他类Unix系统上；Linux和System V的变种都支持套接字。

在学习进程间通信时通常会遇到一些基本概念,它们是:

① 阻塞:当一个进程在执行某些操作的条件得不到满足时,就自动放弃CPU资源而进入休眠状态,以等待条件的满足。当操作条件满足时,系统就将控制权返还给该进程继续进行未完的操作。

② 共享资源:因为计算机的内存、存储器等资源是有限的,无法为每个进程都分配一份单独的资源。所以系统将这些资源在各个进程间协调使用,称为共享资源。

③ 锁定:当某个进程在对某个文件进行读/写操作时,可能需要防止别的进程也在对该资源的使用。比如一个进程对某个文件进行读操作时,如果别的进程也在此时向文件中写入了内容,就可能导致进行横读入错误的数据。为此,Linux提供了一些方法来保证共享资源在

被某个进程使用时,别的进程无法使用。这就叫做共享资源的锁定。

由于篇幅限制,且基于 socket 的网络通信是高级应用开发的内容,本节将只对管道、消息队列、共享内存、信号量、信号等进行介绍。

8.3.2 管道 PIPE

管道是 Linux 支持的最初 Unix IPC 形式之一,分为两种类型:有名管道(FIFO)和无名管道(Pipe)。无名管道有以下特点:

① 管道是半双工的,数据只能向一个方向流动;需要双方通信时,需要建立起两个管道。

② 只能用于具有亲缘关系的进程之间的通信,通常是管道由一个进程创建,然后该进程 fork 一个子进程,管道就可用于这些有共同父进程的进程之间的通信。

③ 管道也可以看成是一种特殊的文件,对于它的读/写也可以使用普通的 read、write 等函数。但是它并不是普通的文件,不属于其他任何文件系统,并且只存在于内存中。

但这 3 个特点也恰恰是管道的两个缺点,因为一来半双工的通信方式增加了双方通信时的复杂性;二来因为没有名字,无法用于无关进程间的通信,而后续介绍的有名管道(FIFO)则克服了这一缺点。尽管如此,PIPE 依然是非常高效的,常用的命令行,比如

```
[root@localhost]# ps - ef |grep firefox
```

就使用了管道技术。

1. 管道的打开与关闭

在 C 程序中,使用系统函数 pipe()来建立管道。它只有一个参数:一个有两个成员的整型数组,用于存放 pipe()函数新建立的文件描述符。创建管道的函数原型如下:

```
#include <unistd.h>
int pipe(int fd[2]);
```

若管道创建成功,则返回 0,打开两个文件描述符,并且用整数数组 fd 保存这两个文件描述符的值,整数数组的第一个元素 fd[0]用来从管道读出数据的文件描述符,pipe 调用 read 条用 O_RDONLY 标志打开它;第二个元素 fd[1]是向管道写入数据的文件描述符,pipe 用 open 调用的 O_WRONLY 标志打开它。

如果出错,则返回-1,此时设置全局出错变量 errno。errno 有以下几种情况:
- EMFILE:没有空闲的文件描述符;
- EMFILE:系统文件表已满;
- EFAULT:fd 数组无效。

打开的管道与描述符的关系如图 8.6 所示。

关闭管道可以用系统调用 close 关闭管道所关联的文件描述符。

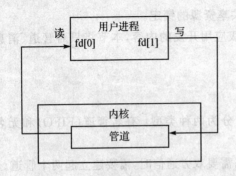

图 8.6 Linux 中管道与描述符的关系

一般进程在由 pipe() 创建管道后,一般再 fork 一个子进程,然后通过管道实现父子进程间的通信。其过程如图 8.7 所示。

因此不难看出,只要两个进程中存在亲缘关系,这里的亲缘关系指的是具有共同的祖先,就都可以采用管道方式来进行通信。

这时的关系看似非常复杂,实际却已经给不同进程之间的读/写创造了很好的条件。这时,父子进程分别拥有自己读/写的通道,为了实现父子进程之间的读/写,只需把无关的读端或写端的文件描述符关闭即可。例如,在图 8.8 中把父进程的写端 fd[1] 和子进程的读端 fd[0] 关闭。这时,父子进程之间就建立起了一条"子进程写入父进程读"的通道。

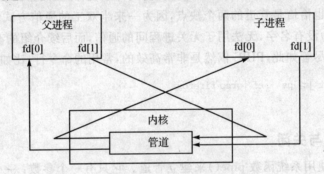

图 8.7 父子进程管道的文件描述符对应关系

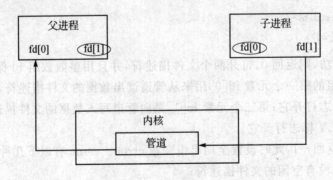

图 8.8 关闭父进程 fd[1] 和子进程 fd[0] 的通信方式

同样,也可以关闭父进程的 fd[0] 和子进程的 fd[1],这样就可以建立一条"父进程写子进程读"的通道。另外,父进程还可以创建多个子进程,各个子进程都继承了相应的 fd[0] 和 fd[1],这时,只需要关闭相应端口就可以建立其各子进程之间的通道。

第8章 嵌入式 Linux 应用程序开发——多进程

2. 管道读/写

　　管道两端可由两个文件描述符 fd[0] 以及 fd[1] 来表示，管道的两端是固定了任务，第一个文件描述符 fd[0] 用于读出数据，称其为管道读端；第二个文件描述符 fd[1] 用于写入数据，称其为管道写端。如果试图从管道写端读取数据，或者向管道读端写入数据都将导致错误发生。一般文件的 I/O 函数都可以用于管道，如 close、read、write 等。

　　管道是用来交换数据的，一个进程打开一个仅供自己使用是没有意义的，因为它已经可以访问要通过管道共享的数据。一个进程调用 pipe 创建一个管道，然后再调用 fork 产生一个子进程。子进程从父进程继承了任何可以打开的文件描述符，这样就建立起了一个 IPC 通道。一般的规则是读数据的进程关闭管道的写入端(fd[1])，写数据的进程关闭管道的读出端(fd[0])。管道是半双工通信方式，试图对一个管道的两端进行读/写操作是很严重的错误。

　　从管道中读取数据时，会有如下几种情况：

　　① 如果管道的写入端不存在，则认为已经读到了数据的末尾，读函数返回的读出字节数为 0。

　　② 当管道的写端存在时，如果请求的字节数目大于 PIPE_BUF，则返回管道中现有的数据字节数；如果请求的字节数目不大于 PIPE_BUF 且管道中数据量小于请求的数据量，则返回管道中现有数据字节数；如果请求的字节数目不大于 PIPE_BUF 且管道中数据量不小于请求的数据量，则返回请求的字节数。

　　注意：向管道中写入数据时 Linux 将不保证写入的原子性，管道缓冲区一有空闲区域，写进程就会试图向管道写入数据。如果读进程不读走管道缓冲区中的数据，那么写操作将一直阻塞。但需要注意的是：只有在管道的读端存在时，向管道中写入数据才有意义。否则，向管道中写入数据的进程将收到内核传来的 SIFPIPE 信号，应用程序可以处理该信号，也可以忽略(默认动作则是应用程序终止)。

程序清单 8.8　利用管道同步父子进程

```
/*pipe_race.c*/
#include <unistd.h>
#include <sys/types.h>
#include <errno.h>
#include <stdio.h>
#include <stdlib.h>
static int pfd1[2],pfd2[2];
static void char_put(char * str)
{   char *p;
    int c;
    setbuf(stdout,NULL);
    //set unbuffered!  ->will schedule "write" once pre char output,to check the race result
```

```c
    for(p = str;(c = * p + +)!= 0;)
        putc(c,stdout);
}
void TELL_WAIT(void)
{
if(pipe(pfd1)<0 || pipe(pfd2)<0)
    perror("pipe error");
}
void TELL_PARENT(pid_t pid)
{
  if(write(pfd2[1],"c",1)!= 1)
      perror("write error");
}
void TELL_CHILD(pid_t pid)
{
  if(write(pfd1[1],"p",1)!= 1)
      perror("write error");
}
void WAIT_PARENT(void)
{
    char c;
  if(read(pfd1[0],&c,1)!= 1)
        perror("read error");
    if(c! = 'p')
        {perror("WAIT_PARENT:incorrect data");exit(1);}
}
void WAIT_CHILD(void)
{
    char c;
  if(read(pfd2[0],&c,1)!= 1)
        perror("read error");
    if(c!= 'c')
        {perror("WAIT_CHILD:incorrect data");exit(1);}
}
int main(void)
{
    pid_t pid;
    printf("race test! \n");
    TELL_WAIT();
```

第8章 嵌入式 Linux 应用程序开发——多进程

```
    pid = fork();
    if(pid = = -1){//we should check the error
        perror("fork error");
        exit;
    }
    else if(pid = = 0){
        char_put("output the test character, child\n");
    TELL_PARENT(getppid());
    //WAIT_PARENT();
    exit(0);
    }
    WAIT_CHILD();
    char_put("output the test character, parent\n");
    //TELL_CHILD(pid);
    exit(0);
}
```

编译并运行,结果如下:

```
[root@localhost test]# gcc -o pipe_race pipe_race.c
[root@localhost test]# ./pipe_race
race test!
output the test character, child
output the test character, parent
```

上述程序中子进程通过管道给父进程发送了标示符"c",而父进程则在管道读端等待该标识符以完成父子进程间的同步。

注意:一旦父进程通过管道向子进程传完数据,它就关闭它的写描述符,子进程从管道读到 0 字节时就关闭自己的读描述符。最后,父进程调用 waitpid 取得子进程的退出状态以避免产生一个僵进程或者孤儿进程。但要注意的是,如果多个进程正在向同一管道写入数据,每个进程的写入的数据必须少于 PIPE_BUF 字节,以保证是原子写操作(即两个不同进程写入的数据不能相混合)。

8.3.3 有名管道 FIFO

有名管道和管道很相似,但也有一些显著的不同,主要区别如下:

① 有名管道是在文件系统中作为一个特殊的设备文件而存在的,无名管道没有名字,在 Linux 系统内部是以文件节点(inode)的形式存在的。

② 无名管道没有名字,只能用于具有亲缘关系的进程间通信,而有名管道克服了这一限制,它可以实现不同祖先的进程之间通过管道共享数据。

·223·

③ 当共享管道的进程执行完所有的 I/O 操作以后,有名管道将继续保存在文件系统中以便以后使用;而无名管道是临时性的,当所有进程都结束使用这个管道时,系统内核就会收回它的索引结点。

值得注意的是,FIFO 严格遵循先进先出(first in first out),对管道及 FIFO 的读总是从开始处返回数据,对它们的写则把数据添加到末尾。它们不支持诸如 lseek()等文件定位操作。

1. 创建有名管道

FIFO 是一种文件类型,创建 FIFO 类似于创建文件,FIFO 的路径名存在与文件系统中。FIFO 由 mkfifo 函数创建,它的函数原型如下:

```
#include <sys/types.h>
#include <sys/stat.h>
int mkfifo(const char * pathname, mode_t mode);
```

其中,pathname 是一个普通的 Linux 路径名,是新创建的 FIFO 的名字,mode 参数指定文件权限位。如果执行成功,mkfifo 返回 0;执行失败,则返回－1 并设置出错变量 errno 的值。出错变量 errno 的值包括 EACCESS、EEXIST、ENAMETOOLONG、ENOENT、ENOSPC、ENOTDIR、EROFS,它们对应出错信息如表 8.6 所列。

表 8.6 FIFO 相关的出错信息

错误值	错误信息
EACCESS	参数 filename 所指定的目录路径无可执行的权限
EEXIST	参数 filename 所指定的文件已存在
ENAMETOOLONG	参数 filename 的路径名称太长
ENOENT	参数 filename 包含的目录不存在
ENOSPC	文件系统的剩余空间不足
ENOTDIR	参数 filename 路径中的目录存在但却非真正的目录
EROFS	参数 filename 指定的文件存在于只读文件系统内

2. FIFO 的打开和关闭

一个 FIFO 创建完后,它必需要么打开来读,要么打开来写,所用的可以是 open 函数,也可以是某个标准 I/O 打开函数,如 popen。因为 FIFO 是半双工的,所以它不可以打开来既读又写。一般的文件 I/O 函数(close、read、write、unlink 等)都可用于 FIFO。

第 8 章 嵌入式 Linux 应用程序开发——多进程

(1) FIFO 打开规则

如果当前打开操作是为读而打开 FIFO,若已经有相应进程为写而打开该 FIFO,则当前打开操作将成功返回;否则,可能阻塞直到有相应进程为写而打开该 FIFO(当前打开操作设置了阻塞标志);或者,成功返回(当前打开操作没有设置阻塞标志)。

如果当前打开操作是为写而打开 FIFO,且已经有相应进程为读而打开该 FIFO,则当前打开操作将成功返回;否则,可能阻塞直到有相应进程为读而打开该 FIFO(当前打开操作设置了阻塞标志);或者,返回 ENXIO 错误(当前打开操作没有设置阻塞标志)。

(2) 读/写 FIFO

读/写 FIFO 和读/写管道以及普通文件非常相似。有名管道 FIFO 的读/写规则如下:

从 FIFO 中读取数据时,如果一个进程为了从 FIFO 中读取数据而阻塞打开 FIFO,那么称该进程内的读操作就为设置了阻塞标志的读操作。

- 如果有进程写打开 FIFO,且当前 FIFO 内没有数据,则对于设置了阻塞标志的读操作来说,将一直阻塞。对于没有设置阻塞标志读操作来说则返回 -1,当前 errno 值为 EAGAIN,提醒以后再试。
- 对于设置了阻塞标志的读操作说,造成阻塞的原因有两种:当前 FIFO 内有数据,但有其他进程在读这些数据;另外就是 FIFO 内没有数据。解阻塞的原因则是 FIFO 中有新的数据写入,不论新写入数据量的大小,也不论读操作请求多少数据量。
- 读打开的阻塞标志只对本进程第一个读操作施加作用,如果本进程内有多个读操作序列,则在第一个读操作被唤醒并完成读操作后,其他将要执行的读操作将不再阻塞,即使在执行读操作时,FIFO 中没有数据也一样(此时,读操作返回 0)。
- 如果没有进程写打开 FIFO,则设置了阻塞标志的读操作会阻塞。

注:如果 FIFO 中有数据,则设置了阻塞标志的读操作不会因为 FIFO 中的字节数小于请求读的字节数而阻塞,此时,读操作会返回 FIFO 中现有的数据量。

向 FIFO 中写入数据时,如果一个进程为了向 FIFO 中写入数据而阻塞打开 FIFO,那么称该进程内的写操作为设置了阻塞标志的写操作。

对于设置了阻塞标志的写操作有如下约定:

- 当要写入的数据量不大于 PIPE_BUF 时,Linux 将保证写入的原子性。如果此时管道空闲缓冲区不足以容纳要写入的字节数,则进入睡眠,直到当缓冲区中能够容纳要写入的字节数时,才开始进行一次性写操作。
- 当要写入的数据量大于 PIPE_BUF 时,Linux 将不再保证写入的原子性。FIFO 缓冲区一有空闲区域,写进程就会试图向管道写入数据,写操作在写完所有请求写的数据后返回。

对于没有设置阻塞标志的写操作:

- 当要写入的数据量大于 PIPE_BUF 时,Linux 将不再保证写入的原子性。在写满所有

FIFO 空闲缓冲区后,写操作返回。
- 当要写入的数据量不大于 PIPE_BUF 时,Linux 将保证写入的原子性。如果当前 FIFO 空闲缓冲区能够容纳请求写入的字节数,写完后成功返回;如果当前 FIFO 空闲缓冲区不能够容纳请求写入的字节数,则返回 EAGAIN 错误,提醒以后再写。

程序清单 8.9　FIFO 读/写操作示例程序

```c
//fifo读端程序
/*fifo_read.c*/
#include <sys/types.h>
#include <sys/stat.h>
#include <errno.h>
#include <fcntl.h>
#include <stdio.h>
#include <stdlib.h>
#include <string.h>
#define FIFO "/tmp/myfifo"
main(int argc,char**argv)
{
    char buf_r[100];
    int fd;
    int nread;
/*creat the fifo*/
    if((mkfifo(FIFO,O_CREAT|O_EXCL)<0)&&(errno!=EEXIST))
        printf("cannot create fifoserver\n");
    printf("Preparing for reading bytes...\n");
    memset(buf_r,0,sizeof(buf_r));
/*open the unblocked fifo*/
    fd = open(FIFO,O_RDONLY|O_NONBLOCK,0);
    if(fd==-1)
    {
        perror("open");
        exit(1);
    }
    while(1)
    {
        memset(buf_r,0,sizeof(buf_r));
        if((nread = read(fd,buf_r,100)) == -1){
            if(errno == EAGAIN)
                printf("no data yet\n");
```

第8章 嵌入式Linux应用程序开发——多进程

```
        }
        printf("read %s from FIFO\n",buf_r);
        sleep(2);
    }
    pause();
    unlink(FIFO);
}
```

//fifo 写端程序
```c
/* fifo_write.c */
#include <sys/types.h>
#include <sys/stat.h>
#include <errno.h>
#include <fcntl.h>
#include <stdio.h>
#include <stdlib.h>
#include <string.h>
#define FIFO "/tmp/myfifo"
main(int argc,char * * argv)/* argv[]   would be writen to the fifo */
{
    int fd;
    char w_buf[100];
    int nwrite;
    if(fd == -1)
        if(errno == ENXIO)
            printf("open error;no reading process\n");
/* open the unblocked fifo */
    fd = open(FIFO,O_WRONLY|O_NONBLOCK,0);
    if(argc == 1)
        printf("Please send something\n");
    strcpy(w_buf,argv[1]);
/* write rp fifo */
    if((nwrite = write(fd,w_buf,100)) == -1)
    {
        if(errno == EAGAIN)
            printf("The FIFO has not been read yet.Please try later\n");
    }
    else
        printf("write %s to the FIFO\n",w_buf);
}
```

·227·

分别编译后，在不同中断下运行，其中读端结果如下：

```
[root@localhost test]# ./fifo_read
Preparing for reading bytes...
read   from FIFO
read   from FIFO
read   from FIFO
read   from FIFO
read   from FIFO
read   from FIFO
read fifo_test from FIFO
read   from FIFO
```

读端结果如下：

```
[root@localhost test]# ./fifo_write "fifo_test"
write fifo_test to the FIFO
[root@localhost test]# ll /tmp/myfifo
p-wx------ 1 root root 0 03-22 01:03 /tmp/myfifo        //文件类型为管道类型
```

8.3.4 IPC 综述

管道和 FIFO 都属于早期 UNIX 进程间通信方式，虽然它们可以在进程之间通信，但还有许多应用程序的 IPC 需求它们不能满足。因此，在 System V UNIX(1983)中首次引入了另外 3 种进程间通信机制(IPC)，即消息队列、信号灯和共享内存(message queues, semaphores and shared memory)。它们最初的设计目的是满足事务式处理的应用需求，之后大多数的 UNIX 供应商(包括基于 BSD 的供应商)都实现了这些机制。Linux 则完全支持 UNIX System V 中的这 3 种 IPC 机制。

像管道一样，IPC(消息队列、信号灯和共享内存)存在于内核而不是像 FIFO 一样存在于文件系统中。IPC 的几种结构有时候会合起来称为 IPC 对象，而"IPC 对象"一词也常指 3 种结构类型中的一种，而不必特指是哪一种。图 8.9 展示了无亲缘关系的进程通过一个 IPC 对象相互进行通信的方式。

图中，IPC 对象保存在内核中，它让没有相同父进程的无关进程通过一种 IPC 机制(信号灯、共享内存或消息队列)相互通信，数据在使用 IPC 机制的进程间自由流动。

每个 IPC 对象都通过它的标识符来引用和访问，标识符唯一地标识出对象本身和它的类型。每个标识符的类型都是唯一的，但是同一个标识符的值可以用于一个信号灯、一个消息队列或者是一个共享内存区。

每个 IPC 结构都由 get 函数创建 semget 创建信号灯、msgget 创建消息队列、shmget 创建共享内存的结构。每次用其中一种 get 函数创建对象时,调用函数必须指定一种关键字(key),它的类型(在〈sys/types.h〉中声明)是内核用来产生标识符的 key_t 类型。

在创建了一个 IPC 结构之后,使用同一关键字的 get 函数的后续调用不会创建新结构,但返回与现在结构相关的标识符,这可以让两个或者两个以上的进程用同一关键字调用 get 函数以建立一条 IPC 通道。

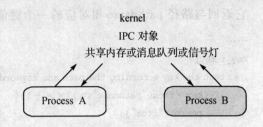

图 8.9 无关进程通过 IPC 对象相互进行通信

接下来的问题是怎样确保所有要使用同一 IPC 结构的进程都使用相同的关键字,可以有多种实现的办法,如下:

① 可以使用文件来做中间的通道,创建 IPC 对象进程,使用关键字 IPC_PRIVATE 成功建立 IPC 对象之后,将返回的标识符存储在一个文件中。其他进程通过读取这个标识符来引用 IPC 对象通信。

② 定义一个对于多个进程都认可的关键字,每个进程使用这个关键字来引用 IPC 对象,值得注意的是,创建 IPC 对象的进程中,创建 IPC 对象时如果该关键字的值已经与一个 IPC 对象结合,则应该删除该 IPC 对象,再创建一个新的 IPC 对象。这有可能影响到其他正在使用这个对象的进程。函数 ftok 可以在一定程度上解决这个问题。

图 8.10 形象地展示出这两种方法,图中 ftok 函数可以使用两个参数生成一个关键字。函数中参数 pathname 是一个文件名。函数中进行的操作是取该文件 stat 结构的 st_dev 成员和 st_ino 成员的部分值,然后与参数 id 的第八位结合起来生成一个关键字。由于只是使用 st_dew 和 st_ino 的部分值,所以会丢失信息,不排除两个不同文件使用同一个 id 得到同样关键字的情况。

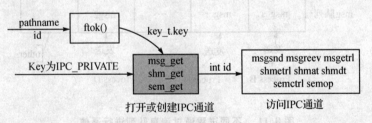

图 8.10 使用 ftok 创建 key

其中,文件名到键值函数 ftok 的原型定义如下:

```
#include <sys/types.h>
#include <sys/ipc.h>
key_t ftok (char * pathname, char proj);
```

它返回与路径pathname相对应的一个键值,典型的使用ftok的函数段为:
……
key_t key;
/* creat the key according the path and keywords */
　　if((key = ftok("pathname",a)) == -1){
　　　　perror("ftok");
　　　　exit(1);
　　}
……

此时,得到的key就可用于下面的各个IPC对象的创建和使用了,具体使用见后续示例。

8.3.5 消息队列

消息队列是一个消息的链表,如果把消息添加到一个消息队列,那么消息队列显示出FIFO的特性,新消息被添加到消息队列的末尾。消息队列的独特之处在于队列中的消息能够以有些随意的方式进行检索,可以用一个消息的类型来把消息从队列中检索出来,而进程是通过标识符标识消息的,这样就可以方便地实现不同进程间的通信。对消息队列有写权限的进程可以向消息队列中按照一定的规则添加新消息;对消息队列有读权限的进程则可以从消息队列中读走消息。因此,通过消息队列,不同进程间既可以进行单向通信,也可以进行双向通信。图8.11显示了进程间使用消息队列可以非常方便地进行消息传递。

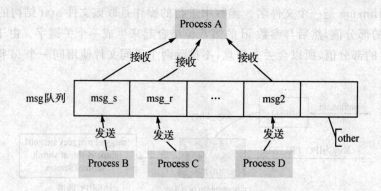

图8.11　不同进程通过消息队列进行通信

系统中记录消息队列的数据结构(struct ipc_ids msg_ids)位于内核中,系统中的所有消息队列都可以在结构msg_ids中找到访问入口。每个消息队列都有一个队列头,用结构struct msg_queue来描述。队列头中包含了该消息队列的大量信息,包括消息队列关键字、用户标识符、组标识符、消息队列中消息数目等,甚至记录了最近对消息队列读/写进程的标识符。读者

第8章 嵌入式 Linux 应用程序开发——多进程

可以访问这些信息,也可以设置其中的某些信息。所有消息队列的操作函数〈sys/msg.h〉中声明,但是编程时还必须包含〈sys/types.h〉和〈sys/ipc.h〉以访问后两个头文件中包含的类型和常量声明。要创建一个新的消息队列或者打开一个队列时,要使用 msgget 函数。为了在队列末尾添加一个新消息,可以使用 msgsnd 函数。要从消息队列中取出一个消息时,要使用 msgrcv 调用。而消息队列的创建者或者拥有超级用户权限的进程时,则可以调用 msgctl 来控制消息队列的特性和删除消息队列。

1. 创建或打开消息队列

Linux 提供了 4 个消息队列操作。其中,msgget 函数用来创建一个新消息队列或打开一个已有的消息队列。该函数的定义如下:

```
# include <sys/msg.h>
int msgget (key_t key, int msgflg);
```

其中,key 是一个关键字,而 msgflg 是一个标志。

这是使用消息队列的第一步,如果函数调用成功,则获得消息队列的引用标识符,以后就通过该标识符使用这个消息队列。

其工作过程如下:

① 如果 key==IPC_PRIVATE,则申请一块内存,创建一个新的消息队列。如果没有超过系统对消息队列数量和所有队列中总字节数的限制,则使用 IPC_PRIVATE 保证了创建一个新的队列,返回标识符。

② 如果 key 不是 IPC_PRIVATE,并且没有找到关键值为 key 的消息队列,结果有二:
- Msgflg 中没有设置 IPC_CREAT 位,则错误返回,返回值为−1。
- msgflg 中设置了 IPC_CREAT 位,则创建新消息队列。

③ 如果找到了键值为 key 的消息队列,则有以下情况:
- 如果 msgflg 中设置了 IPC_CREAT 位而且不允许有相同关键字的消息队列存在,则错误返回−1。
- 如果找到的队列是不能用的或已损坏的队列,则错误返回−1。
- 认证和存取权限检查,如果该队列不允许 msgflg 要求的存取,则错误返回−1。
- 正常,返回已有队列的标识符。

2. 发送消息

msgsnd 函数用来把一个消息添加到消息队列的末尾。该函数的定义如下:

```
# include <sys/msg.h>
int msgsnd (int msqid, struct msgbuf * msgp, size_t msgsz, int msgflg);
```

msqid 是消息队列的引用标识符;msgp 是指向 msgbuf 的指针;msgsz 是消息的大小;msgflg 是标志,如果标志为 IPC_NOWAIT,则消息没有立即发送时调用进程会立即返回。其中,msgbuf 在⟨sys/msg.h⟩中的定义如下:

```
struct msgbuf
{
    long mtype; /* type of message */
    char mtext[1]; /* message text */
};
```

msgsnd 函数做如下几项工作:

① msgsnd 函数用来把一个消息添加到消息队列的末尾。

② 如果队列已满,以可中断等待状态(TASK_INTERRUPTIBLE)将当前进程挂在 wwait 等待队列上。

③ 申请一块空间,大小为一个消息数据结构加上消息大小,在其上创建一个消息数据结构 struct msg,将消息缓冲区中的消息内容复制到该内存块中消息头的后面(从用户空间复制到内核空间)。

④ 将消息数据结构加入到消息队列的队尾,修改队列的相应参数(大小等)。

⑤ 唤醒该消息队列中 rwait 进程队列上等待读的进程。

⑥ 返回,如果 msgsnd 执行成功则返回 0,但是如果执行失败则返回 -1。

3. 接收消息

使用函数 msgrcv 可以从消息队列中取出一条消息,该函数的定义如下:

```
#include <sys/msg.h>
int msgrcv (int msqid, struct msgbuf * msgp, size_t msgsz,
            long msgtyp, int msgflg);
```

其中,msqid 是消息队列的引用标识符;msgp 是指向接收到的消息将要存放的缓冲区 msgbuf 的指针;msgsz 是消息的大小;msgtyp 是期望接收的消息类型,它的值决定了返回哪个消息;msgflg 是标志。

该函数做如下工作:

① 用来把一个消息添加到消息队列的末尾。

② 根据 msgtyp 和 msgflg 搜索消息队列,情况有二:

➤ 如果找不到所要的消息,则以可中断等待状态(TASK_INTERRUPTIBLE)将当前进程挂起在 rwait 等待队列上。

➤ 如果找到所要的消息,则将消息从队列中摘下,调整队列参数,唤醒该消息队列的 wwait 进程队列上等待写的进程,将消息内容复制到用户空间的消息缓冲区 msgp 中,释放内核中该消息所占用的空间,即删除从消息队列中返回的信息,然后返回。若执行失败,则返回-1表示出错。

4. 消息控制

使用 msgctl 函数可以在一定程度上实现对消息队列的控制功能,该函数的定义如下:

```
#include <sys/msg.h>
int msgctl (int msqid, int cmd, struct msqid_ds * buf);
```

msqid 是消息队列的引用标识符;cmd 是执行命令;buf 是一个缓冲区。其中,cmd 可以是如下值之一:

- IPC_RMID——删除队列 msgid。
- IPC_STAT——用队列的 msqid_ds 结构填充 buf,并允许查看队列的内容而不删除任何消息。
- IPC_SET——改变队列的 UID、GID、访问模式和队列的最大字节数。

程序清单 8.10 利用消息队列进行进程间通信(参考对比程序清单 8.8)

```
/* msg_race.c */
#include <sys/types.h>
#include <unistd.h>
#include <stdio.h>
#include <stdlib.h>
#include <sys/wait.h>
#include <sys/ipc.h>
#include <sys/msg.h>
#define KEY    0x120
#define MSGSIZE   128
struct message{
    long type;
    char mtext[MSGSIZE];
};
static void char_put(char * str)
{   char * p;
    int c;
    setbuf(stdout,NULL);
    //set unbuffered!  ->will schedule "write" once pre char output,to check the race result
    for(p = str;(c = * p++)!= 0;)
        putc(c,stdout);
}
void exit_check(int stat)
```

```c
{
    if(WIFEXITED(stat))
        printf("exit normally! the return code is: %d \n",WEXITSTATUS(stat));
    else if(WIFSIGNALED(stat))
        printf("exit abnormally! the signal code is: %d %s\n",WTERMSIG(stat),
#ifdef    WCOREDUMP
        WCOREDUMP(stat) ? "(core file generated)":"(no core file)");
#else
        "");
#endif
//如 WIFSIGNALED(stat)为非 0,而此进程产生一个内存映射文件(core dump)则返回非 0
    else if(WIFSTOPPED(stat))    //如果子进程暂停(stopped)则返回非 0
        printf("! the stop code is: %d \n",WSTOPSIG(stat));
}
int TELL_WAIT(void)
{    int qid;
    if((qid = msgget(KEY,IPC_CREAT|0666)) == -1){
        perror("msgget");
        exit(1);
    }
    else
        return(qid);
}
void TELL_PARENT(int msgid)
{    struct message msg;
    msg.type = 10;
    strcpy(msg.mtext, "I am the child" );
    msgsnd( msgid, &msg, MSGSIZE, 0 );
}
void TELL_CHILD(int msgid)
{    struct message msg;
    msg.type = 20;
    strcpy(msg.mtext, "I am the parent" );
    msgsnd( msgid, &msg, MSGSIZE, 0 );
}
int WAIT_PARENT(int msgid)
{    struct message msg;
    msgrcv( msgid, &msg, MSGSIZE, 20, 0 );
    if(strcmp( msg.mtext, "I am the parent" ) == 0){
```

第8章 嵌入式 Linux 应用程序开发——多进程

```
            printf( "msg recieved from the parent: %s\n", msg.mtext );
            return(1);}
        else return( -1 );
}
int WAIT_CHILD(int msgid)
{   struct message msg;
    system("ipcs -q");                    //查看当前消息队列使用情况
    msgrcv( msgid, &msg, MSGSIZE, 10, 0 );
    if(strcmp( msg.mtext, "I am the child" ) == 0){
        printf( "msg recieved from the child: %s\n", msg.mtext );
        return(1);}
    else return( -1 );
}
int main(void)
{
    pid_t pid;
    int msgid,stat;
    printf("msg_race test! \n");
    msgid = TELL_WAIT();
    system("ipcs -q");                    //查看当前消息队列使用情况
    pid = fork();    //we should check the error
    if(pid == -1){
        perror("fork error");
        exit;
    }
    else if(pid == 0){
    //WAIT_PARENT(msgid);
    char_put("output the test character, child\n");
    TELL_PARENT(msgid);
    exit(0);
    }
    WAIT_CHILD(msgid);
    char_put("output the test character, parent\n");
    //TELL_CHILD(msgid);
    while( (pid = waitpid(-1, &stat, WNOHANG) ) > 0)
    {exit_check(stat);
    printf("get the terminal child ID = %d\n",pid);
    }
    msgctl(msgid,IPC_RMID,NULL);
```

```
        system("ipcs -q");            //查看当前消息队列使用情况
        exit(0);
}
```

运行结果如下所示:

```
[root@localhost test]# ./msg_race
msg_race test!
------ Message Queues --------
key          msqid       owner       perms       used-bytes      messages
0x00000120   163840      root        666         0               0
output the test character, child
------ Message Queues --------
key          msqid       owner       perms       used-bytes      messages
0x00000120   163840      root        666         128             1
msg recieved from the child: I am the child
output the test character, parent
exit normally! the return code is: 0
get the terminal child ID = 4870
------ Message Queues --------
key          msqid       owner       perms       used-bytes      messages
```

在上述程序中通过系统调用"ipcs -q"查看从消息队列创建,再到使用,最后删除后的过程。当然,消息队列还可以在无亲缘关系的进程间进行通信,有兴趣的读者可以尝试使用消息队列编写简单的聊天程序。

总之,消息队列和管道提供相似的服务,但消息队列要更加强大并解决了管道中所存在的一些问题。消息队列传递的消息是不连续、有格式的信息,给对它们的处理带来了很大的灵活性。可以用不同的方式解释消息的类型域,如可以将消息的类型同消息的优先级联系起来,类型域也可以用来指定接收者。

8.3.6 共享内存

共享内存是进程间通信(IPC)3种类型中的一种,并与其他两种类型(信号灯、消息队列)共同构成 System V IPC,这是源于最初由 AT&T 发布的 System V UNIX。

共享内存是由内核出于在多个进程间交换信息的目的而留出的一块内存区段。如果段的权限设置恰当,每个访问该段内存的进程都可以把它映射到自己私有的地址空间中。因此,数据不需要在客户进程和服务器进程之间复制,这是最快的一种 IPC 方式。其原理和使用如图 8.12 所示。

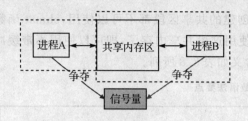

图 8.12 共享内存原理示意图

使用共享存储时,需要注意的是多个进程之间对一给定存储区段的同步访问。即服务器进程正在将数据放入共享存储区,则在它做完这一操作之前,客户进程不应当去取这些数据。一般来说,依靠某些同步机制,如图中的信号量等,可以实现共享内存访问的同步。

共享内存实现可以分为两步:

第一步是创建共享内存区段,用到函数 shmget,即从内存中取出一段区域共享。

第二步是映射共享内存区段,用到函数 shmat,即将所创建的共享内存映射到具体的进程空间中去。

除此之外,还有撤销映射的操作,函数为 shmdt,以及删除共享内存并释放空间的操作,函数为 shmctl。它们的语法原型如下:

```
# include    <sys/types.h>
# include    <sys/ipc.h>
# include    <sys/shm.h>
int    shmget (key_t key,    int size,    int flags);
char   * shmat (int shmid, const void * shmaddr, int shmflg);
int shmdt (const void * shmaddr);
```

其中,shmget()函数用于创建一款共享内存区,参数具体含义如表 8.7 所列。

表 8.7 shmget 函数语法要点

参数说明	key:IPC_PRIVATE,作为共享内存对象的唯一性标识符
	size:共享内存区大小
	flags:同 open 函数的权限位,可以用八进制表示法
函数返回值	成功:共享内存区段标识符
	出错:—1

这里需要指出,key 值既可以是 IPC_PRIVATE,也可以是 ftok 函数返回的一个关键字。该函数用于生成一个键值 key_t key,此键值将作为共享内存对象的唯一性标识符,并提供给 shmget 函数作为其输入参数;在 5.3.5 小节介绍的 ftok 函数的输入参数包括一个文件(或目录)路径名 pathname 以及一个额外的数字 proj_id,其中 pathname 所指定的文件(或目录)要求必须已经存在,且 proj_id 不可为 0。第二个参数 size 指定段的大小,但它以 PAGE_SIZE 的值为界。

在使用 shmat 映射共享内存区之前,shmget 创建的共享区段都不可以使用,shmat 函数的作用就是完成对共享内存的映射,之后,就可以使用这段共享内存了,即可以使用不带缓冲的 I/O 读/写命令对其进行操作。它的参数具体含义如表 8.8 所列。

表 8.8　shmat 函数语法要点

参数说明	shmid:要映射的共享内存区标识符	
	shmaddr:将共享内存映射到指定的位置(为 0 则表示把该段共享内存映射到调用进程的地址空间)	
	shmflg	默认 0:共享内存可读/写
函数返回值	成功:被映射的段地址	
	出错:−1	

共享存储段连接到所调用的进程的哪个地址上,与 shmaddr 参数以及在 flag 中是否指定 SHM_RAD 位有关。

如果 shmaddr 为 0,则内核会把段连接到调用进程的地址空间中它所选定的位置,这是推荐的使用方法。如果 shmaddr 非 0 且未指定 SHM_RND,则此段连接到 shmaddr 所指定的地址上。如果 shmaddr 非 0 且指定了 SHM_RND,则此段连接到(addr −(addr mod ulus SHM-LBA)所表示的地址上。该算式是将地址向下取最近 1 个 SHMLBA 的倍数。

此外,如果在 shmaddr 中指定了 SHM_RDONLY 位,则以只读的方式连接此段;否则,以读/写的方式连接。

当对共享存储段的操作已经结束时,则调用 shmdt 函数脱离该段,注意,这并不从系统中删除其标识符记忆数据结构,该标识符仍然存在。

注意：使用 shmat() 函数,系统内核建立了对内存区段的映射,通过 shmdt() 函数,系统内核解除了该映射关系。其中,nattach 成员的作用是记录当前对该共享内存区的连接数目。每一次打开共享内存的操作都将对其进行递增,而每一次关闭共享内存的操作都将其递减,直到 nattach 的数值降到 0,则对该共享内存区调用 shmdt 进行真正的断开连接。

由于共享内存一般和信号量一起使用,相关使用示例见后续的程序清单 8.10。

8.3.7　信号量

信号量(Semaphore)又称为信号灯,是在多线程环境下使用的一种同步互斥对象,负责协调各个线程,以保证它们能够正确、合理地使用公共资源。与已介绍过的 IPC 机构(管道、FIFO 以及消息队列)不同,它是一个计数器,当然,它也可用于多进程对共享数据对象的访问,一般和上述的共享内存一起使用。

semaphore 主要提供对进程间共享资源访问控制机制。相当于内存中的标志,进程可以根据它判定是否能够访问某些共享资源,同时,进程也可以修改该标志。除了用于访问控

外,还可用于进程同步。信号灯有以下两种类型:

- 二值信号灯:最简单的信号灯形式,信号灯的值只能取 0 或 1,类似于互斥锁。注:二值信号灯能够实现互斥锁的功能,但两者的关注内容不同。信号灯强调共享资源,只要共享资源可用,其他进程同样可以修改信号灯的值;互斥锁更强调进程,占用资源的进程使用完资源后,必须由进程本身来解锁。
- 计算信号灯:信号灯的值可以取任意非负值(当然受内核本身的约束)。

为了获得共享资源,进程需要执行下列操作:

① 测试控制该资源的信号量。

② 若此信号量的值为正,则进程可以使用该资源。进程将信号量值减 1,表示它使用了一个资源单位。

③ 若此信号量的值为 0,则进程进入休眠状态,直至信号量值大于 0。进程被唤醒后,它返回至第①步。

当进程不再使用由一个信号量控制的共享资源时,该信号量值增加 1。如果有进程正在休眠等待此信号量,则唤醒它们。下面来说明如何使用信号量。

1. 操作信号量

信号量也就是操作系统中用到的 PV 操作,广泛用于进程或线程间的互斥与同步。P、V 操作是对整数计数器信号量的操作。一次 P 操作使信号量值减 1,一次 V 操作使信号量值加 1。以下对其进行详细说明:

P 原语操作的主要动作是:

① S. value 减 1;

② 若 S. value 减 1 后仍大于或等于零,则进程继续执行;

③ 若 S. value 减 1 后小于零,则该进程被阻塞,进入与该信号量相对应的等待队列 L 中,然后转进程调度。

V 原语操作的主要动作是:

① S. value 加 1;

② 若 S. value 加 1 后结果大于零,进程继续执行;

③ 若 S. value 加 1 后结果小于或等于零,则从该信号量的等待队列 L 中唤醒一个等待进程,然后再返回原进程继续执行或转进程调度。

用于互斥时,几个进程(或线程)往往只设置一个信号量 sem。而用于同步时,往往设置多个信号量,并安排不同的值来实现它们之间的顺序执行。信号量的操作可以分为以下 3 步:

1) 打开或创建信号灯

与消息队列的创建及打开基本相同,不再详述。

2）信号灯值操作

Linux 可以增加或减小信号灯的值，相应于对共享资源的释放和占有。具体参见后面的 semop 系统调用。

3）获得或设置信号灯属性

系统中的每一个信号灯集都对应一个 struct sem_array 结构，该结构记录了信号灯集的各种信息，存在于系统空间。为了设置、获得该信号灯集的各种信息及属性，在用户空间有一个重要的联合结构与之对应，即 union semun，其结构如图 8.13 所示。

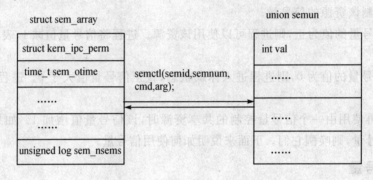

图 8.13 信号集各属性设置关系

2. 信号灯 API

Linux 特有的 ipc() 调用的定义如下：

int ipc(unsigned int call, int first, int second, int third, void * ptr, long fifth);
　　//参数 call 取不同值时，对应信号灯的不同 3 个系统调用
int semop(int semid, struct sembuf * sops, unsigned nsops);(call 为 SEMOP)
int semget(key_t key, int nsems, int semflg);(call 为 SEMGET)
int semctl(int semid,int semnum,int cmd,union semun arg);(call 为 SEMCTL)

而系统 V 消息队列 API 只有 3 个，使用时需要包括几个头文件：

include <sys/types.h>
include <sys/ipc.h>
include <sys/sem.h>

(1) 创建信号量集(semget)

函数原型如下：

int semget(key_t key, int nsems, int semflg);

参数 key 是一个键值，由 ftok 获得，唯一标识一个信号灯集，用法与 msgget() 中的 key 相同；参数 nsems 指定打开或者新创建的信号灯集中将包含信号灯的数目；semflg 参数是一些

标志位。参数 key 和 semflg 的取值,以及何时打开已有信号灯集或者创建一个新的信号灯集与 msgget()中的对应部分相同,不再详述。

该调用返回与键值 key 相对应的信号灯集描述字。

调用返回:成功返回信号灯集描述字,否则返回 −1。

注意:如果 key 所代表的信号灯已经存在,且 semget 指定了 IPC_CREAT|IPC_EXCL 标志,那么即使参数 nsems 与原来信号灯的数目不等,返回的也是 EEXIST 错误;如果 semget 只指定了 IPC_CREAT 标志,那么参数 nsems 必须与原来的值一致,在后面程序实例中还要进一步说明。

(2) 信号量操作函数(semop)

通过 semop 可以自动执行信号量集合上的操作数组,这是个原子操作,其函数原型如下:

int semop(int semid, struct sembuf * sops, unsigned nsops);

成功返回 0,否则返回 −1。

其中,参数 semid 是信号灯集 ID,sops 指向数组的每一个 sembuf 结构都绑定一个在特定信号灯上的操作。nsops 为 sops 指向数组的大小。其中,sembuf 结构如下:

```
struct sembuf
{
    unsigned short   sem_num;        /* semaphore index in array */
    short            sem_op;         /* semaphore operation */
    short            sem_flg;        /* operation flags */
};
```

sem_num 对应信号集中的信号灯,0 对应第一个信号灯。sem_flg 可取 IPC_NOWAIT 以及 SEM_UNDO 两个标志。如果设置了 SEM_UNDO 标志,那么在进程结束时,相应的操作将被取消,这是比较重要的一个标志位。如果设置了该标志位,那么在进程没有释放共享资源就退出时,内核将代为释放。如果为一个信号灯设置了该标志,内核都要分配一个 sem_undo 结构来记录它,为的是确保以后资源能够安全释放。事实上,如果进程退出了,那么它的占用就释放了,但信号灯值却没有改变,此时,信号灯值反映的已经不是资源占有的实际情况,在这种情况下,问题的解决就靠内核来完成。这有点像僵尸进程,进程虽然退出了,资源也都释放了,但内核进程表中仍然有它的记录,此时就需要父进程调用 waitpid 来解决问题了。

sem_op 的值大于 0、等于 0 以及小于 0 确定了对 sem_num 指定的信号灯进行的 3 种操作,具体请参考 Linux 相应手册页。

【扩展阅读】需要强调的是 sem_op 同时操作多个信号灯,在实际应用中,对应多种资源的申请或释放。semop 保证操作的原子性,这一点尤为重要。尤其对于多种资源的申请来说,要么一次性获得所有资源,要么放弃申请,要么在不占有任何资源情况下继续等待,这样,一方面避免了资源的浪费;另一方面,避免了进程之间由于申请共享资源造成死锁。

也许从实际含义上更好理解这些操作:信号灯的当前值记录相应资源目前可用数目;sem_op>0 对应相应进程要释放 sem_op 数目的共享资源;sem_op=0 可以用于对共享资源是否已用完的测试;sem_op<0 相当于进程要申请-sem_op 个共享资源。再联想操作的原子性,更不难理解该系统调用何时正常返回、何时睡眠等待。

(3) 信号量集控制(semctl)

信号量集可以执行修改属性,其函数原型如下:

int semctl(int semid,int semnum,int cmd,union semun arg);

该系统调用实现对信号灯的各种控制操作,参数 semid 指定信号灯集,参数 cmd 指定具体的操作类型;参数 semnum 指定对哪个信号灯操作,只对几个特殊的 cmd 操作有意义;arg 用于设置或返回信号灯信息。该系统调用详细信息请参见其手册页,这里只给出参数 cmd 所能指定的操作,如表 8.9 所列。

表 8.9 参数 cmd 指定操作内容

参 数	功 能
IPC_STAT	获取信号灯信息,信息由 arg.buf 返回
IPC_SET	设置信号灯信息,待设置信息保存在 arg.buf 中(在 manpage 中给出了可以设置哪些信息)
GETALL	返回所有信号灯的值,结果保存在 arg.array 中,参数 sennum 被忽略
GETNCNT	返回等待 semnum 所代表信号灯的值增加的进程数,相当于目前有多少进程在等待 semnum 代表的信号灯所代表的共享资源
GETPID	返回最后一个对 semnum 所代表信号灯执行 semop 操作的进程 ID
GETVAL	返回 semnum 所代表信号灯的值
GETZCNT	返回等待 semnum 所代表信号灯的值变成 0 的进程数
SETALL	通过 arg.array 更新所有信号灯的值;同时,更新与本信号集相关 semid_ds 结构的 sem_ctime 成员
SETVAL	设置 semnum 所代表信号灯的值为 arg.val

第 8 章 嵌入式 Linux 应用程序开发——多进程

调用返回：调用失败返回－1，成功返回与 cmd 相关，如表 8.10 所列。

表 8.10　semctl 调用返回值

cmd 参数	返回值	cmd 参数	返回值
GETNCNT	semncnt	GETVAL	semval
GETPID	sempid	GETZCNT	semzcnt

学习了共享内存与信号量之后，就可以利用相关知识设计一个进程调度的实验程序，以验证信号量在各进程调度过程中所起到的同步与互斥作用。

程序清单 8.11　共享内存与信号量进程调度实例

```
/* shm_setm.c */
#include <stdio.h>
#include <sys/types.h>
#include <sys/ipc.h>
#include <sys/shm.h>
#include <sys/sem.h>
#include <sys/wait.h>
#include <unistd.h>
#include <signal.h>
#define KEY    0x121
void p( int semid )
{
    struct sembuf buf;
    buf.sem_num = 0;
    buf.sem_op = -1;
    buf.sem_flg = SEM_UNDO;
    semop( semid, &buf, 1 );
}
void  v( int semid )
{
    struct sembuf buf;
    buf.sem_num = 0;
    buf.sem_op = 1;
    buf.sem_flg = SEM_UNDO;
    semop( semid, &buf, 1 );
}
int   init()
{
```

```c
    int semid;
    if( (semid = semget( KEY, 1, IPC_CREAT|IPC_EXCL|0600 )) == -1 )
    semid = semget( KEY, 1, 0 );
    else
        semctl( semid, 0, SETVAL, 1 );
        return( semid );
}
main()
{
    int   shmid, semid, i;
    pid_t pid;
    char * ptr;
    shmid = shmget( KEY, 32, IPC_CREAT|0600 );
    ptr = (char *)shmat( shmid, NULL, 0 );
    semid = init( );
    if((pid = fork()) == 0)
    {
        for(i = 0;i<4;i++)
        {
            p( semid );
            ptr[0] = ptr[0] + 1;
            printf( "Child value:%d\n", ptr[0] );
            fflush( stdout);
            v( semid );
            sleep(1);
        }
    }
    else
    {
        for(i = 0;i<4;i++)
        {
            p( semid );
            ptr[0] = ptr[0] + 1;
            printf( "Parent value:%d\n", ptr[0] );
            fflush( stdout);          /*清除文件缓存,文件以写方式打开时将缓冲区内容写入文件*/
            v( semid );
            sleep(1);
        }
    }
}
```

```
//释放共享内存
shmdt( ptr );
shmctl( shmid, IPC_RMID, 0 );
}
```

程序运行结果如下：

```
[root@localhost test]# gcc –o shm_sem shm_sem.c
[root@localhost test]# ./shm_sem
Child value: 1
Parent value: 2
Child value: 3
Parent value r: 4
Child value: 5
Parent value: 6
Child value: 7
Parent value: 8
```

由程序的结果可以看出，信号量的 P、V 操作在父子进程中主要起到协调进程顺序的作用，通过在进程中引入 P、V 操作，可以方便地控制两个进程的同步运作。

8.4 信号机制

信号可以理解为软件层的中断。例如，终端用户键入中断键，则通过信号机制停止一个程序。在应用程序中很多时候都需要处理信号，2.2.4 小节的 wait 或 waitpid 就是对 SGICHLD 信号的处理。

同时，信号本身也是进程间通信的一种方式，但由于它是唯一异步的方式，因此本节将对其单独说明。首先对信号机制进行概述，并说明每一种信号的一般用法，然后针对一些常见信号进行具体说明，以加深对信号机制的理解。

8.4.1 概　述

信号是 Unix 中所使用进程通信的一种最古老的方法，是在软件层次上对中断机制的一种模拟，是一种异步通信方式。信号可以直接进行用户空间进程和内核进程之间的交互，内核进程也可以利用它来通知用户空间进程发生了哪些系统事件。它可以在任何时候发给某一进程，而无须知道该进程的状态。如果该进程当前并未处于执行态，则该信号就由内核保存起来，直到该进程恢复执行再传递给它；如果一个信号被进程设置为阻塞，则该信号的传递被延迟，直到其阻塞被取消时才传递给进程。

一个完整的信号生命周期可以分为3个重要阶段,这3个阶段由4个重要事件来刻画的:信号产生、信号在进程中注册、信号在进程中注销、执行信号处理函数,如图8.14所示。

相邻两个事件的时间间隔构成信号生命周期的一个阶段。要注意这里的信号处理有多种方式,一般是由内核完成的,当然也可以由用户进程来完成。

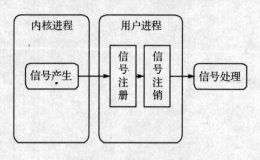

图8.14 信号生命周期

1. 信号的来源

信号事件的发生有两个来源:硬件来源(比如按下了键盘或者其他硬件故障);软件来源,最常用发送信号的系统函数是kill、raise、alarm和setitimer以及sigqueue函数,还包括一些非法运算等操作。

2. 信号的种类

可以从两个不同的分类角度对信号进行分类,从可靠性方面分为可靠信号与不可靠信号,而从时间的关系上则分为实时信号与非实时信号。下面来具体进行说明:

(1) 可靠信号与不可靠信号

Linux信号机制基本上是从Unix系统中继承过来的。早期Unix系统中的信号机制比较简单和原始,后来在实践中暴露出一些问题,因此,把那些建立在早期机制上的信号叫"不可靠信号",信号值小于SIGRTMIN的信号都是不可靠信号。这就是"不可靠信号"的来源。它的主要问题是:进程每次处理信号后,就将对信号的响应设置为默认动作。在某些情况下,将导致对信号的错误处理;因此,用户如果不希望这样的操作,那么就要在信号处理函数结尾再一次调用signal(),重新安装该信号。信号可能丢失,后面将对此详细阐述。

因此,早期Unix下的不可靠信号主要指的是进程可能对信号做出错误的反应以及信号可能丢失。

Linux支持不可靠信号,但是对不可靠信号机制做了改进:在调用完信号处理函数后,不必重新调用该信号的安装函数(信号安装函数是在可靠机制上的实现)。因此,Linux下的不可靠信号问题主要指的是信号可能丢失。

一个不可靠信号的处理过程是这样的:如果发现该信号已经在进程中注册,那么就忽略该信号。因此,若前一个信号还未注销又产生了相同的信号就会产生信号丢失。而当可靠信号发送给一个进程时,不管该信号是否已经在进程中注册,都会再注册一次,因此信号就不会丢失。所有可靠信号都支持排队,而不可靠信号则都不支持排队。

随着时间的发展,实践证明了有必要对信号的原始机制加以改进和扩充。所以,后来出现的各种Unix版本分别在这方面进行了研究,力图实现"可靠信号"。由于原来定义的信号已有许多应用,不好再做改动,最终只好又新增加了一些信号,并在一开始就把它们定义为可靠

第8章 嵌入式Linux应用程序开发——多进程

信号,这些信号支持排队,不会丢失。同时,信号的发送和安装也出现了新版本:信号发送函数 sigqueue()及信号安装函数 sigaction()。POSIX.4 对可靠信号机制做了标准化。但是,POSIX 只对可靠信号机制应具有的功能以及信号机制的对外接口做了标准化,对信号机制的实现没有作具体的规定。

位于 SIGRTMIN 和 SIGRTMAX 之间的信号都是可靠信号,可靠信号克服了信号可能丢失的问题。Linux 在支持新版本的信号安装函数 sigation()以及信号发送函数 sigqueue()的同时,仍然支持早期的 signal()信号安装函数及信号发送函数 kill()。

对于目前 Linux 的两个信号安装函数 signal()及 sigaction()来说,它们都不能把 SIGRTMIN 以前的信号变成可靠信号(都不支持排队,仍有可能丢失,仍然是不可靠信号),而且对 SIGRTMIN 以后的信号都支持排队。这两个函数的最大区别在于,经过 sigaction 安装的信号都能传递信息给信号处理函数(对所有信号这一点都成立),而经过 signal 安装的信号却不能向信号处理函数传递信息。对于信号发送函数来说也是一样的。

(2) 实时信号与非实时信号

早期 Unix 系统只定义了 32 种信号,Ret hat9.0 支持 64 种信号,编号 0 - 63(SIGRTMIN=31,SIGRTMAX=63),将来可能进一步增加,这需要得到内核的支持。前 32 种信号已经有了预定义值,每个信号有了确定的用途及含义,并且每种信号都有各自的默认动作。如按键盘的 CTRL ˉC 时,会产生 SIGINT 信号,对该信号的默认反应就是进程终止。后 32 个信号表示实时信号,等同于前面阐述的可靠信号。这保证了发送的多个实时信号都被接收。实时信号是 POSIX 标准的一部分,可用于应用进程。

非实时信号都不支持排队,都是不可靠信号;实时信号都支持排队,都是可靠信号。

3. 进程对信号的响应

用户进程对信号的响应可以有 3 种方式:
- 忽略信号,即对信号不做任何处理,但是有两个信号不能忽略,即 SIGKILL 及 SIGSTOP。
- 捕捉信号。定义信号处理函数,当信号发生时,执行相应的处理函数。
- 执行默认操作,Linux 对每种信号都规定了默认操作。

Linux 究竟采用上述 3 种方式的哪一个来响应信号,取决于传递给相应 API 函数的参数。

4. 常见信号

Linux 中的大多数信号是提供给内核的,表 8.11 列出了 Linux 中最为常见信号的含义及其默认操作。

嵌入式 Linux 开发技术

表 8.11 常见信号的含义及其默认操作

信号名	含 义	默认操作
SIGHUP	该信号在用户终端连接(正常或非正常)结束时发出,通常是在终端的控制进程结束时通知同一会话内的各个作业与控制终端不再关联	终止
SIGINT	该信号在用户键入 INTR 字符(通常是 Ctrl-C)时发出,终端驱动程序发送此信号并送到前台进程中的每一个进程	终止
SIGQUIT	该信号和 SIGINT 类似,但由 QUIT 字符(通常是 Ctrl-\)来控制	终止
SIGILL	该信号在一个进程企图执行一条非法指令时(可执行文件本身出现错误,或者试图执行数据段、堆栈溢出时)发出	终止
SIGFPE	该信号在发生致命的算术运算错误时发出。这里不仅包括浮点运算错误,还包括溢出及除数为 0 等其他所有的算术错误	终止
SIGKILL	该信号用来立即结束程序的运行,并且不能被阻塞、处理和忽略	终止
SIGALRM	该信号当一个定时器到时的时候发出	终止
SIGSTOP	该信号用于暂停一个进程,且不能被阻塞、处理或忽略	暂停进程
SIGTSTP	该信号用于交互停止进程,用户可键入 SUSP 字符时(通常是 Ctrl-Z)发出这个信号	停止进程
SIGCHLD	子进程改变状态时,父进程会收到这个信号	忽略
SIGABORT	异常终止	终止

8.4.2 信号的发送与捕捉

发送信号的函数主要有 kill()、raise()、alarm()、pause()等,下面就依次对其进行简要的介绍。

1. kill()和 raise()函数

kill 函数同读者熟知的 kill 系统命令一样,可以发送信号给进程或进程组(实际上,kill 系统命令只是 kill 函数的一个用户接口)。这里要注意的是,它不仅可以中止进程(实际上发出 SIGKILL 信号),也可以向进程发送其他信号。与 kill 函数所不同的是,raise 函数允许进程向自身发送信号。

系统调用 kill 来向进程发送一个信号。该调用声明的格式如下:

```
#include <signal.h>
#include <sys/types.h>
int kill (pid_t pid, int sig);
```

参数具体含义如表 8.12 所列。

表 8.12　kill 函数语法要点

参数说明	pid	pid＞0 将该信号发送给进程 ID 为 pid 的进程
		pid＝0 将该信号发送给与发送进程同属于同一进程组的所有进程（这些进程的进程组 ID 等于发送进程的进程组 ID），而且发送进程具有向这些进程发送信号的权限
		pid＜0 将该信号发送给其进程组 ID 等于 pid 的绝对值，而且发送进程具有向其发送信号的权限
		pid＝＝－1 将该信号发送给发送进程有权限向它们发送信号的系统上的所有进程
	sig	信号
函数返回值	成功：0	
	失败：－1	

注意：kill 函数调用执行成功时，返回值为 0；错误时，返回－1，并设置相应的错误代码 errno。下面是一些可能返回的错误代码：

EINVAL：指定的信号 sig 无效。

ESRCH：参数 pid 指定的进程或进程组不存在。注意，在进程表项中存在的进程可能是一个还没有被 wait 收回，但已经终止执行的僵死进程。

EPERM：进程没有权力将这个信号发送到指定接收信号的进程。因为一个进程被允许将信号发送到进程 pid 时，必须拥有 root 权力，或者是发出调用进程的 UID 或 EUID 与指定接收进程的 UID 或保存用户 ID（savedset - user - ID）相同。如果参数 pid 小于－1，即该信号发送给一个组，则该错误表示组中有成员进程不能接收该信号。

系统调用 raise 函数允许进程向自身发送信号。该调用声明的格式如下：

```
#include <signal.h>
#include <sys/types.h>
int raise (int sig);
```

其中，sig 代表要递交的信号，该函数成功返回 0，出错返回－1。

下面通过示例进行详细说明。

程序清单 8.12　使用 kill 和 raise 函数控制进程

```
/*kill&raise*/
#include <stdio.h>
#include <stdlib.h>
#include <signal.h>
#include <sys/types.h>
#include <sys/wait.h>
```

```
int main()
{
pid_t pid;
    int ret;
    if((pid = fork())<0)
{
        perror("fork");
        exit(1);
     }
    if(pid == 0)
{
        raise(SIGSTOP);
      exit(0);
     }
    else{
      printf("pid = %d\n",pid);
      if((waitpid(pid,NULL,WNOHANG)) == 0){
        if((ret = kill(pid,SIGKILL)) == 0)
            printf("kill %d\n",pid);
        else
{
            perror("kill");
        }
      }
    }
}
```

程序运行结果如下：

[root@localhost code]# gcc -o kill kill.c
[root@localhost code]# ./kill
pid = 3380
kill 3380

本程序首先使用 fork 创建一个子进程，接着为了保证子进程不在父进程调用 kill 之前退出，在子进程中使用 raise 函数向子进程发送 SIGSTOP 信号，使子进程暂停。接下来再在父进程中调用 kill 向子进程发送信号，在该示例中使用的是 SIGKILL，读者可以使用其他信号进行练习。

2. alarm( )和 pause( )函数

alarm 也称为闹钟函数，它可以在进程中设置一个定时器，当定时器指定的时间到时，它

第8章 嵌入式 Linux 应用程序开发——多进程

就向进程发送 SIGALARM 信号。要注意的是，一个进程只能有一个闹钟时间，如果在调用 alarm 之前已设置过闹钟时间，则任何以前的闹钟时间都被新值代替。

pause 函数用于将调用进程挂起直到捕捉到信号为止。这个函数非常常用，通常可以用于判断信号是否已到。

系统调用 alarm 函数可以设置一个计时器。该调用格式的声明如下：

```
#include <unistd.h>
unsigned int alarm(unsigned int seconds);
```

参数的具体含义，如表 8.13 所列。

表 8.13　alarm 函数语法要点

参数输入	seconds：指定秒数
函数返回值	成功：如果调用此 alarm() 前，进程中已经设置了闹钟时间，则返回上一个闹钟时间的剩余时间，否则返回 0
	出错：-1

使用 alarm 函数后，计时器会在将来某个指定的时间超时。当计时器超时时，产生 SIGALRM 信号。如果不忽略或不捕捉此信号，则其默认动作是终止调用该 alarm 函数的进程。调用 pause 函数使调用进程挂起直至捕捉到一个信号。该调用格式的声明如下：

```
#include <unistd.h>
int pause(void);
```

只有执行了一个信号处理程序并从其返回时，pause 才返回。在这种情况下，pause 返回 -1，并将 errno 设置为 EINTR。

程序清单 8.13　使用 alarm 和 pause 函数控制进程

```
/* alarm.c */
#include <unistd.h>
#include <stdio.h>
#include <stdlib.h>
int main()
{
    int ret;
    ret = alarm(5);
    pause();
    printf("I have been waken up.\n",ret);
}
```

程序运行结果如下：

```
[root@localhost code]# gcc -o alarm alarm.c
[root@localhost code]# ./alarm
（闹钟）
```

该实例实际上完成了一个简单的 sleep 函数的功能，由于 SIGALARM 默认的系统动作为终止该进程，因此在程序调用了 pause 之后，程序就终止了。

3. sigqueue( )函数

sigqueue 是比较新的发送信号系统调用，主要是针对实时信号提出的（当然也支持前 32 种），支持信号带有参数，与函数 sigaction()配合使用。系统调用 sigqueue()的函数调用声明如下：

```
#include <sys/types.h>
#include <signal.h>
int sigqueue(pid_t pid, int sig, const union sigval val);
```

其中，sigqueue 的第一个参数是指定接收信号的进程 ID；第二个参数确定即将发送的信号；第三个参数是一个联合数据结构 union sigval，指定了信号传递的参数，即通常所说的 4 字节值。union sigval 的结构信息如下：

```
typedef union sigval
{
    int   sival_int;
    void *sival_ptr;
}sigval_t;
```

sigqueue 比 kill 传递了更多的附加信息，但 sigqueue 只能向一个进程发送信号，而不能发送信号给一个进程组。如果 signo=0，则执行错误检查，但实际上不发送任何信号，0 值信号可用于检查 pid 的有效性以及当前进程是否有权限向目标进程发送信号。

在调用 sigqueue 时，sigval_t 指定的信息会复制到信号处理函数（信号处理函数指的是信号处理函数由 sigaction 安装，并设定了 sa_sigaction 指针，稍后将阐述）的 siginfo_t 结构中，这样信号处理函数就可以处理这些信息了。由于 sigqueue 系统调用支持发送带参数信号，所以比 kill 系统调用的功能要灵活和强大得多。

注意：sigqueue 发送非实时信号时，第三个参数包含的信息仍然能够传递给信号处理函数；但此时仍然不支持排队，即在信号处理函数执行过程中到来的所有相同信号都合并为一个信号。

8.4.3 信号的处理

了解信号的产生与捕获之后，接下来就要对信号进行具体的操作了。从前面的信号概述

第8章 嵌入式Linux应用程序开发——多进程

读者也可以看到,特定的信号是与一定的进程相联系的。也就是说,一个进程可以决定在该进程中需要对哪些信号进程做什么样的处理。例如,一个进程可以选择忽略某些信号而只处理其他一些信号,另外,一个进程还可以选择如何处理信号。总之,这些都是与特定的进程相联系的。因此,首先就要建立其信号与进程之间的对应关系,这就是信号的处理。

信号处理的主要方法有两种,一种是使用简单的signal函数,另一种是使用信号集函数组。下面分别介绍这两种处理方式。

1. signal函数格式

使用signal函数处理时,只需把要处理的信号和处理函数列出即可。它主要用于前32种非实时信号的处理,不支持信号传递信息,但是由于使用简单、易于理解,因此也受到很多程序员的欢迎。

系统调用signal用来设定某个信号的处理方法。该调用声明的格式如下:

＃include <signal.h>
void (﹡signal(int signum, void (﹡handler))(int)))(int);

参数的具体含义如表8.14所列。

表8.14　signal函数语法要点

参数输入	signum:指定信号	
	handler:	SIG_IGN:忽略该信号
		SIG_DFL:采用系统默认方式处理信号
		自定义的信号处理函数指针
函数返回值	成功:以前的信号处理配置	
	出错:-1	

上述声明格式比较复杂,如果不清楚如何使用,也可以通过下面这种类型定义的格式来使用(POSIX的定义):

typedef void (﹡sighandler_t)(int);
sighandler_t signal(int signum, sighandler_t handler));

第一个参数指定信号的值,第二个参数指定针对前面信号值的处理,可以忽略该信号(参数设为SIG_IGN);可以采用系统默认方式处理信号(参数设为SIG_DFL);也可以自己实现处理方式(参数指定一个函数地址)。

如果signal调用成功,则返回最后一次为安装信号signum而调用signal时的handler值;失败,则返回SIG_ERR。

程序清单 8.14 使用 signal 函数捕捉信号

```c
/* signal_test.c */
#include <signal.h>
#include <stdio.h>
#include <stdlib.h>
void sig_func(int sign_no)
{
    if(sign_no = = SIGINT)
        printf("I have get SIGINT\n");
    else if(sign_no = = SIGQUIT)
        printf("I have get SIGQUIT\n");
}
int main()
{
    printf("Waiting for signal SIGINT or SIGQUIT \n ");
    signal(SIGINT, sig_func);
    signal(SIGQUIT, sig_func);
    pause();
    exit(0);
}
```

程序运行结果如下：

```
[root@localhost code]# gcc -o signal_test  signal_test.c
[root@localhost code]# ./signal_test
Waiting for signal SIGINT or SIGQUIT
^C I have get SIGINT
```

本例表明了如何使用 signal 函数捕捉相应信号，并做出给定的处理。这里，sig_func 就是信号处理的函数指针。读者还可以将其改为 SIG_IGN 或 SIG_DFL 查看运行结果。

2．信号集函数组

使用信号集函数组处理信号涉及一系列的函数，这些函数按照调用的先后次序可分为以下几大功能模块：创建信号集合、登记信号处理器以及检测信号。

其中，创建信号集合主要用于创建用户感兴趣的信号，其函数包括以下几个：

➢ sigemptyset：初始化信号集合为空。

➢ sigfillset：初始化信号集合为所有信号的集合。

➢ sigaddset：将指定信号加入到信号集合中去。

第 8 章 嵌入式 Linux 应用程序开发——多进程

- sigdelset：将指定信号从信号集中删去。
- sigismember：查询指定信号是否在信号集合之中。

登记信号处理器主要用于决定进程如何处理信号。这里要注意的是，信号集里的信号并不是真正可以处理的信号，只有当信号的状态处于非阻塞状态时才可以真正起作用。因此，首先就要判断出当前阻塞不能传递给该信号的信号集。这里首先使用 sigprocmask 函数判断检测或更改信号屏蔽字，接着使用 sigaction 函数用于改变进程接收到特定信号后的行为。

检测信号是信号处理的后续步骤，且不是必须的。由于内核可以在任何时刻向某一进程发出信号，因此，若该进程必须保持非中断状态而希望将某些信号阻塞，这些信号就处于"未决"状态（也就是进程不清楚它的存在）。所以，在希望保持非中断进程完成相应的任务之后，就应该将这些信号解除阻塞。sigpending 函数就允许进程检测"未决"信号，并进一步决定对它们的处理。

首先，介绍创建信号集合及其初始化的函数格式，函数调用声明格式如下：

```
#include <signal.h>
int sigemptyset(sigset_t *set);
int sigfillset(sigset_t *set);
int sigaddset(sigset_t *set,int signum);
int sigdelset(sigset_t *set,int signum);
int sigismember(sigset_t *set,int signum);
```

表 8.15 列举了这一组函数的语法要点。

表 8.15　创建信号集合函数语法要点

参数输入	set：信号集
	signum：指定信号值
函数返回值	成功：0（sigismember 成功返回 1，失败返回 0）
	出错：-1

其次，介绍用于函数判断检测或是更改信号屏蔽字的 sigprocmask 函数格式，函数调用声明格式如下：

```
#include <signal.h>
int sigprocmask(int how,const sigset_t *set,sigset_t *oset);
```

表 8.16 列举了该函数的语法要点。

表 8.16 sigprocmask 函数语法要点

参数输入	how:决定函数的操作方式	SIG_BLOCK:增加一个信号集合到当前进程的阻塞集合之中
		SIG_UNBLOCK:从当前的阻塞集合之中删除一个信号集合
		SIG_SETMASK:将当前的信号集合设置为信号阻塞集合
	set:指定信号集	
	oset:信号屏蔽字	
函数返回值	成功:0(sigismember 成功返回 1,失败返回 0)	
	出错:-1	

此处,若 set 是一个非空指针,则参数 how 表示函数的操作方式。若 how 为空,则表示忽略此操作。用于改变进程接收到特定信号后的行为的是 sigaction 函数,其函数调用声明格式如下:

```
#include <signal.h>
int sigaction(int signum,const struct sigaction * act,struct sigaction * oldact));
```

表 8.17 列举了该函数的语法要点。

表 8.17 sigprocmask 函数语法要点

参数输入	signum:信号的值,可以为除 SIGKILL 及 SIGSTOP 外的任何一个特定有效的信号
	act:指向结构 sigaction 的一个实例指针,指定对特定信号的处理
	oldact:保存原来对相应信号的处理
函数返回值	成功:0
	出错:-1

这里要说明的是 sigaction 函数中第二和第三个参数用到的 sigaction 结构。这是一个看似非常复杂的结构,希望读者能够慢慢阅读此段内容。首先给出了 sigaction 的定义,如下所示:

```
struct sigaction
{
void ( * sa_handler)(int signo);
sigset_t sa_mask;
int sa_flags;
void ( * sa_restore)(void);
}
```

sa_handler 是一个函数指针,指定信号关联函数,这里除可以是用户自定义的处理函数外,还可以为 SIG_DFL(采用默认的处理方式)或 SIG_IGN(忽略信号)。它的处理函数只有一个参数,即信号值。

sa_mask 是一个信号集,它可以指定在信号处理程序执行过程中哪些信号应当被阻塞,在调用信号捕获函数之前,该信号集要加入到信号的屏蔽字中。sa_flags 中包含了许多标志位,是对信号进行处理的各个选择项。它的常见可选值如表 8.18 所列。

表 8.18 常见信号的含义及其默认操作

选 项	含 义
SA_NODEFER\SA_NOMASK	捕捉到此信号时,在执行其信号捕捉函数时,系统不会自动阻塞此信号
SA_NOCLDSTOP	进程忽略子进程产生的任何 SIGSTOP、SIGTSTP、SIGTTIN 和 SIGTTOU 信号
SA_RESTART	可让重启的系统调用重新起作用
SA_ONESHOT\SA_RESETHAND	自定义信号只执行一次,在执行完毕后恢复信号的系统默认动作

最后介绍用于检测未决信号,并进一步决定如何处理的 sigpending 函数,函数调用声明格式如下:

```
#include <signal.h>
int sigpending(sigset_t * set));
```

参数 set 是要检测的信号集,成功返回 0,出错为 −1。在处理信号时,一般遵循一定的操作流程,如图 8.15 所示。

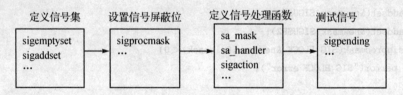

图 8.15 信号操作一般处理流程

程序清单 8.15 使用信号集函数族同步父子进程的通信(参见并对比程序清单 8.8 和 8.10)

```
/* signal_race.c */
#include <sys/wait.h>
#include <sys/types.h>
#include <unistd.h>
#include <signal.h>
#include <stdio.h>
#include <stdlib.h>
#include <signal.h>
```

```c
    static volatile sig_atomic_t sigflag;
    static sigset_t newmask,oldmask,zeromask;
    static void char_put(char *str)
    {   char *p;
        int c;
        setbuf(stdout,NULL);//set unbuffered! ->will schedule "write" once pre char output,to check the race result
        for(p=str;(c=*p++)!=0;)
            putc(c,stdout);
    }
    static void sig_func(int signo)
    {
        sigflag=1;
        char_put("in sig_func\n");          //just for test
    }
    void TELL_WAIT(void)
    {
        if(signal(SIGUSR1,sig_func)==SIG_ERR)
            perror("can't register SIGUSR1");
        if(signal(SIGUSR2,sig_func)==SIG_ERR)
            perror("can't register SIGUSR2");
        sigemptyset(&newmask);
        sigemptyset(&zeromask);
        sigaddset(&newmask,SIGUSR1);
        sigaddset(&newmask,SIGUSR2);
        if(sigprocmask(SIG_BLOCK,&newmask,&oldmask)<0)
            perror("SIG_BLOCK error");
    }
    void TELL_PARENT(pid_t pid)
    {
        kill(pid,SIGUSR2);   //c->p use the signal SIGUSER2
    }
    void TELL_CHILD(pid_t pid)
    {
        kill(pid,SIGUSR1);    //p->c use the signal SIGUSER1
    }
    void WAIT_PARENT(void)
    {
        while(sigflag==0)
```

第 8 章 嵌入式 Linux 应用程序开发——多进程

```
        sigsuspend(&zeromask);    //wait for the parent
    sigflag = 0;
    //reset the signal mask to the original value
    if(sigprocmask(SIG_SETMASK,&oldmask,NULL)<0)
        perror("SIG_SETMASK error");
}
void WAIT_CHILD(void)
{
    while(sigflag = = 0)
        sigsuspend(&zeromask);    //wait for the child
    //sigsuspend:UNBLOCK and pause untill the signal occured before has been catch
    sigflag = 0;
    //reset the signal mask to the original value
    if(sigprocmask(SIG_SETMASK,&oldmask,NULL)<0)
        perror("SIG_SETMASK error");
}
int main(void)
{
    pid_t pid;
    printf("race test! \n");
    TELL_WAIT();
    pid = fork();    //we should check the error
    if(pid == -1){
        perror("fork error");
        exit;
    }
    else if(pid == 0){
//      WAIT_PARENT();
        char_put("output the test character, child\n");
        TELL_PARENT(getppid());
        exit(0);
    }
    WAIT_CHILD();
    char_put("output the test character, parent\n");
    //TELL_CHILD(pid);
    exit(0);
}
```

程序运行结果如下:

```
[root@localhost test]# ./race_sig
race test!
output the test character, child
in sig_func
output the test character, parent
```

本实例是示例 8.8 和 8.10 的信号实现版本,读者可以对比学习这 3 个程序。

注意:信号处于阻塞状态时,所发出的信号对于进程不起作用。信号接触阻塞状态之后,用户发出的信号才能正常运行。

8.5 小　结

多进程编程是 Linux 的编程基础,也是上层的网络应用、音视频处理、图形开发的基础。而从事嵌入式系统开发的人员很多对计算机体系中的多任务编程是陌生的,而嵌入式系统必然需要对操作系统和应用开发有更深的理解。

本章先对进程运行的环境进行了介绍,之后重点介绍多进程控制的方法。在 8.3 节重点介绍了各种任务间通信的函数和使用。8.4 节则重点阐述了进程间通信中唯一异步方式的也是最难理解的信号,它和嵌入式系统中的中断很类似,对进程控制以及后续章节的线程控制都是极其重要的,读者需要结合代码进行深入的了解。

第 9 章
嵌入式 Linux 应用程序开发——多线程

知识点：
多线程控制；
多线程的同步与互斥。

在第 8 章的内容中，我们学习了 Linux 中应用程序的多进程编程。本章将在此基础之上讲述应用程序开发中更加复杂的多线程控制和多线程同步互斥的内容。

9.1 线程概述

线程，又称为轻量级进程。相对进程而言，线程是一个更加接近于执行体的概念。如果说进程是资源管理的最小单位，线程则是程序执行的最小单位，它可以与同进程中的其他线程共享数据，但拥有自己的栈空间，拥有独立的执行序列。在操作系统设计上，从进程演化出线程，最主要的目的就是更好地支持 SMP 以及减小（进程/线程）上下文切换开销。进程和线程都是由操作系统所体会的程序运行的基本单元，系统利用该基本单元实现系统对应用的并发性；它们的区别在于线程的划分尺度小于进程，使得多线程程序的并发性高。另外，进程在执行过程中拥有独立的内存单元，而多个线程共享内存，从而极大地提高了程序的运行效率。这些优点是为什么使用线程的主要原因。它们的联系和区别如图 9.1 所示。

其中，内核线程是指在内核空间维护的线程。相对进程而言，线程间的通信机制更加方便。因为进程具有独立的数据空间，要进行数据的传递只能通过上述章节的各种 IPC、信号等通信方式进行，这种方式较为复杂且效率很低，比如信号有不可靠的问题。线程则不然，由于同一进程下的线程之间共享数据空间，所以一个线程的数据可以直接为其他线程所用，这不仅快捷，而且方便。当然，数据的共享也就意味着必须对关键数据进行互斥，如子程序中声明为

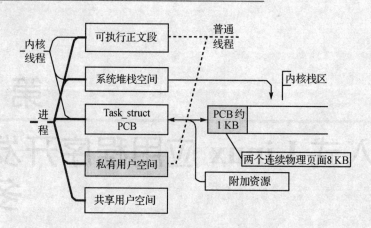

图 9.1 进程、线程与内核线程

static 的数据,这些是编写多线程程序时最需要注意的地方。

本章介绍的线程模型是 POSIX 线程接口,通常称为 pthreads。一般而言,线程的设计是较为复杂的,设计不当效率会很低。以下将结合实例详细说明如何编写多线程应用程序。

9.2 线程控制

本节将详细介绍线程的各个 API 函数及其参数的意义,并通过简单的示例进行说明。注意:本章介绍的是具有默认属性值的线程,也是多线程编程中最常用的线程。

9.2.1 线程创建

创建新的线程的函数是 pthread_create,在 POSIX 下它的定义如下:

```
# include <pthread.h>
int pthread_create(pthread_t * restrict tid, const pthread_attr_t * restrict attr, void *(* start_routine)(void),void * restrict arg);
```

当创建线程成功时,函数返回 0,若不为 0 则说明创建线程失败,常见的错误编号返回代码为 EAGAIN 和 EINVAL。前者表示系统限制创建新的线程,比如线程数目过多了;后者表示第二个参数 attr 是非法的线程属性值。

输入参数中的第一个为指向线程标识符的指针,第二个用来设置线程属性,第三个则是线程运行函数的起始地址,最后是第三个运行函数的参数。

与 fork() 调用创建一个进程的方法不同,pthread_create() 创建的线程并不具备与主线程(即调用 pthread_create() 的线程)同样的执行序列,而是可以使其运行 start_routine(arg) 函数。thread 返回创建的线程 ID,而 attr 是创建线程时设置的线程属性。尽管 arg 是 void * 类型的变量,但它同样可以作为任意类型的参数传给 start_routine()函数。

注意:start_routine()可以返回一个 void * 类型的返回值,而这个返回值也可以是其他类型,并由 pthread_join()获取。thread_function()接受 void * 作为参数,同时返回值的类型也是 void *。这表明可以用 void * 向新线程传递任意类型的数据,新线程完成时也可返回任意类型的数据。

pthread_create()中的 attr 参数是一个结构指针,pthread_attr_t 是控制线程属性的结构:

```
typedef struct __pthread_attr_s
    {
        int __detachstate;
        int __schedpolicy;
        struct __sched_param __schedparam;
        int __inheritsched;
        int __scope;
        size_t __guardsize;
        int __stackaddr_set;
        void * __stackaddr;
        size_t __stacksize;
    } pthread_attr_t;
```

结构中的元素分别对应着新线程的运行属性,具体说明如表 9.1 所列。

表 9.1　线程创建属性

变量	含义
__detachstate	表示新线程是否与进程中其他线程脱离同步,如果置位则新线程不能用 pthread_join()来同步,且在退出时自行释放所占用的资源。默认为 PTHREAD_CREATE_JOINABLE 状态。这个属性也可以在线程创建并运行以后用 pthread_detach()来设置,而一旦设置为 PTHREAD_CREATE_DETACH 状态(不论是创建时设置还是运行时设置),则不能再恢复到 PTHREAD_CREATE_JOINABLE 状态
__schedpolicy	表示新线程的调度策略,主要包括 SCHED_OTHER(正常、非实时)、SCHED_RR(实时、轮转法)和 SCHED_FIFO(实时、先入先出)3 种,默认为 SCHED_OTHER,后两种调度策略仅对超级用户有效。运行时可以通过 pthread_setschedparam()来改变
__schedparam	一个 struct sched_param 结构,目前仅有一个 sched_priority 整型变量表示线程的运行优先级。这个参数仅当调度策略为实(即 SCHED_RR 或 SCHED_FIFO)时才有效,并可以在运行时通过 pthread_setschedparam()函数来改变,默认为 0

续表 9.1

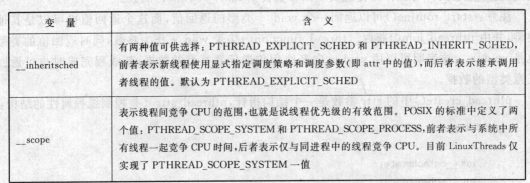

pthread_attr_t 结构中还有一些值,但不使用 pthread_create() 来设置。为了设置这些属性,POSIX 定义了一系列属性设置函数,包括 pthread_attr_init()、pthread_attr_destroy() 及与各个属性相关的 pthread_attr_get、pthread_attr_set 函数等。

9.2.2 线程的 Linux 实现

要更好地掌握 Linux 的线程 API,需要对 Linux 的线程实现有所了解。Linux 的线程其实是在核外进行的,核内提供的是创建进程的接口 do_fork()。在内核层 Linux 提供了两个系统调用 __clone() 和 fork(),最终都用不同的参数调用 do_fork 这个核内 API。当然,要想实现线程,没有核心对多进程(其实是轻量级进程)共享数据段的支持是不行的,因此,do_fork() 提供了很多参数,包括 CLONE_VM(共享内存空间)、CLONE_FS(共享文件系统信息)、CLONE_FILES(共享文件描述符表)、CLONE_SIGHANDLER(共享信号句柄表)和 CLONE_PID(共享进程 ID,仅对核内进程,即 0 号进程有效)。当使用 fork 系统调用时,内核调用 do_fork() 不使用任何共享属性,进程拥有独立的运行环境;而使用 pthread_create() 来创建线程时,则最终设置了所有这些属性来调用 __clone(),而这些参数又全部传给核内的 do_fork(),从而创建的"进程"拥有共享的运行环境,只有栈是独立的,由 __clone() 传入。

Linux 线程在核内是以轻量级进程的形式存在的,拥有独立的进程表项,而所有的创建、同步、删除等操作都在核外 pthread 库中进行。pthread 库使用一个管理线程(__pthread_manager(),每个进程独立且唯一)来管理线程的创建和终止、为线程分配线程 ID、发送线程相关的信号(比如 cancel),而主线程(pthread_create())的调用者则通过管道将请求信息传给管理线程。

注意:由于 pthread 库不是 Linux 系统默认的库,所以使用 Linux 的线程时,对于代码的编译需要添加 -lpthread 参数,如下所示:

[root@localhost ~]# gcc -o example example.c -lpthread

第 9 章 嵌入式 Linux 应用程序开发——多线程

9.2.3 有关线程退出

一般而言,线程终止分为正常终止和非正常终止。线程主动调用 pthread_exit()或者从线程函数中 return 都将使线程正常退出,这是可预见的退出方式。非正常终止是线程在其他线程的干预下,或者由于自身运行出错(比如访问非法地址)而退出,这种退出方式是不可预见的。在线程退出方面涉及线程等待、终止等方面的内容,以下分别介绍。

1. 线程等待

进程中各个线程的运行都是相互独立的,一般线程的终止并不会通知和影响其他线程,终止的线程所占用的资源也并不会随着线程的终止而得到释放。和进程之间可以用 wait()系统调用来同步终止并释放资源一样,线程之间也有类似机制,那就是 pthread_join()函数。其原型如下:

```
# include <pthread.h>
int pthread_join(pthread_t th, void * * thread_return);
```

函数 pthread_join()会使其调用者挂起并等待 th 线程终止。调用成功完成后,pthread_join() 将返回零。其他任何返回值都表示出现了错误。如果检测到以下任一情况,pthread_join() 将失败并返回相应的值,具体意义如表 9.2 所列。

表 9.2 pthread_join 返回值意义

返回值	含 义
ESRCH	代表没有找到与给定的线程 ID 相对应的线程
EDEADLK	代表将出现死锁,如一个线程等待其本身,或者线程 A 和线程 B 互相等待
EINVAL	代表与给定的线程 ID 相对应的线程是分离线程

注意:一个线程仅允许唯一的一个线程使用 pthread_join()等待它的终止,并且被等待的线程应该处于可 join 状态,而非 DETACHED 状态,即 pthread_join() 仅适用于非分离的目标线程。如果没有必要等待特定线程终止之后才进行其他处理,则应当将该线程分离。

由于一个可 join 的线程所占用的内存仅当有线程对其执行了 pthread_join()后才会释放,因此为了避免内存泄漏,所有线程的终止要么使用 pthread_join()来回收,要么就已设为 DETACHED。DETACHED 状态一般是由 pthread_detach()函数设置的。其函数原型如下:

```
# include <pthread.h>
int pthread_detach(pthread_t threadid);
```

它的功能是使线程 ID 为 th 的线程处于分离状态,一旦线程处于分离状态,该线程终止时底层资源立即被回收,否则终止子线程的状态会一直保存(占用系统资源)直到主线程调用

pthread_join(threadid,NULL)获取线程的退出状态。

通常是主线程使用 pthread_create()创建子线程以后,一般可以调用 pthread_detach()分离刚刚创建的子线程,参数 threadid 是指子线程的 ID,如此一来,该子线程终止时底层资源会立即被回收。

当然,被创建的子线程也可以自己分离自己,子线程调用 pthread_detach(pthread_self())就是分离自己(有关 pthread_self()函数见 2.6.4 小节的"杂项辅助函数"),因为 pthread_self()这个函数返回的就是自己本身的线程 ID,类似于进程 API 函数中 getpid()可获取本进程的 ID。

总之,如果进程中的某个线程执行了 pthread_detach(th),则 th 线程将处于 DETACHED 状态,这使得 th 线程在结束运行时自行释放所占用的内存资源,同时也无法由 pthread_join()同步,pthread_detach()执行之后,对 th 请求 pthread_join()将返回表 9.2 所列的错误。

程序清单 9.1　　线程的创建和等待

```
#include <pthread.h>
#include <stdlib.h>
#include <unistd.h>
#include <stdio.h>
int global;
void * thread_function(void * arg) {
    int i,j;
    for ( i = 0;i<10;i + + ) {
    j = global;
    j = j + 1;
    printf(" - ");
    fflush(stdout);
    global = j;
    usleep(10000);         //wait a while
    }
    return NULL;
}
int main(void) {
    pthread_t th_new;
    int i;
    setbuf(stdout,NULL);
    if ( pthread_create( &th_new, NULL, thread_function, NULL) ) {
        perror("error creating thread.");
        abort();
    }
```

```
for ( i = 0; i<10; i + + ) {
global = global + 1;
printf("m");
fflush(stdout);
usleep(10000);                    //wait a while
}
if ( pthread_join ( th_new, NULL ) ) {
perror("error joining thread.");
abort();
}
printf("\n result is : %d\n",global);
exit(0);
}
```

要编译这个程序,只需先将程序存为 thread_ex1.c,然后输入:

```
[root@localhost test]# gcc -o ex1 thread_ex1.c -lpthread
[root@localhost test]# ./ex1
m-m-m--m-m-m-m-m-m-m
result is : 10
```

在上例中,新创建的线程 th_new 对应的执行函数为 thread_function(),功能是对 global 变量进行加 1 操作。当 thread_function() 返回时,新线程将终止。在本例中 pthread_create()成功返回之后,程序将包含两个线程,因为主程序同样也是一个线程(这个单线程称为"主"线程)。新线程创建之后,主线程按顺序继续执行(本例中是对 global 变量操作后再调用 pthread_join())。而新线程在结束任务时会先停止等待与另一个线程合并或"连接",这个工作正是 pthread_join() 所做的。即 pthread_create() 将一个线程拆分为两个,而 pthread_join() 将两个线程合并为一个线程。

另外,在 thread_function() 结束之前,主线程可能已经调用了 pthread_join()。此时,主线程将阻塞到 thread_function()完成。当 thread_function() 完成后,pthread_join() 将返回。这时程序又只有一个主线程。

总之,对于 pthread_join 函数有如下注意事项:

① pthread_join 函数是阻塞的。

② 存在多个线程时,调用 pthread_join 函数的线程会逐个等待各个线程的返回。而且对于以 joinable 方式创建的线程,即使某个线程的任务提前完成退出,该线程的计数及返回状态等信息在对其执行 pthread_join 前是不会被回收的。

③ 如果没有合并一个新线程,则它对系统的最大线程数限制将不利。这意味着如果未对线程做正确的清理,最终会导致应用程序 pthread_create() 调用失败。

> 【扩展阅读】
>
> POSIX 线程中不会使用"父线程"和"子线程"的说法。这是因为 POSIX 线程中不存在进程中父子进程的层次关系。虽然主线程可以创建一个新线程,新线程可以创建另一个新线程,POSIX 线程标准将它们视为等同的层次。所以等待子线程退出的概念在这里没有意义。POSIX 线程标准不记录任何"家族"信息。缺少家族信息有一个主要含义:如果要等待一个线程终止,就必须将线程的 tid 传递给 pthread_join(),线程库无法为你断定 tid。但 POSIX 线程标准提供了有效地管理多个线程所需要的所有工具。实际上,没有父/子关系这一事实却为在程序中使用线程开辟了更创造性的方法。例如,如果有一个线程称为线程 1,线程 1 创建了称为线程 2 的线程,则线程 1 自己没有必要调用 pthread_join() 来合并线程 2,程序中其他任一线程都可以做到。当编写大量使用线程的代码时,这就可能允许发生有趣的事情。例如,可以创建一个包含所有已停止线程的全局"死线程列表",然后让一个专门的清理线程专等停止的线程加到列表中。这个清理线程调用 pthread_join() 将刚停止的线程与自己合并。现在,仅用一个线程就巧妙和有效地处理了全部清理。

2. 线程终止

线程的终止函数是 pthread_exit(),它和进程的 exit() 函数类似,函数原型如下:

```
#include <pthread.h>
void pthread_exit(void * retval);
```

pthread_exit() 函数会终止正在运行的线程,激活使用 pthread_join() 函数的线程。其中,retval 是 pthread_exit() 调用者线程的返回值。对于上述函数 pthread_join() 的第二个参数 thread_return,如果不为 NULL,则 * thread_return 等于 pthread_exit 函数的参数 retval。

和进程中 exit 相关的退出注册函数 atexit 相似,线程终止 pthread_exit() 也有对应的清理函数。在 pthread_exit() 激活使用 pthread_join() 函数的线程后,会按照预设顺序执行清理函数。之后,会释放一些私有数据。

注意:从理论上说,pthread_exit() 和 return 退出的功能是相同的,函数结束时会在内部自动调用 pthread_exit() 来清理线程相关的资源。但实际上二者由于编译器的处理有很大的不同。

在进程主函数 main() 中调用 pthread_exit(),只会使进程的主线程退出。但如果是 return,编译器将使其调用进程退出的代码(如_exit()),从而导致进程及其所有线程结束运行。

另外,在线程宿主函数中主动调用 return,如果 return 语句包含在 pthread_cleanup_push()和 pthread_cleanup_pop()清理函数(详见后续章节)对中,则不会引起清理函数的执行,反而会导致段错误。

总之,对 return 和 pthread_exit()的使用需要视情况而定。同时还需注意线程终止不会释放任何应用进程的资源,包括锁、文件描述符等,而且它不会涉及任何进程级别的清理工作。

9.2.4 辅助函数

在 POSIX 线程规范中还有几个辅助函数,它们是 pthread_self()、pthread_equal()和 pthread_once()。它们的定义如下:

```
#include <pthread.h>
pthread_t pthread_self(void);
int    pthread_equal(pthread_t thread1, pthread_t thread2);
int    pthread_once(pthread_once_t *once_control, void (*init_routine)(void));
```

pthread_self()函数用来获得自身线程 ID。

在 LinuxThreads 中,每个线程都用一个 pthread_descr 结构来描述,其中包含了线程状态、线程 ID 等所有需要的数据结构,此函数的实现就是在线程栈帧中找到本线程的 pthread_descr 结构,然后返回其中的 p_tid 项。pthread_t 类型在 LinuxThreads 中定义为无符号长整型。

函数 pthread_equal()判断两个线程是否为同一线程。在 LinuxThreads 中,线程 ID 相同的线程必然是同一个线程,因此,这个函数的实现仅仅判断 thread1 和 thread2 是否相等。如果 thread1 和 thread2 相等,则 pthread_equal()返回非零值;否则,返回零。如果 thread1 或 thread2 是无效的线程标识号,则结果无法预测。

注意:不能把 pthread_t 当整型处理,所以需要定义此函数来比较两个线程 ID。

最后,函数 pthread_once()仅执行一次的操作,它使用初值为 PTHREAD_ONCE_INIT 的 once_control 变量保证 init_routine()函数在本进程执行序列中仅执行一次。

程序清单 9.2　线程辅助函数使用示例

```
#include <stdio.h>
#include <pthread.h>
pthread_once_t   once = PTHREAD_ONCE_INIT;
void once_run(void)
{
    printf("once_run in thread %li\n",pthread_self());
}
void * th_new1(void * arg)
{
```

```c
    int tid = pthread_self();
    printf("thread %ld enter\n",tid);
    pthread_once(&once,once_run);
    printf("thread %ld returns\n",tid);
}
void * th_new2(void * arg)
{
    int tid = pthread_self();
    printf("thread %ld enter\n",tid);
    pthread_once(&once,once_run);
    printf("thread %ld returns\n",tid);
}
int main(void)
{
    pthread_t tid1,tid2;
    pthread_create(&tid1,NULL,th_new1,NULL);
    pthread_create(&tid2,NULL,th_new2,NULL);
    sleep(2);
    pthread_join ( tid1, NULL );
    pthread_join ( tid2, NULL );
    printf("main thread exit\n");
    return 0;
}
```

编译并运行,结果如下:

```
[root@localhost test]# gcc -o ex2 thread_ex2.c -lpthread
[root@localhost test]# ./ex2
thread -1302403206 enter
once_run in thread -1302403206
thread -1302403206 returns
thread -1227546332 enter
thread -1227546332 returns
main thread exit
```

从结果可以看出 once_run()函数仅执行一次,且究竟在哪个线程中执行是不定的,尽管 pthread_once(&once,once_run)出现在两个线程中。

LinuxThreads 使用互斥锁和条件变量保证由 pthread_once()指定的函数执行且仅执行一次,而 once_control 则表征是否执行过。如果 once_control 的初值不是 PTHREAD_ONCE _INIT(LinuxThreads 定义为 0),pthread_once() 的行为就会不正常。在 LinuxThreads 中,

实际"一次性函数"的执行状态有 3 种：NEVER(0)、IN_PROGRESS(1)及 DONE(2)，如果 once 初值设为 1，则由于所有 pthread_once()都必须等待其中一个激发"已执行一次"信号，因此所有 pthread_once()都会陷入永久的等待中；如果设为 2，则表示该函数已执行过一次，从而所有 pthread_once()都会立即返回 0。

9.3 线程同步

9.3.1 概 述

线程的最大优点之一是数据的共享性，各个线程共享主线程的数据段，它们可以方便地获得、修改数据。但线程程序经常会出现如下问题，例如，两个线程同时调用一个函数如 func_share()（它使用一个静态的数据区），会产生不可思议的结果。这是"线程安全"要考虑的问题。若在一个线程调用该函数得到地址后使用该地址指向的数据时，别的线程可能调用此函数并修改了这一段数据。为了避免这种情况，防止有多个不同的进程访问相同的变量，就必须要求多线程编程中使用合理的同步互斥机制保证对变量的正确使用。另外，在进程中，共享的变量必须用关键字 volatile 来定义，这是为了防止编译器在优化时（如 gcc 中使用-OX 参数）改变它们的使用方式。

线程的同步互斥是线程编程中最重要的部分，其中同步对象是内存中的变量，可以按照与访问数据完全相同的方式对其进行访问。不同进程中的线程可以通过放在由线程控制的共享内存中的同步对象互相通信。尽管不同进程中的线程通常互不可见，但这些线程仍可以互相通信。另外，同步对象还可以放在文件中。同步对象可以比创建它的进程具有更长的生命周期。同步对象具有以下可用类型：

➢ 互斥锁；
➢ 条件变量；
➢ 读/写锁；
➢ 信号。

同步的作用包括以下方面：

➢ 同步是确保共享数据一致性的唯一方法。
➢ 两个或多个进程中的线程可以合用一个同步对象。由于重新初始化同步对象会将对象的状态设置为解除锁定，因此应仅由其中的一个协作进程来初始化同步对象。
➢ 同步可确保可变数据的安全性。
➢ 进程可以映射文件并指示该进程中的线程获取记录锁。一旦获取了记录锁，映射此文件的任何进程中尝试获取该锁的任何线程都会被阻塞，直到释放该锁为止。

POXIS 线程 API 提供了处理诸多同步对象解决诸如竞争，甚至是死锁条件，当然进程间通信中的信号量等也是可以用于线程间通信的,本节将侧重介绍互斥锁和条件变量,对于很类似的读/写锁将在线程属性中对其进行介绍。同时,将结合实例对多线程通信的实现进行详细说明。

9.3.2 互斥锁

互斥锁用来保证一段时间内只有一个线程在执行一段代码。其必要性显而易见:假设各个线程向同一个文件顺序写入数据,最后得到的结果一定是灾难性的。使用互斥锁(互斥)可以使线程按顺序执行。通常,互斥锁通过确保一次只有一个线程执行代码的临界段来同步多个线程。有关互斥锁的相关函数如表9.3所列。

表9.3 互斥锁的函数族

操 作	相关函数说明	操 作	相关函数说明
初始化互斥锁	pthread_mutex_init	解除锁定互斥锁	pthread_mutex_unlock
使互斥锁保持一致	pthread_mutex_consistent_np	使用非阻塞互斥锁锁定	pthread_mutex_trylock
锁定互斥锁	pthread_mutex_lock	销毁互斥锁	pthread_mutex_destroy

1. 初始化和销毁

互斥锁的初始化和销毁函数的定义如下:

```
#include <pthread.h>
int   pthread_mutex_init(pthread_mutex_t *mp, const pthread_mutexattr_t *mattr);
int   pthread_mutex_destroy(pthread_mutex_t *mutex);
```

使 pthread_mutex_init 可以使用默认值初始化由 mattr 所指向的互斥锁,还可以指定已经使用 pthread_mutexattr_init() 设置的互斥锁属性,其中 mattr 的默认值为 NULL。

互斥锁的创建一共有两种方法:静态方式和动态方式。POSIX 定义了一个宏 PTHREAD_MUTEX_INITIALIZER 来静态初始化互斥锁,方法如下:

pthread_mutex_t mutex=PTHREAD_MUTEX_INITIALIZER;

在 LinuxThreads 实现中,pthread_mutex_t 是一个结构,而 PTHREAD_MUTEX_INITIALIZER 则是一个结构常量。动态方式就是采用 pthread_mutex_init() 函数来初始化互斥锁。其中 mutexattr 用于指定互斥锁属性,互斥锁的属性在创建锁的时候指定,在 LinuxThreads 实现中仅有一个锁类型属性,不同的锁类型在试图对一个已经被锁定的互斥锁加锁时表现不同。一般设置为 NULL,即使用默认属性。

函数 pthread_mutex_destroy() 用于注销一个互斥锁,销毁一个互斥锁即意味着释放它所占用的资源,且要求锁当前处于开放状态。由于在 Linux 中,互斥锁并不占用任何资源,因此 LinuxThreads 中的 pthread_mutex_destroy() 除了检查锁状态以外没有其他动作,即没有释

第 9 章　嵌入式 Linux 应用程序开发——多线程

放用来存储互斥锁的空间。pthread_mutex_destroy() 在成功完成之后会返回零(锁定状态则返回 EBUSY),其他任何返回值都表示出现了错误。

2. 使用锁

锁操作主要包括加锁 pthread_mutex_lock()、解锁 pthread_mutex_unlock() 和测试加锁 pthread_mutex_trylock() 这 3 个,不论哪种类型的锁,都不可能被两个不同的线程同时得到,而必须等待解锁。对于普通锁和适应锁类型,解锁者可以是同进程内任何线程;而检错锁则必须由加锁者解锁才有效,否则返回 EPERM;而对于嵌套锁,一般须由加锁者解锁。在同一进程中的线程,如果加锁后没有解锁,则任何其他线程都无法再获得锁。它们的 API 原型如下:

```
#include <pthread.h>
int pthread_mutex_lock(pthread_mutex_t *mutex);
int pthread_mutex_unlock(pthread_mutex_t *mutex);
int pthread_mutex_trylock(pthread_mutex_t *mutex);
```

当 pthread_mutex_lock() 返回时,该互斥锁已被锁定。调用线程是该互斥锁的属主。如果该互斥锁已被另一个线程锁定和拥有,则调用线程将阻塞,直到该互斥锁变为可用为止。

有关该函数的返回情况如表 9.4 所列。

表 9.4　pthread_mutex_lock 的返回值

返回值	状态描述
EAGAIN	已超出了互斥锁递归锁定的最大次数,无法获取该互斥锁
EDEADLK	当前线程已经拥有互斥锁。如果定义了 _POSIX_THREAD_PRIO_INHERIT 符号,则会使用协议属性值 PTHREAD_PRIO_INHERIT 对互斥锁进行初始化。此外,如果 pthread_mutexattr_setrobust_np() 的 robustness 参数是 PTHREAD_MUTEX_ROBUST_NP,则该函数将失败并返回以下值之一: ① ENOSYS. 选项 _POSIX_THREAD_PRIO_INHERIT 未定义或该实现不支持 pthread_mutexattr_setrobust_np()。 ② ENOTSOP. robustness 指定的值不受支持。 ③ EINVAL. attr 或 robustness 指定的值无效
EOWNERDEAD	该互斥锁的最后一个属主在持有该互斥锁时失败。该互斥锁现在由调用方拥有,调用方必须尝试使该互斥锁保护的状态一致。如果调用方能够使状态保持一致,则针对该互斥锁调用 pthread_mutex_consistent_np() 并解除锁定该互斥锁。以后对 pthread_mutex_lock() 的调用都将正常进行。如果调用方无法使状态保持一致,请勿针对该互斥锁调用 pthread_mutex_init(),但要解除锁定该互斥锁。以后调用 pthread_mutex_lock() 时将无法获取该互斥锁,并且返回错误代码 ENOTRECOVERABLE。如果获取该锁的属主失败并返回 EOWNERDEAD,则下一个属主获取该锁时将返回 EOWNERDEAD

续表 9.4

返回值	状态描述
ENOTRECOVERABLE	尝试获取的互斥锁正在保护某个状态，此状态由于该互斥锁以前的属主在持有该锁时失败而导致不可恢复。尚未获取该互斥锁。如果满足以下条件，则可能出现下列不可恢复的情况：① 以前获取该锁时返回 EOWNERDEAD；② 该属主无法清除此状态；③ 该属主已经解除锁定了该互斥锁，但是没有使互斥锁状态保持一致
ENOMEM	已经超出了可同时持有的互斥锁数目的限制

pthread_mutex_unlock() 可释放 mutex 引用的互斥锁对象。互斥锁的释放方式取决于互斥锁的类型属性。如果调用 pthread_mutex_unlock() 时有多个线程被 mutex 对象阻塞，则互斥锁变为可用时调度策略可确定获取该互斥锁的线程。对于 PTHREAD_MUTEX_RECURSIVE 类型的互斥锁，当计数达到零并且调用线程不再对该互斥锁进行任何锁定时，该互斥锁将变为可用。

pthread_mutex_unlock() 在成功完成之后会返回零，失败则返回 EPERM 代表当前线程不拥有互斥锁。

pthread_mutex_trylock() 语义与 pthread_mutex_lock() 类似，它是 pthread_mutex_lock() 的非阻塞版本。如果 mutex 引用的互斥对象当前被任何线程（包括当前线程）锁定，则立即返回 EBUSY 而不是挂起等待。否则，该互斥锁将处于锁定状态，调用线程是其属主。

pthread_mutex_trylock() 在成功完成之后会返回零，其他任何返回值都表示出现了错误。返回值及对应的原因描述和 pthread_mutex_lock() 的基本一致（见表 9.4），它多了一个状态返回，即 EBUSY，这是由于 mutex 所指向的互斥锁已锁定，因此无法获取该互斥锁导致的。

程序 9.1 说明了线程调用的方法，但并没有对结果进行分析。而且程序 9.1 的主线程和新线程都将全局变量 global 10 次加 1。但是程序产生了某些出乎意料的结果，反复运行的结果如下：

```
[root@localhost test]# ./ex1
m--m-mm-m-m-m-m-m-
result is : 19
[root@localhost test]# ./ex1
o--m-m-m-m-m-m-m-m
result is : 17
[root@localhost test]# ./ex1
m--m-m-m-m-m-m-m-m
result is : 18
```

第9章 嵌入式 Linux 应用程序开发——多线程

因为 global 从零开始,主线程和新线程各自对其进行了 10 次加 1,程序结束时 global 值应当等于 20,但 global 输出结果为不定值。

查看函数 thread_function(),可知它首先将 global 复制到局部变量 j,接着将 j 加 1,然后打印输出后才将新的 j 值复制到 global。这就是关键所在,试想此时如果主线程就在新线程将 global 值复制给 j 后立即将 global 加 1 会发生什么?即当 thread_function() 将 j 的值写回 global 时,就覆盖了主线程所做的修改。

由于是将 global 复制给 j 并且等了 1 s 之后才写回时产生的问题,可以尝试避免使用临时局部变量并直接将 global 加 1。但这种解决方案对于更加复杂的运算和控制会失效。原因在于线程是并发运行的,即使在单处理器系统上运行(内核利用时间分片模拟多任务)也是可以的,从程序员的角度,则是两个线程是同时执行的。ex1.c 出现问题是因为 thread_function() 依赖以下论据:在 global 加 1 之前不会修改 global。但实际的情况是 thread_function() 代码执行过程中,主线程代码也在执行。代码可能以如下的顺序执行:

```
thread_function() 线程          主线程
j = global;
j = j + 1;
printf(" - ");                  global = global + 1;
fflush(stdout);
global = j;
sleep(1);
```

因此,当代码以此特定顺序执行时,将覆盖主线程对 global 的修改。程序结束后,就得到不正确的值。如果是在操纵指针的话,就可能产生段错误导致崩溃。如何确保同一时间内,另一个线程对同一数据结构不进行修改,需要有些途径让一个线程在对 global 做更改时通知其他线程"不要靠近"。程序清单 9.3 中使用互斥对象(mutex)来解决了该问题(修改之处见粗体部分)。

程序清单 9.3 线程的互斥

```
#include <pthread.h>
#include <stdlib.h>
#include <unistd.h>
#include <stdio.h>
int global;
pthread_mutex_t mutex = PTHREAD_MUTEX_INITIALIZER;
void * thread_function(void * arg) {
    int i,j;
    for ( i = 0;i<10;i++ ) {
        pthread_mutex_lock(&mutex);
```

```c
        j = global;
        j = j + 1;
        printf("-");
        fflush(stdout);
        global = j;
        usleep(10000);                      //wait a while
        pthread_mutex_unlock(&mutex);
    }
    return NULL;
}
int main(void) {
    pthread_t th_new;
    int i;
    if ( pthread_create( &th_new, NULL, thread_function, NULL ) ) {
        perror("error creating thread.");
        abort();
    }
    for( i = 0;i<10;i + + ) {
        pthread_mutex_lock(&mutex);
        global = global + 1;
        pthread_mutex_unlock(&mutex);
        printf("m");
        fflush(stdout);
        usleep(10000);                      //wait a while
    }
    if ( pthread_join ( th_new, NULL ) ) {
        perror("error joining thread.");
        abort();
    }
    printf("\nresult is : %d\n",global);
    exit(0);
}
```

编译运行的结果为:

```
[root@localhost test]# gcc -o ex3 thread_ex3.c -lpthread
[root@localhost test]# ./ex3
m - - - m - m - m - m - m - - - mmmm
result is : 20
```

互斥对象的 pthread_mutex_lock()/unlock() 函数调用在线程程序中是不可或缺的。它们提供了一种这样的相互排斥方法：如果线程 1 试图锁定一个互斥对象，而此时线程 2 已锁定了同一个互斥对象，则线程 1 就将进入睡眠状态。一旦线程 2 释放了互斥对象（通过 pthread_mutex_unlock() 调用），线程 1 就能够锁定这个互斥对象。即对已锁定的互斥对象上调用 pthread_mutex_lock() 的所有线程都将进入睡眠状态，这些睡眠的线程将"排队"访问这个互斥对象。

通常使用 pthread_mutex_lock() 和 pthread_mutex_unlock() 来保护数据结构。这就是说，通过线程的锁定和解锁，对于某一数据结构，确保某一时刻只能有一个线程能够访问它。可以推测到，当线程试图锁定一个未加锁的互斥对象时，POSIX 线程库将同意锁定，而不会使线程进入睡眠状态。

pthread_mutex_lock() 和 pthread_mutex_unlock() 函数调用将正在修改和读取的临界资源封闭起来。这类似于原子操作。但若仔细查看程序 9.3 的输出结果，可以发现两个线程的输出并不是有规律的，这是因为互斥锁并不能用作线程间的同步，而需要下述章节"条件变量"的辅助。

【扩展阅读】

编程时不能使用过多的互斥对象，不然代码的并发性会大大降低，运行起来可能也比单线程解决方案慢。但如果放置了过少的互斥对象，代码将出现错误。对于如何使用互斥对象有如下两个规则：

① 互斥对象用于串行化存取"共享数据"。不要对非共享数据使用互斥对象，并且，如果程序逻辑确保任何时候都只有一个线程能存取特定数据结构，那么也不要使用互斥对象。

② 如果要使用共享数据，那么在读、写共享数据时都应使用互斥对象。用 pthread_mutex_lock() 和 pthread_mutex_unlock() 把读/写部分保护起来，或者在程序中不固定的地方随机使用它们。学会从一个线程的角度来审视代码，并确保程序中每一个线程对内存的观点都是一致和合适的。

另外，对于默认调度策略 SCHED_OTHER 不指定线程可以获取锁的顺序。如果多个线程正在等待一个互斥锁，则获取顺序是不确定的。出现争用时，默认行为按优先级顺序解除线程的阻塞。

值得注意的是：在 POSIX Thread 中同样可以使用 IPC 的信号量机制来实现互斥锁 mutex 功能，如 P 操作和 V 操作，但 semphore 的功能过于强大，使用也较为复杂，在 POSIX Thread 中一般使用专门用于线程同步的 mutex 函数即可。

9.3.3 条件变量

在系统中,每个线程去争夺互斥锁时,并不能保证是顺序执行的,原因在于互斥对象是线程程序必需的工具,但它们并非万能的。例如,如果线程正在等待共享数据内某个条件出现,那会发生什么呢?代码可以反复对互斥对象锁定和解锁,以检查值的任何变化。同时,还要快速将互斥对象解锁,以便其他线程能够进行任何必需的更改。这是一种非常可怕的方法,因为线程需要在合理的时间范围内频繁地循环检测变化。

因此,需要的是这样一种方法:当线程在等待满足某些条件时使线程进入睡眠状态。一旦条件满足,还需要一种方法以唤醒因等待满足特定条件而睡眠的线程。如果能够做到这一点,线程代码将是非常高效的,并且不会占用宝贵的互斥对象锁。这正是 POSIX 条件变量能做的事。

条件变量通过允许线程阻塞和等待另一个线程发送信号的方法弥补了互斥锁只有两种状态的不足,它常和互斥锁一起使用,正如共享内存和信号量的配合使用一样。使用时,条件变量用来阻塞一个线程,当条件不满足时,线程往往解开相应的互斥锁并等待条件发生变化。一旦其他某个线程改变了条件变量,它将通知相应的条件变量唤醒一个或多个正被此条件变量阻塞的线程。这些线程将重新锁定互斥锁并重新测试条件是否满足。一般来说,条件变量被用来进行线程间的同步。

1. 初始化和销毁

条件变量是利用线程间共享的全局变量进行同步的一种机制,主要包括两个动作:一个线程等待"条件变量的条件成立"而挂起;另一个线程使"条件成立"(给出条件成立信号)。为了防止竞争,条件变量的使用总是和一个互斥锁结合在一起。

条件变量的初始化和销毁函数的原型定义如下:

```
#include <pthread.h>
int  pthread_cond_init(pthread_cond_t *cond, const pthread_condattr_t *cattr);
int  pthread_cond_destroy(pthread_cond_t * cond);
```

cond 是一个指向结构 pthread_cond_t 的指针,cattr 是一个指向结构 pthread_condattr_t 的指针。其中,结构 pthread_condattr_t 是条件变量的属性结构,和互斥锁一样,可以用来设置条件变量是进程内可用还是进程间可用,默认值是 PTHREAD_PROCESS_PRIVATE,即此条件变量被同一进程内的各个线程使用。

另外,cattr 一般设置为 NULL。将 cattr 设置为 NULL 与传递默认条件变量属性对象的地址等效,但是没有内存开销。和互斥锁一样,条件变量也有静态动态两种创建方式,静态方式使用 PTHREAD_COND_INITIALIZER 常量,使用该宏可以将以静态方式定义的条件变量初始化为其默认属性。PTHREAD_COND_INITIALIZER 宏与动态分配具有 NULL 属性

第 9 章 嵌入式 Linux 应用程序开发——多线程

的 pthread_cond_init() 等效,但是不进行错误检查。

pthread_cond_init() 在成功完成之后会返回零,出错的返回值及其对应的错误描述如表 9.5 所列。

表 9.5　pthread_cond_init 的返回值

返回值	状态描述	返回值	状态描述
EINVAL	cattr 指定的值无效	EAGAIN	必要的资源不可用
EBUSY	条件变量处于使用状态	ENOMEM	内存不足,无法初始化条件变量

使用 pthread_cond_init 可以将 cond 所指示的条件变量初始化为其默认值,或者指定已经使用 pthread_condattr_init() 设置的条件变量属性。

注意:多个线程决不能同时初始化或重新初始化同一个条件变量。如果要重新初始化或销毁某个条件变量,则应用程序必须确保该条件变量未被使用。

注销一个条件变量需要调用 pthread_cond_destroy(),但只有在没有线程在该条件变量上等待的时候才能注销这个条件变量,否则返回 EBUSY。因为 Linux 实现的条件变量没有分配什么资源,释放条件变量也就不会释放用来存储条件变量的空间,注销动作只包括检查是否有等待线程。

2. 等待和激发

等待和激发是 POSIX 线程信号发送系统的核心,也是最难以理解的部分。

使用条件变量是最关键的,其中等待条件有两种方式:无条件等待 pthread_cond_wait() 和计时等待 pthread_cond_timedwait()。其中,计时等待方式如果在给定时刻前条件没有满足,则返回 ETIMEOUT,结束等待,其中 abstime 以与 time() 系统调用相同意义的绝对时间形式出现,0 表示格林尼治时间 1970 年 1 月 1 日 0 时 0 分 0 秒。它们的函数原型如下:

```
#include <pthread.h>
int pthread_cond_wait(pthread_cond_t * cond, pthread_mutex_t * mutex);
int pthread_cond_timedwait(pthread_cond_t * cond, pthread_mutex_t * mutex,const struct timespec
* abstime);
```

无论使用哪种等待方式,都必须和一个互斥锁(上述两个函数中的第二个参数 mutex)配合使用,以防止多个线程同时请求 pthread_cond_wait()(或 pthread_cond_timedwait())的竞争条件。

在调用 pthread_cond_wait 前需要先锁定互斥量 mutex,调用时,它会以原子操作方式在设置条件变量的状态后释放该互斥量;同时进入等待条件变量,以原子操作方式修改条件变量的状态(其他线程调用 pthread_cond_siganl/pthread_cond_broadcast 来取消这个"等待")。即 pthread_cond_wait() 所做的第一件事是同时对互斥对象解锁(于是其他线程可以获取这个所并做对应的工作),并等待条件 cond 发生(这样当 pthread_cond_wait() 接收到另一个线程的"信号"时它将苏醒)。

此时,pthread_cond_wait() 调用还未返回。对互斥对象解锁会立即发生,但等待条件 mycond 通常是一个阻塞操作,这意味着线程将睡眠,在它苏醒之前不会消耗 CPU 周期。这正是期待发生的情况:线程将一直睡眠,直到特定条件发生,在这期间不会发生任何浪费 CPU 时间的繁忙查询。从线程的角度来看,它只是在等待 pthread_cond_wait() 调用返回。

现在互斥对象已被解锁,其他线程可以访问互斥锁了。假设另一个线程锁定了 cond 释放的互斥锁,在完成部分工作后调用函数 pthread_cond_signal()解除条件变量的阻塞等待。这样,等待 cond 条件变量的线程立即苏醒,也就意味着仍处于 pthread_cond_wait() 调用中的线程现在将苏醒。此时苏醒的线程 pthread_cond_wait() 并不会立即返回。实际上,它将执行最后一个操作:重新锁定 mutex。一旦 pthread_cond_wait() 锁定了互斥对象,那么它将返回并允许该线程继续执行。而其他等待这个 mutex 互斥锁的线程将等待。

注意:cond 在被激活后,在返回之前是以原子操作方式再次获取该互斥锁的。

线程等待典型的调用方式是:

```
pthread_mutex_lock();
while(condition_is_false)
pthread_cond_wait();
   /* do the work */
pthread_mutex_unlock();
```

通常,对条件表达式的评估是在互斥锁的保护下进行的。如果条件表达式为假,线程会基于条件变量阻塞。然后,当该线程更改条件值时,另一个线程会针对条件变量发出信号。这种变化会导致所有等待该条件的线程解除阻塞并尝试再次获取互斥锁。此时就必须重新测试导致等待的条件,然后才能从 pthread_cond_wait() 处继续执行。唤醒的线程重新获取互斥锁并从 pthread_cond_wait() 返回之前,条件可能会发生变化。等待线程可能并未真正唤醒。因此,建议使用上述的测试方法:将条件检查编写为调用 pthread_cond_wait() 的 while() 循环。

pthread_cond_wait() 和 pthread_cond_timedwait()在成功完成之后都会返回零。如果是 EINVAL,则表示 cond 或 mutex 指定的值无效。其中,ETIMEDOUT 表示 abstime 指定的时间已过。

第 9 章 嵌入式 Linux 应用程序开发——多线程

【扩展阅读】

① mutex 互斥锁必须是普通锁或者适应锁，且在调用 pthread_cond_wait()前必须由本线程加锁(pthread_mutex_lock())，而在更新条件等待队列以前，mutex 保持锁定状态，并在线程挂起进入等待前解锁。在条件满足从而离开 pthread_cond_wait()之前，mutex 将被重新加锁，以与进入 pthread_cond_wait()前的加锁动作对应。

② 当多个线程同时等待条件变量并且需要修改条件表达式时，系统按照阻塞线程的优先级顺序唤醒，所以在线程唤醒后需要再次检测条件表达式，以保证满足线程等待的条件。

③ pthread_cond_wait() 例程每次返回结果时调用线程都会锁定并且拥有互斥锁，即使返回错误时也是如此。但不能通过 pthread_cond_wait() 的返回值来推断与条件变量相关联的条件的值的任何变化，必须重新评估此类条件。

④ 如果有多个线程基于该条件变量阻塞，则无法保证按特定的顺序获取互斥锁。

激发条件有两种形式：pthread_cond_signal()激活一个等待该条件的线程，存在多个等待线程时按入队顺序激活其中一个，而 pthread_cond_broadcast()则激活所有等待线程。它们的原型定义如下：

```
#include <pthread.h>
int  pthread_cond_signal(pthread_cond_t *cond);
int  pthread_cond_broadcast(pthread_cond_t *cond);
```

线程可以被函数 pthread_cond_signal 和函数 pthread_cond_broadcast 唤醒，但是要注意的是，条件变量只是起阻塞和唤醒线程的作用，具体的判断条件还需用户给出，如一个变量是否为 0 等，这一点可从上述的例子中看到。线程被唤醒后，它将重新检查判断条件是否满足，如果还不满足，一般说来线程应该仍阻塞在这里，被等待被下一次唤醒。

它用来释放被阻塞在条件变量 cond 上的一个线程。多个线程阻塞在此条件变量上时，哪一个线程被唤醒是由线程的调度策略所决定的。要注意的是，必须用保护条件变量的互斥锁来保护这个函数，否则条件满足信号又可能在测试条件和调用 pthread_cond_wait 函数之间被发出，从而造成无限制的等待。

程序清单 9.4　使用条件变量和互斥锁进行线程的互斥和同步

```c
#include <pthread.h>
#include <stdlib.h>
#include <unistd.h>
#include <stdio.h>
int global;
unsigned int ready = 0 ;
pthread_mutex_t mutex = PTHREAD_MUTEX_INITIALIZER;
pthread_cond_t cond = PTHREAD_COND_INITIALIZER;
void * thread_function(void * arg) {
    int i;
    for ( i = 0;i<10;i++ ) {
        pthread_mutex_lock(&mutex);
        global = global + 1;
        printf("m");
        fflush(stdout);
        pthread_mutex_unlock(&mutex);
        ready = 1;
        pthread_cond_signal(&cond);
        usleep(200);     //微小延时确保线程运行的公平争夺 CPU
    }
    return NULL;
}
int main(void) {
    pthread_t th_new;
    int i,j;
    if ( pthread_create( &th_new, NULL, thread_function, NULL) ) {
        perror("error creating thread.");
        abort();
    }
    for ( i = 0;i<10;i++ ) {
        pthread_mutex_lock(&mutex);
        while(ready == 0)
            pthread_cond_wait(&cond,&mutex);
        ready -- ;
        j = global;
        j = j + 1;
        global = j;
        printf(" - ");
```

```
        fflush(stdout);
        pthread_mutex_unlock(&mutex);
    }
    if ( pthread_join ( th_new, NULL ) ){
        perror("error joining thread.");
        abort();
    }
    printf("\nresult is : % d\n",global);
    exit(0);
}
```

编译并运行：

```
[root@localhost thread_doc]# ./ex4
m－m－m－m－m－m－m－m－m－m－
result is : 20
```

从结果可以看出，两个线程是交替对全局变量 golbal 进行修改的，而不是杂乱无序的，这样就达到了同步和互斥的目的。当然，这只是一个简单的实例，实际的编程中还需要更多的考虑来保证同步的可靠性以避免死锁或者争夺资源的"不公平性"。

9.3.4 线程与信号量

信号量，又称信号灯，本质上是一个非负的整数计数器，用来控制对公共资源的访问。它与互斥锁和条件变量的主要不同在于"灯"的概念，灯亮则意味着资源可用，灯灭则意味着不可用。如果说后两种同步方式侧重于"等待"操作，即资源不可用的话，信号灯机制则侧重于点"灯"，即告知资源可用；没有等待线程的解锁或激发条件都是没有意义的，而没有等待灯亮的线程的点灯操作则有效，且能保持灯亮状态。当然，这样的操作原语也意味着更多的开销。

信号量是一个非负整数计数。信号量通常用来协调对资源的访问，其中信号计数会初始化为可用资源的数目。然后，线程在资源增加时会增加计数，在删除资源时会减小计数，这些操作都以原子方式执行。如果信号计数变为零，则表明已无可用资源。计数为零时，尝试减小信号的线程会被阻塞，直到计数大于零为止。

POSIX 信号灯标准定义了有名信号灯和无名信号灯两种，但 LinuxThreads 的实现仅有无名灯。有名灯已经在上章的多进程通信中有了介绍，同时它在使用上与无名灯并没有很大的区别，因此下面仅就无名灯进行讨论。表 9.6 列出了相关的函数。

表 9.6 信号量的相关函数

API	函数意义	API	函数意义
sem_init	初始化信号	sem_trywait	减小信号计数
sem_post	增加信号	sem_destroy	销毁信号状态
sem_wait	基于信号计数阻塞		

由于信号量无需由同一个线程来获取和释放,因此信号量可用于异步事件通知,如用于信号处理程序中。同时,由于信号量包含状态,因此可以异步方式使用,而不用像条件变量那样要求获取互斥锁,但是信号量的效率不如互斥锁高。默认情况下,如果有多个线程正在等待信号量,则解除阻塞的顺序是不确定的。

1. 创建和注销

信量号在使用前必须先初始化,相关函数的原型定义如下:

```
#include <semaphore.h>
int   sem_init(sem_t * sem, int pshared, unsigned int value);
int   sem_destroy(sem_t * sem);
```

其中,sem 为指向信号量结构的一个指针;pshared 不为 0 时此信号量在进程间共享,否则只能为当前进程的所有线程共享;value 给出了信号量的初始值。

注意:pshared 表示是否为多进程共享而不仅仅用于一个进程。由于 LinuxThreads 没有实现多进程共享信号灯,因此所有非 0 值的 pshared 输入都将使 sem_init()返回－1,且置 errno 为 ENOSYS(系统不支持 sem_init() 函数)。初始化好的信号灯由 sem 变量表征,用于后续的点灯、灭灯操作。

sem_init()在成功完成之后会返回零。返回 EINVAL 代表参数值超过了 SEM_VALUE _MAX。若是 ENOSPC 代表初始化信号所需的资源已经用完。到达信号的 SEM_NSEMS_ MAX 限制。而 EPERM 则代表进程缺少初始化信号所需的适当权限。

注意:多个线程决不能初始化同一个信号。不得对其他线程正在使用的信号重新初始化。

使用 sem_destroy()可以销毁与 sem 所指示的未命名信号相关联的任何状态。被注销的信号灯 sem 要求已没有线程在等待该信号灯,否则返回－1,且置 errno 为 EBUSY。除此之外,LinuxThreads 的信号灯注销函数不做其他动作。不会释放用来存储信号的空间。若 sem 所指示的地址非法,则返回 EINVAL。

2. 信号量操作

信号量操作包括 3 个,即上灯、等待、获取灯值等操作,它们的函数原型定义如下:

第9章 嵌入式 Linux 应用程序开发——多线程

```
#include <semaphore.h>
int  sem_post(sem_t *sem);
int  sem_wait(sem_t *sem);
int  sem_trywait(sem_t *sem);
```

其中，sem_trywait()为 sem_wait()的非阻塞版。

函数 sem_post(sem_t *sem)用来增加信号量的值。点灯操作将信号灯值原子地加 1，表示增加一个可访问的资源。当有线程阻塞在这个信号量上时，调用这个函数会使其中的一个线程不再阻塞，选择机制同样是由线程的调度策略决定的。

函数 sem_wait(sem_t *sem)用来阻塞当前线程直到信号量 sem 的值大于 0，解除阻塞后将 sem 的值减 1 并返回，表明公共资源经使用后减少。函数 sem_trywait (sem_t *sem)是函数 sem_wait()的非阻塞版本，如果信号灯计数大于 0，则原子地减 1 并返回 0；否则，立即返回-1，errno 置为 EAGAIN。

注意：上述函数的操作都是原子操作。同时，sem_wait()被实现为取消点，而且在支持原子"比较且交换"指令的体系结构上，sem_post()是唯一能用于异步信号处理函数的 POSIX 异步信号安全的 API。

程序清单 9.5 使用信号量同步线程，本例用信号量的方式实现了程序 9.4 中的同步

```
#include <pthread.h>
#include <stdlib.h>
#include <unistd.h>
#include <stdio.h>
#include <semaphore.h>
int global;
sem_t sem_test1,sem_test2;
void *thread_function(void *arg) {
    int i,j;
    for ( i = 0;i<10;i++ ) {
    sem_wait(&sem_test2);
    j = global;
    j = j+1;
    global = j;
    printf("-");
    fflush(stdout);
    sem_post(&sem_test1);
    }
    return NULL;
}
int main(void) {
```

```
        pthread_t th_new;
        int i;
        int ret;
        if((ret = sem_init(&sem_test1,0,0))!= 0)
            perror("sem_test1_init");
        if((ret = sem_init(&sem_test2,0,0))!= 0)
            perror("sem_test2_init");
        if (pthread_create( &th_new, NULL, thread_function, NULL ) ) {
            perror("error creating thread.");
            abort();
        }
        for ( i = 0;i<10;i + + ) {
            global = global + 1;
            printf("m");
            fflush(stdout);
            sem_post(&sem_test2);
            sem_wait(&sem_test1);
        }
        if ( pthread_join ( th_new, NULL ) ) {
            perror("error joining thread.");
            abort();
        }
        printf("\nresult is : % d\n",global);
        sem_destroy(&sem_test1);
        sem_destroy(&sem_test2);
        exit(0);
    }
```

编译并运行,结果如下:

```
[root@localhost test]# gcc -o ex5 thread_ex5.c -lpthread
[root@localhost test]# ./ex5
m-m-m-m-m-m-m-m-m-m-
result is : 20
```

可以看出这与示例 9.4 的结果是一致的,只是实现方式不一样而已。

9.3.5 线程取消

一般情况下,线程在其主体函数退出的时候会自动终止,但同时也可以因为接收到另一个线程发来的终止(取消)请求而强制终止。线程的取消操作允许线程请求终止其所在进程中的任何其他线程。不希望或不需要对一组相关的线程执行进一步操作时,可以选择执行取消操作。取消线程的一种情况是异步生成取消条件,例如,用户请求关闭或退出正在运行的应用程序。另一种情况是完成由许多线程执行的任务。其中的某个线程可能最终完成了该任务,而其他线程还在继续运行。由于正在运行的线程此时没有任何用处,因此应当取消这些线程。

1. 取消点

线程取消的方法是向目标线程发 CANCEL 信号,但如何处理 CANCEL 信号则由目标线程自己决定,或者忽略或者立即终止或者继续运行至取消点(Cancelation - point),由不同的 Cancelation 状态决定。

线程接收到 CANCEL 信号的默认处理(即 pthread_create()创建线程的默认状态)是继续运行至取消点,也就是说设置一个 CANCELED 状态,线程继续运行,只有运行至取消点的时候才会退出。

根据 POSIX 标准,取消点包括:
➤ 通过 pthread_testcancel 调用以编程方式建立线程取消点。
➤ 线程等待 pthread_cond_wait 或 pthread_cond_timedwait(3C)中的特定条件出现。
➤ 被 sigwait(2) 阻塞的线程。
➤ 一些标准的库调用。通常,这些调用包括线程可基于其阻塞的函数。

由此可知,会引起阻塞的系统调用如 pthread_join()、pthread_testcancel()、pthread_cond_wait()、pthread_cond_timedwait()、sem_wait()、sigwait()等函数以及 read()、write()等都是 Cancelation - point,而其他 pthread 函数都不会引起 Cancelation 动作。

默认情况下将启用取消功能。有时,应用程序需要禁用取消功能。如果禁用取消功能,则会导致延迟所有的取消请求,直到再次启用取消请求。

如果线程处于无限循环中,且循环体内没有执行至取消点的必然路径,则线程无法由外部其他线程的取消请求而终止。因此,在这样循环体的必经路径上应该加入 pthread_testcancel()调用。

执行取消操作存在一定的危险。大多数危险都与完全恢复不变量、释放共享资源有关。取消线程时一定要格外小心,否则可能会使互斥保留为锁定状态,从而导致死锁。或者,已取消的线程可能保留已分配的内存区域,但是系统无法识别这一部分内存,从而无法释放它。

标准 C 库指定了一个取消接口用于以编程方式允许或禁止取消功能。该库定义的取消点是一组可能执行取消操作的点。该库还允许定义取消处理程序的范围,以确保这些处理程序在预期的时间和位置运行。取消处理程序提供的清理服务可以将资源和状态恢复到与起点一致的状态。

注意:必须对应用程序有一定的了解,才能放置取消点并执行取消处理程序。互斥肯定不是取消点,只应当在必要时使之保留尽可能短的时间。同时,请将异步取消区域限制在没有外部依赖性的序列,因为外部依赖性可能会产生挂起的资源或未解决的状态条件。在从某个备用的嵌套取消状态返回时,一定要小心地恢复取消状态。

该接口提供便于进行恢复的功能:pthread_setcancelstate()在所引用的变量中保留当前的取消状态,pthread_setcanceltype()以同样的方式保留当前的取消类型。

在以下 3 种不同的情况下可能会执行取消操作:

- 异步;
- 执行序列中按标准定义的各个点;
- 调用 pthread_testcancel()时。

默认情况下,仅在 POSIX 标准可靠定义的点执行取消操作。另外,无论何时都应注意资源和状态恢已复到与起点一致的状态。

2. 线程取消函数

线程取消相关函数的定义如下:

```
#include <pthread.h>
int    pthread_cancel(pthread_t thread);
int    pthread_setcancelstate(int state, int *oldstate);
int    pthread_setcanceltype(int type, int *oldtype);
void   pthread_testcancel(void);
```

函数 pthread_cancel()会发送终止信号给 thread 线程,如果成功,则返回 0;否则,返回 ESRCH,代表没有找到与给定线程 ID 相对应的线程。但发送成功并不意味着 thread 会终止。取消请求的处理方式取决于目标线程的状态。状态由以下两个函数确定:pthread_setcancelstate()和 pthread_setcanceltype()。

pthread_setcancelstate()设置本线程对 CANCEL 信号的反应,state 有两种值:PTHREAD_CANCEL_ENABLE(默认)和 PTHREAD_CANCEL_DISABLE,分别表示收到信号后设为 CANCLED 状态和忽略 CANCEL 信号继续运行;old_state 如果不为 NULL,则存入原来的 Cancel 状态以便恢复。该函数在成功完成之后返回零,若返回的是 EINVAL,则作为表示状态值不是上述两种值的任何一种。

函数 pthread_setcanceltype()设置本线程取消动作的执行时机,type 有两种取值:PTHREAD_CANCEL_DEFFERED 和 PTHREAD_CANCEL_ASYCHRONOUS(仅当 CANCEL 状态为 Enable 时有效),分别表示收到信号后继续运行至下一个取消点再退出和立即执行取消动作(退出);oldtype 如果不为 NULL,则存入运来的取消动作类型值。

注意:创建线程时,默认情况下会将取消类型设置为延迟模式。在延迟模式下,只能在取消点取消线程。在异步模式下,可以在执行过程中的任意一点取消线程。因此,建议不使用异步模式。

函数 pthread_testcancel()检查本线程是否处于 Canceld 状态,如果是,则进行取消动作;否则,直接返回。当线程取消功能处于启用状态且取消类型设置为延迟模式时,pthread_testcancel() 函数有效。如果在取消功能处于禁用状态下调用 pthread_testcancel(),则该函数不起作用。

注意:尽管 POSIX 标准指定了几个取消点,请务必仅在线程取消操作安全的序列中插入 pthread_testcancel(),因为通过 pthread_testcancel() 调用可以编程方式建立的取消点。另外,仅当取消操作安全时才应取消线程。

【扩展阅读】

POSIX 线程锁机制的 Linux 实现都不是取消点,因此,延迟取消类型的线程不会因收到取消信号而离开加锁等待。值得注意的是,如果线程在加锁后、解锁前被取消,锁将永远保持锁定状态,因此如果在关键区段内有取消点存在,或者设置了异步取消类型,则必须在退出回调函数中解锁。

因此,锁机制不是异步信号安全的,也就是说,不应该在信号处理过程中使用互斥锁,否则容易造成死锁。

3. 线程清理

由于不论是可预见的线程终止还是异常终止,都会存在资源释放的问题,因此在不考虑因运行出错而退出的前提下,需要考虑如何保证线程终止时能顺利地释放掉自己所占用的资源,特别是锁资源。

最经常出现的情形是:资源独占锁的使用。如线程为了访问临界资源而为其加上锁,但在访问过程中被外界取消,如果线程处于响应取消状态,且采用异步方式响应,或者在打开独占锁以前的运行路径上存在取消点,则该临界资源将永远处于锁定状态得不到释放。由于外界取消操作是不可预见的,因此需要一个机制来简化用于资源释放的编程。

在 POSIX 线程 API 中提供了一个 pthread_cleanup_push()和 pthread_cleanup_pop()函数对用于自动释放资源,使用它们可以将状态恢复到与起点一致的状态,其中包括清理已分配的资源和恢复不变量。从 pthread_cleanup_push()的调用点到 pthread_cleanup_pop()之间的程序段中的终止动作(包括调用 pthread_exit()和取消点终止)都将执行 pthread_cleanup_push()所指定的清理函数。它们的 API 原型定义如下:

＃include ＜pthread.h＞

```
void pthread_cleanup_push(void (*routine)(void *), void *arg);
void pthread_cleanup_pop(int execute);
```

其中，pthread_cleanup_push()和 pthread_cleanup_pop()采用先入后出的栈结构管理，void routine(void *arg)函数在调用 pthread_cleanup_push()时压入清理函数栈，多次对 pthread_cleanup_push()的调用将在清理函数栈中形成一个函数链，在执行该函数链时按照压栈的相反顺序弹出。execute 参数表示执行到 pthread_cleanup_pop()时是否在弹出清理函数的同时执行该函数，为 0 表示不执行，非 0 为执行。这个参数并不影响异常终止时清理函数的执行。

注意：函数 pthread_cleanup_push()和 pthread_cleanup_pop()是以宏方式实现的，这是 pthread.h 中的宏定义：

```
#define pthread_cleanup_push(routine,arg)                                  \
  { struct _pthread_cleanup_buffer _buffer;                                \
    _pthread_cleanup_push (&_buffer, (routine), (arg));
#define pthread_cleanup_pop(execute)                                       \
    _pthread_cleanup_pop (&_buffer, (execute)); }
```

可见，pthread_cleanup_push()带有一个"{"，而 pthread_cleanup_pop()带有一个"}"，因此这两个函数必须成对出现，且必须位于程序的同一级别的代码段中才能通过编译。以下是典型的程序段：

```
pthread_cleanup_push(pthread_mutex_unlock, (void *) &mut);
pthread_mutex_lock(&mut);
/* do some work */
pthread_mutex_unlock(&mut);
pthread_cleanup_pop(0);
```

在上面的例子里，当线程在"do some work"中终止时，将主动调用 pthread_mutex_unlock (mut)，以完成解锁动作。

9.3.6　线程的私有数据

在单线程程序中，有两种基本的数据：全局变量和局部变量。其中，经常要用到"全局变量"以实现多个函数间共享数据。在多线程环境下，由于数据空间是共享的，因此全局变量也为所有线程所共有。但有时应用程序设计中有必要提供线程私有的全局变量，仅在某个线程中有效，但却可以跨多个函数访问，比如程序可能需要每个线程维护一个链表，而使用相同的函数操作，最简单的办法就是使用同名而不同变量地址的线程相关数据结构。这样的数据结构可以由 Posix 线程库维护，称为线程私有数据（Thread-specific Data，TSD）。

第 9 章 嵌入式 Linux 应用程序开发——多线程

线程私有数据和全局变量很像，在线程内部，各个函数可以像使用全局变量一样调用它，但它对线程外部的其他线程是不可见的。这种数据的必要性是显而易见的。如常见的变量 errno，它返回标准的出错信息。它显然不能是一个局部变量，几乎每个函数都应该可以调用它；但它又不能是一个全局变量，否则，在 A 线程里输出的很可能是 B 线程的出错信息。要实现诸如此类的变量，就必须使用线程私有数据。

如果为每个线程数据创建一个键，它和这个键相关联，在各个线程里，都使用这个键来指代线程数据，但在不同的线程里，这个键代表的数据是不同的，在同一个线程里，它代表同样的数据内容。

1. 创建和注销

和线程数据相关的函数主要有 4 个：创建一个键；为一个键指定线程数据；从一个键读取线程数据；删除键。POSIX 定义了两个 API 分别用来创建和注销线程私有数据，它们的定义如下：

```
#include <pthread.h>
int  pthread_key_create(pthread_key_t *key, void (*destructor)(void *));
int  pthread_key_delete(pthread_key_t key);
```

函数 pthread_key_create() 的第一个参数为指向一个键值的指针，系统从 TSD 池中分配一项，将其值赋给 key 供以后访问使用。第二个参数指明了一个 destructor 函数，如果这个参数不为空，那么当每个线程结束时，系统将以 key 所关联的数据为参数调用这个函数来释放绑定在这个键上的内存块。

键 key 对进程中的所有线程来说是全局的。创建线程特定数据时，所有线程最初都具有与该键关联的 NULL 值。使用各个键之前，会针对其调用一次 pthread_key_create()。这个函数常和函数 pthread_once() 一起使用，为了让这个键只被创建一次。函数 pthread_once 声明一个初始化函数，第一次调用 pthread_once 时它执行这个函数，以后的调用将被它忽略。创建键之后，每个线程都会将一个值绑定到该键。这些值特定于线程并且针对每个线程单独维护。如果创建该键时指定了 destructor 函数，则该线程终止时，系统会解除针对每线程的绑定。

当 pthread_key_create() 成功返回时返回零，并将已分配的键存储在 key 指向的位置中。调用方必须确保对该键的存储和访问进行正确地同步。返回 EAGAIN 表示 key 名称空间已经用完。而 ENOMEM 表示此进程中虚拟内存不足，无法创建新键。

不论哪个线程调用 pthread_key_create()，所创建的 key 都是所有线程可访问的，但各个线程可根据自己的需要往 key 中填入不同的值，这就相当于提供了一个同名而不同值的全局变量。在 LinuxThreads 的实现中，TSD 池用一个结构数组表示：

```
static struct pthread_key_struct pthread_keys[PTHREAD_KEYS_MAX] = { { 0, NULL } };
```

创建一个 TSD 就相当于将结构数组中的某一项设置为"in_use",并将其索引返回给 *key,然后设置 destructor 函数。

函数 pthread_key_delete()用来注销一个 TSD,这个函数并不检查当前是否有线程正使用该 TSD,也不会调用清理函数(destructor),而只是将 TSD 释放以供下一次调用 pthread_key_create()使用。它会销毁现有线程特定数据键,由于键已经无效,因此将释放与该键关联的所有内存。在 LinuxThreads 中,它还会将与之相关的线程数据项设为 NULL。

2. 读/写

TSD 的读/写都通过专门的 Posix Thread 函数进行,其 API 定义如下:

```
# include <pthread.h>
int   pthread_setspecific(pthread_key_t key, const void * value);
void * pthread_getspecific(pthread_key_t key);
```

使用 pthread_setspecific() 可以为指定线程特定数据键设置线程特定绑定,即将 value 的值(不是所指的内容)与 key 相关联;而使用 pthread_getspecific() 获取调用线程的键绑定,并将 key 相关联的数据取出来存在 value 指向的位置中。数据类型都设为 void *,因此可以指向任何类型的数据。

程序清单 9.6　使用线程私有数据

```
# include <stdio.h>
# include <pthread.h>
pthread_key_t   key;
void echomsg(int t)
{
printf("destructor excuted in thread %d,param = %d\n",pthread_self(),t);
}
void * th_new1(void * arg)
{
        int tid = pthread_self();
        printf("thread %d enter\n",tid);
        pthread_setspecific(key,(void *)tid);
        sleep(2);
        printf("thread %d returns %d\n",tid,pthread_getspecific(key));
        sleep(5);
}
void * th_new2(void * arg)
{
        int tid = pthread_self();
```

```
        printf("thread % d enter\n",tid);
        pthread_setspecific(key,(void * )tid);
        sleep(1);
        printf("thread % d returns % d\n",tid,pthread_getspecific(key));
        sleep(5);
}
int main(void)
{
        int tid1,tid2;
        pthread_key_create(&key,echomsg);
        pthread_create(&tid1,NULL,th_new1,NULL);
        pthread_create(&tid2,NULL,th_new2,NULL);
        sleep(4);
        pthread_key_delete(key);
        printf("main thread exit\n");
        return 0;
}
```

编译并运行,结果如下:

```
[root@localhost thread_doc]# gcc -o ex6 thread_ex6.c -lpthread
[root@localhost thread_doc]# ./ex6
thread -1218754021 enter
thread -1224385202 enter
thread -1224385202 returns -1224385202
thread -1218754021 returns -1218754021
main thread exit
```

程序创建两个线程分别设置同一个线程私有数据为自己的线程 ID,为了检验其私有性,程序错开了两个线程私有数据的写入和读出的时间,从程序运行结果可以看出,两个线程对 TSD 的修改互不干扰。同时,当线程退出时,清理函数会自动执行,参数为 tid。

注意:用 pthread_setspecific()为一个键指定新的线程数据时,必须自己释放原有的线程数据以回收空间。这个过程使用函数 pthread_key_delete 来删除一个键,这个键占用的内存将被释放,但同样要注意的是,它只释放键占用的内存,并不释放该键关联的线程数据所占用的内存资源,而且它也不会触发函数 pthread_key_create 中定义的 destructor 函数。线程数据的释放必须在释放键之前完成。

9.4 小　结

多线程编程是实际工程中使用得很多,如网络服务器、多媒体处理等。而同时,诸如 java、JavaScript 等各种语言都引入了多线程的概念。因此,学习多线程开发是必需的。

本章首先介绍了线程的基本控制,然后通过同一个实例逐步介绍了线程编程中最重要也是最难理解的互斥同步,包括互斥锁、条件变量和信号量。有关线程的高级内容,如线程的属性控制以及线程的实现特点等超过了本书的范围,有兴趣的读者可查阅相关参考文献。

第 10 章

嵌入式 Linux 调试

知识点：
掌握 Linux 下调试工具的使用；
掌握嵌入式 Linux 下的远程调试技巧。

调试是所有程序员都会面临的问题。如何提高程序员的调试效率，更好更快地定位程序中的问题从而加快程序开发的进度，是大家共同面对的。就如读者熟知的 Windows 下的一些调试工具，如 VC 自带的如设置断点、单步跟踪等，都受到了广大用户的赞赏。那么，在 Linux 下有什么很好的调试工具呢？

本文所介绍的 GDB 调试器是一款 GNU 开发组织并发布的 UNIX/Linux 下的程序调试工具。它是基于 Shell 的命令行调试工具，它强大的功能足以与微软的 VC 工具等媲美。和很多 IDE 开发工具的调试功能一样，GDB 同样可以查看程序的内部结构、打印变量值、设置断点以及单步调试源代码。当然，它既能在多个硬件平台上运行，也支持绝大多数的程序语言，而且还具备远程调试的功能。

10.1 GDB 的基本使用

10.1.1 GDB 的功能

GDB 是 GNU 开源组织发布的一个强大的 UNIX 下的程序调试工具。或许，你比较喜欢图形界面方式的，像 VC、CCS 等 IDE 的调试，但如果你是在 UNIX 平台下做软件，你会发现 GDB 这个调试工具有比 VC、CCS 的图形化调试器更强大的功能，除了基本功能以外，用户还可以定制调试的各种命令集，并结合 Shell 完成复杂的功能。所谓"寸有所长，尺有所短"就是这个道理。

一般来说,GDB 可以完成下面 4 个方面的功能:

① 启动程序,可以按照自定义的要求随心所欲地运行程序。

② 可让被调试的程序在指定的调置断点处停住(断点可以是条件表达式)。

③ 当程序被停住时,可以检查此时程序中所发生的事(数据、堆栈等)。

④ 动态地改变程序的执行环境。

由此看来,GDB 和一般的调试工具没有什么两样,基本上也是完成这些功能,不过在细节上你会发现 GDB 这个调试工具的强大,大家可能比较习惯了图形化的调试工具,但有时候,命令行的调试工具却有着图形化工具所不能完成的功能。

10.1.2 调试基本流程

1. 示例程序

程序无论规模大小,都是有 BUG 存在的。为了说明 GDB 各个调试工具的使用,这里给出了一个短小的程序,由此带领读者熟悉一下 GDB 的使用流程。建议读者能够实际动手操作。这里将结合这个调试会话示例进行说明。

程序清单 10.1 GDB 调试示例

```
1  /* gdb_test.c */
2  #include <stdio.h>
3  int sum(int m);
4  int main(int argc, char *argv[])
5  {
6      int i,count,n = 0;
7      if(argc = = 1 || argc > 2){
8              fprintf(stderr,"usage:./gdb_test count[int]\n");
9              exit(1);
10     }
11     count = atoi(argv[1]);
12     sum(count);
13     for(i = 1;i< = 20;i + +)
14     {
15             n+ = i;
16     }
17     printf("The sum of 1-20 is %d\n", n );
18
19 }
20 int sum(int m)
```

```
21  {
22      int i,n = 0;
23      for(i = 1;i< = m;i + +)
24          n + = i;
25      printf("The sum of 1 - %d is %d\n", m, n);
26  }
```

2. 编译选项

要调试一个程序,需要在编译时生成调试信息。在编译时需要在 gcc(或 g++)下使用额外的'-g'选项来编译程序,如下所示:

[root@localhost test]# gcc -g -o gdb_test gdb_test.c

调试信息(主要是符号表)描述了各个变量、函数的数据类型,以及源代码行号与可执行代码地址之间的对应关系。添加编译规则会将调试信息存储在目标文件中,这样 GDB 就能够识别调试所需要的变量、代码行和函数了。

3. 查看源文件

编译完后,下面开始调试。启动 gdb,会有如下提示信息:

[root@localhost test]# gdb
GNU gdb Red Hat Linux (6.5 - 25.el5rh)
Copyright (C) 2006 Free Software Foundation, Inc.
GDB is free software, covered by the GNU General Public License, and you are
welcome to change it and/or distribute copies of it under certain conditions.
Type "show copying" to see the conditions.
There is absolutely no warranty for GDB. Type "show warranty" for details.
This GDB was configured as "i386 - redhat - linux - gnu"...Using host libthread_db library "/lib/libthread_db.so.1".
(gdb)

可以看出,在 gdb 的启动画面中指出了 gdb 的版本号、使用的库文件等信息(如果你不想有不太重要的信息,则可以使用-q(quiet)选项屏蔽它们),之后就是由"(gdb)"开头的命令行界面了。

使用 GDB 调试一般使用"gdb [file] [param...]"的命令行方式启动 GDB,或者在 gdb 中,使用 file 命令来装入要调试的程序,如"file gdb_test"。

[root@localhost test]# gdb -q
(gdb) file gdb_test
Reading symbols from /root/tmp/test/gdb_test...done.
Using host libthread_db library "/lib/libthread_db.so.1".

在 gdb 中键入"l"(list)就可以查看所载入的文件的源代码,如下所示:

```
(gdb) l             ——→list 的缩写
1        /* gdb_test.c */
2        #include <stdio.h>
3        int sum(int m);
4        int main(int argc, char * argv[])
5        {
6            int i,count,n = 0;
7            if(argc == 1 || argc > 2){
8                    fprintf(stderr,"usage: ./gdb_test count[int] \n");
9                    exit(1);
10           }
(gdb)            ——→默认打印 10 行,直接回车重复上一次命令
11           count = atoi(argv[1]);
12           sum(count);
13           for(i = 1;i <= 20;i + +)
14           {
15                   n+ =.i;
16           }
17           printf("The sum of 1 - 20 is %d \n", n );
18       
19       }
20       int sum(int m)
```

可以看出,gdb 列出的源代码中明确地给出了对应的行号,这样就可以大大地方便代码的定位。

注意:在 gdb 的命令中都可使用缩略形式的命令,如"l"代表"list"、下述章节的"b"代表"breakpoint"、"p"代表"print"等。另外,GDB 命令很重要的特点是和 shell 一样,具备自动补齐功能(如果可能的匹配不止一种,则列出所有的匹配项),包括 GDB 命令、GDB 子命令以及程序中的符号名。读者在调试过程中能够像使用 shell 命令一样使用 gdb 的指令,这对于提高调试效率是很有用的。

4. 断点与单步运行

设置断点是调试程序中是一个非常重要的手段,它可以使程序到一定位置暂停它的运行。因此,程序员在该位置处可以方便地查看变量的值、堆栈情况等,从而找出代码的症结所在。在 GDB 中设置断点非常简单,只需在"b"后加入对应的行号或者函数名即可,如下所示:

```
(gdb) b 12
Breakpoint 1 at 0x80484a6: file gdb_test.c, line 12.
```

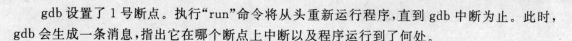

gdb 设置了 1 号断点。执行"run"命令将从头重新运行程序,直到 gdb 中断为止。此时,gdb 会生成一条消息,指出它在哪个断点上中断以及程序运行到了何处。

```
(gdb) r 20              ——→使用 run,后续输入 main 函数需要的参数,这里为 20
Starting program: /root/tmp/test/gdb_test 20
Breakpoint 1, main (argc = 2, argv = 0xbfb2cb84) at gdb_test.c:12
12              sum(count);
```

注意:在 gdb 中利用行号设置断点是指代码运行到对应行之前将其停止,如上例中,代码运行到第 12 行之前暂停,即还没有运行第 12 行。

在程序运行过程中,如果需要查看相关变量的值以找出 BUG 的具体原因,使用 print 命令即可。如输入"print count",则可以相应看到"count"的值,结果如下:

```
(gdb) p count
$1 = 20
```

命令"print count"将显示调用 sum() 函数的输入参数。另外,GDB 还可以一次显示所有局部变量的值,使用"info locals"命令即可得到全部的相关信息,如下:

```
(gdb) info locals
i = -1078801672              //此时,程序还未正式运行,i 还是随机数,n 则还是 0
count = 20
n = 0
```

gdb 在显示变量值时都会在对应值之前加上"$N"标记,它是当前变量值的引用标记,所以以后若想再次引用此变量就可以直接写作"$N",而无须写冗长的变量名。

一般程序需要设置几个断点,以便确定潜在的 BUG,设置第二个断点,结果如下:

```
(gdb) b 15
Breakpoint 2 at 0x80484ba: file gdb_test.c, line 15.
```

在查看完所需变量及堆栈情况后,就可以使用命令"c"(continue)恢复程序的正常运行了。这时,它会把剩余还未执行的程序执行完,并显示剩余程序中的执行结果。结果如下:

```
(gdb) c
Continuing.
The sum of 1 - 20 is 210              //sum 函数的结果
Breakpoint 2, main (argc = 2, argv = 0xbfb2cb84) at gdb_test.c:15
15              n + = i;
```

程序运行到特定断点后,我们还需要使用单步运行逐步确定问题。单步运行可以使用命令"n"(next)或"s"(step),它们之间的区别在于:若有函数调用的时候,"s"会进入该函数而"n"不会进入该函数。因此,"s"就类似于 VC 等工具中的"step in","n"类似与 VC 等工具中

的"step over"。它们的使用如下所示:

```
(gdb) n
13              for(i=1;i<=20;i++)
(gdb) s
Breakpoint 2, main (argc=2, argv=0xbfb2cb84) at gdb_test.c:17
15                          n+=i;
(gdb) p n
$3=1
```

5. 断点管理

在调试程序的过程中,往往设置断点后必须继续执行多次循环才能找到程序问题的所在点,而对于大的程序,这种方法显然是很低效的。在 gdb 中还有一种条件断点,它就可使 gdb 只在特定条件下暂停,相关命令是:

```
break <line number> if <conditional expression>
```

上述操作中在第 15 行中设置了断点,即 2 号断点,则可以使用"condition"命令来代替在断点上设置条件,如下:

```
condition 2 i==10
```

或者在 gdb 最初载入程序后设置断点前输入如下命令即可:

```
b 15 if i==10
```

在断点较多或者条件不同时,可以通过"info break"命令查看当前设置的断点信息,如下:

```
(gdb) info b
Num Type           Disp Enb Address     What
1   breakpoint     keep y   0x080484a6 in main at gdb_test.c:12
        breakpoint already hit 1 time
2   breakpoint     keep y   0x080484ba in main at gdb_test.c:15
        stop only if i==10      //条件断点
        breakpoint already hit 2 times
```

另外,除了上述的条件断点和程序已经"遇到"断点多少次之外,断点还可以指定是否启用该断点(如上述清单的"Enb"列)。使用命令"disable <breakpoint number>"、"enable <breakpoint number>"或"delete <breakpoint number>"来禁用、启用和彻底删除断点,如"disable 1"将阻止在 1 号断点处中断。

```
(gdb) disable 1
(gdb) info b
```

第 10 章 嵌入式 Linux 调试

```
Num Type           Disp Enb Address    What
1   breakpoint     keep n   0x080484a6 in main at gdb_test.c:12
        breakpoint already hit 1 time
2   breakpoint     keep y   0x080484ba in main at gdb_test.c:15
        stop only if i = = 10
        breakpoint already hit 2 times
```

注意：调试 C 程序时，断点的条件可以是任何有效的 C 表达式，但一定要是程序所使用语言的任意有效表达式。另外，条件中指定的变量必须在设置断点的对应代码行中，否则表达式就没有什么意义了。同时，在使用"condition"命令时，如果指定断点编号但又不指定表达式，可以将断点设置成无条件断点，例如，"condition 1"就将 1 号断点设置成无条件断点。

6. 观察点

如果想知道某个变量何时变为某个特定值（如本例中的 i 何时变为 10），就可以使用观察点。它和条件断点很类似，当指定表达式的值改变时，观察点将中断程序执行，但使用时必须在表达式中所使用变量在作用域中时设置监视点，不然会有如下类似的错误：

```
(gdb) watch i == 10
No symbol "value" in current context.
```

要获取作用域中的"value"和"div"，可以在 main 函数上设置断点，然后运行程序，当遇到 main() 断点时设置监视点，如下：

```
(gdb) b main
Breakpoint 1 at 0x8048448: file gdb_test.c, line 6.
(gdb) r 20
Starting program: /root/tmp/test/gdb_test 20
Breakpoint 1, main (argc = 2, argv = 0xbfce98d4) at gdb_test.c:6
6           int i,count,n = 0;
(gdb) watch i == 10
Hardware watchpoint 2: i == 10
(gdb) info b
Num Type           Disp Enb Address    What
1   breakpoint     keep y   0x08048448 in main at gdb_test.c:6
        breakpoint already hit 1 time
2   hw watchpoint  keep y              i == 10
```

如果继续执行，那么当表达式"i＝＝10"的值从 0（假）变成 1（真）时，gdb 将中断，如下：

```
(gdb) c
Continuing.
```

```
The sum of 1-20 is 210
Hardware watchpoint 2: i == 10
Old value = 0
New value = 1
0x080484c4 in main (argc = 2, argv = 0xbfce98d4) at gdb_test.c:13
13              for(i = 1; i <= 20; i++)
```

"info watchpoints"命令将列出已定义的监视点和断点(此命令等价于"info break"),而且可以使用与断点相同的语法来启用、禁用和删除监视点。

注意:在多线程的程序中,观察点的作用很有限,GDB 只能观察在一个线程中表达式的值。如果确信表达式只被当前线程所存取,那么使用观察点才有效。GDB 不能检测到一个非当前线程对表达式值的改变。因此,这也是观察点和条件断点的区别所在,即它们用于不同的调试范围。

```
(gdb) c
Continuing.
Hardware watchpoint 2: i == 10
Old value = 1
New value = 0
0x080484c4 in main (argc = 2, argv = 0xbfce98d4) at gdb_test.c:13
13              for(i = 1; i <= 20; i++)
```

继续运行至程序结束:

```
(gdb) c
Continuing.
The sum of 1-20 is 210
Watchpoint 2 deleted because the program has left the block in
which its expression is valid.
0x00a833c1 in _dl_fini () from /lib/ld-linux.so.2
```

至此,GDB 调试的最基本流程已经向读者有了简要的介绍。下节将向读者展示 gdb 更多的功能和使用方法。

10.2 GDB 常用命令

GDB 的命令可以通过查看 help 进行查找,由于 GDB 的命令很多,因此 GDB 的 help 将其分成了很多种类(class),用户可以通过进一步查看相关 class 找到相应命令。如下所示:

```
(gdb) help
List of classes of commands:
```

第 10 章　嵌入式 Linux 调试

```
aliases -- Aliases of other commands
breakpoints -- Making program stop at certain points
data -- Examining data
files -- Specifying and examining files
internals -- Maintenance commands
obscure -- Obscure features
running -- Running the program
stack -- Examining the stack
status -- Status inquiries
support -- Support facilities
tracepoints -- Tracing of program execution without stopping the program
user-defined -- User-defined commands
Type "help" followed by a class name for a list of commands in that class.
Type "help" followed by command name for full documentation.
Command name abbreviations are allowed if unambiguous.
```

上述列出了 GDB 各个分类的命令，接下来可以具体查找各分类种的命令，例如：

```
(gdb) help break
Set breakpoint at specified line or function.
break [LOCATION] [thread THREADNUM] [if CONDITION]
LOCATION may be a line number, function name, or "*" and an address.
If a line number is specified, break at start of code for that line.
If a function is specified, break at start of code for that function.
If an address is specified, break at that exact address.
With no LOCATION, uses current execution address of selected stack frame.
This is useful for breaking on return to a stack frame.
THREADNUM is the number from "info threads".
CONDITION is a boolean expression.
Multiple breakpoints at one place are permitted, and useful if conditional.
Do "help breakpoints" for info on other commands dealing with breakpoints.
```

若用户想要查找 call 命令，就可键入"help call"：

```
(gdb) help call
Call a function in the program.
The argument is the function name and arguments, in the notation of the
current working language.   The result is printed and saved in the value
history, if it is not void.
```

当然，若用户已知命令名，直接键入"help [command]"也是可以的。

嵌入式 Linux 开发技术

GDB 中的命令主要分为以下几类：工作环境相关命令、设置断点与恢复命令、源代码查看命令、查看运行数据相关命令及修改运行参数命令。以下就分别对这几类的命令进行说明。

10.2.1 工作环境命令

GDB 中不仅可以调试所运行的程序，而且还可以对程序相关的工作环境进行相应的设定，甚至还可以使用 shell 中的命令进行相关的操作，功能极其强大。表 10.1 所列为 GDB 常见工作环境相关命令。

表 10.1　GDB 工作环境相关命令

命令格式	意义
set args	运行时的参数指定运行（run 命令）时参数，如 set args 5
show args	查看设置好的运行参数
path dir	设定程序的运行路径
show paths	查看程序的运行路径
set environment var[=value]	设置环境变量
show environment[var]	查看环境变量
cd dir	进入到 dir 目录，相当于 shell 中的 cd 命令
pwd	显示当前工作目录
shell command	运行 shell 的 command 命令

10.2.2 设置断点与恢复命令

在调试过程中可能需要设置或管理更多的断点，而 GDB 的断点中还有更多针对不用情况的选择，GDB 中设置断点与恢复的常见命令如表 10.2 所列。

表 10.2　GDB 设置断点与恢复相关命令

命令	含义
info b	查看所设断点
break 行号或函数名＜条件表达式＞	设置断点
tbreak 行号或函数名＜条件表达式＞	设置临时断点，到达后自动删除
delete[断点号]	删除指定断点，其断点号为"info b"中的第一栏。若缺省断点号，则删除所有断点

第 10 章 嵌入式 Linux 调试

续表 10.2

命令	含义
disable[断点号]	停止指定断点,使用"info b"仍能查看此断点。同 delete 一样,省断点号则停止所有断点
enable[断点号]	激活指定断点,即激活被 disable 停止的断点
condition[断点号]<条件表达式>	修改对应断点的条件
ignore[断点号]<num>	在程序执行中,忽略对应断点 num 次
step	单步恢复程序运行,且进入函数调用
next	单步恢复程序运行,但不进入函数调用
finish	运行程序,直到当前函数完成返回
c	继续执行函数,直到函数结束或遇到新的断点

设置断点在 GDB 的调试中非常重要,GDB 中设置断点有多种方式,如按行设置断点,设置函数断点和条件断点等,结合起来使用它们有利于快速调试程序。而与断点类似的观察点相关选项如表 10.3 所列。

表 10.3 观察点管理

命令	含义
watch EXPR	为表达式(变量)expr 设置一个观察点。一旦表达式值有变化时,马上停住程序。这个命令使用 EXPR 作为表达式设置一个观察点。GDB 将把表达式加入到程序中并监视程序的运行,当表达式的值被改变时 GDB 就使程序停止
rwatch EXPR	设置一个观察点,当 EXPR 被程序读时,程序暂停
awatch EXPR	设置一个观察点,当 EXPR 被读出然后被写入时,程序暂停
info watchpoints	列出当前所设置了的所有观察点

10.2.3 源码查看命令

在 GDB 中除了可以查看源码,还具有搜索功能,相关命令如表 10.4 所列。

表 10.4 GDB 源码查看相关相关命令

命令	含义	命令	含义
list<行号>|<函数名>	查看指定位置代码	dir dir	停止路径名
file[文件名]	加载指定文件	show directories	显示定义了的源文件搜索路径
forward-search 正则表达式	源代码前向搜索	info line	显示加载到 GDB 内存中的代码
reverse-search 正则表达式	源代码后向搜索		

305

10.2.4 查看运行数据命令

GDB 中查看运行数据是指当程序处于"运行"或"暂停"状态时,可以查看的变量及表达式的信息,其常见命令如表 10.5 所列。

表 10.5 GDB 查看运行数据相关命令

命令	含义
print 表达式|变量	查看程序运行时对应表达式和变量的值
x<n/f/u>	查看内存变量内容。其中,n 为整数表示显示内存的长度,f 表示显示的格式,u 表示从当前地址往后请求显示的字节数
display 表达式	设定在单步运行或其他情况中,自动显示对应表达式的内容

10.2.5 修改运行参数命令

GDB 还可以修改运行时的参数,并使该变量按照用户当前输入的值继续运行。它的设置方法为:在单步执行的过程中,键入命令"set 变量=设定值"。这样,在此之后,程序就会按照该设定的值运行了。下面,笔者结合上一节的代码修改变量 n 的值,其代码如下所示:

```
(gdb) b 24 if n>180                //条件断点
reakpoint 1 at 0x80484fc: file gdb_test.c, line 24.
(gdb)r 20
Starting program：/root/tmp/test/gdb_test 20
Breakpoint 1, sum (m = 20) at gdb_test.c:24
24                  n+ = i;
(gdb) p n
$ 3 = 190
(gdb) set n = 180                  //修改变量的值
(gdb) p n
$ 4 = 180
(gdb) c
Continuing.
The sum of 1 – 20 is 200
The sum of 1 – 20 is 210
Program exited with code 030.
```

可以看到,最后的运行结果和之前的值是不一样的。该方法在测试程序的部分运行结果时有用。

10.2.6 堆栈管理

利用 GDB 还可以查看堆栈的一些信息，以方便查看程序的调用顺序（backtrace 命令的简写为 bt），其说明如表 10.6 所列。

表 10.6 GDB 堆栈命令

命令	含 义
backtrace/bt <n>	n 是一个正整数，表示只打印栈顶上 n 层的栈信息
backtrace/bt <-n>	-n 表示一个负整数，表示只打印栈底下 n 层的栈信息
frame/f <n>	n 是一个从 0 开始的整数，是栈中的层编号。比如 frame 0 表示栈顶，frame 1 表示栈的第二层
up <n>	表示向栈的上面移动 n 层，可以不打 n，表示向上移动一层
down <n>	表示向栈的下面移动 n 层，可以不打 n，表示向下移动一层
info frame	这个命令会打印出更为详细的当前栈层的信息，只不过大多数都是运行时的内存地址。比如函数地址、调用函数的地址、被调用函数的地址、目前的函数是由什么样的程序语言写成的、函数参数地址及值、局部变量的地址等

至此，本节介绍了 GDB 常用的命令，读者需要在实际的调试过程中熟悉它们，一旦熟悉后就可以很高效地调试了。

10.3 GDB 远程调试

一般而言，在嵌入式 Linux 系统中，主要有 3 种远程调试方法，分别适用于不同场合的调试工作：用 ROM Monitor 调试目标机程序、用 KGDB 调试系统内核和用 gdbserver 调试用户空间程序。这 3 种调试方法的区别主要在于，目标机远程调试的插桩（stub）存在形式不同，而其设计思路和实现方法则是大致相同的。这里介绍的 GDB 调试器提供了两种不同的调试代理支持远程调试：gdbserver 方式和 stub 方法。

在 stub 方式下，远程调试环境由宿主机 GDB 和目标机调试 stub 共同构成，两者通过串口或 TCP 连接。使用 GDB 标准远程串行协议协同工作，实现对目标机上的系统内核和上层应用的监控和调试功能。调试 stub 是嵌入式系统中的一段代码，作为宿主机 GDB 和目标机调试程序间的一个媒介而存在，因而需要通过链接器把调试代理和要调试的程序链接成一个可执行文件。另外，若程序运行在没有操作系统的环境中，那么 stub 需要提供异常、中断处理程序以及串口驱动程序。若运行在操作系统上，stub 则需要修改串口驱动程序和操作系统异常处理。stub 这种方式的优点是没有操作系统的限制,因此,它适合没有或者两端是不同操作系统的情况,如 bootloader 或者 kernel。

在很多情况下,用户需要对一个复杂的应用程序反复调试,这需要采用最常用的 gdb+gdbserver 方式进行调试。同时,由于嵌入式系统资源有限性,一般不能直接在目标系统上进行调试,通常采用 gdbserver 在目标系统中运行而 gdb 在宿主机上运行的调试方法。而且 gdbserver 本身的体积很小,能够在具有很少存储容量的目标系统上独立运行,因而非常适合嵌入式系统。这种方法的唯一限制是目标板运行的系统必须和宿主机的系统有相同的系统调用接口,即操作系统要匹配,这也是 gdbserver 并不能完全代替调试插桩作用的原因。

当然,从本质上讲,gdbserver 和 stub 两种方式都属于调试代理,目的是一样的,只是前者是"非侵入式"的调试代理,而后者是"侵入式的"调试代理。下面我们重点讲述 gdbserver 的使用和调试方法。

10.3.1 制作交叉 GDB

要进行 GDB 调试,目标系统必须包括 gdbserver 程序,宿主机也必须安装 gdb 程序。一般 Linux 发行版中都有一个可以运行的 gdb,但开发人员不能直接使用该发行版中的 gdb 来做远程调试,而要获取 gdb 的源代码包,针对 arm 平台作一个简单配置,重新编译得到相应的交叉 gdb。本小节就制作的步骤进行简要的说明。

1. 编译 arm-linux-gdb

GDB 的源代码包可以从 ftp://sourceware.org/pub/gdb/releases/ 或 http://ftp.gnu.org/gnu/gdb/下载,本书采用的是 gdb-6.6 版本。将它下载到某个用户目录后,先解压,准备编译:

```
[root@localhost work]# tar zxf gdb-6.6.tar.gz
[root@localhost work]# cd gdb-6.6
```

GDB 支持多种目标平台,在编译时需要不同的配置,这里我们要得到的是 ARM 平台下的,配置如下:

```
[root@localhost gdb-6.6]# ./configure --target=arm-linux
loading cache ./config.cache
checking host system type... i686-pc-linux-gnu
checking target system type... arm-unknown-linux-gnu
checking build system type... i686-pc-linux-gnu
checking for a BSD compatible install... (cached) /usr/bin/install -c
checking whether ln works... (cached) yes
checking whether ln -s works... (cached) yes
checking for gcc... (cached) gcc
```

第10章 嵌入式Linux调试

```
checking whether the C compiler (gcc   ) works... yes
checking whether the C compiler (gcc   ) is a cross-compiler... no
checking whether we are using GNU C... (cached) yes
checking whether gcc accepts -g... (cached) yes
checking for gnatbind... no
checking whether compiler driver understands Ada... (cached) no
checking how to compare bootstrapped objects... (cached) cmp --ignore-initial=16
$$f1 $$f2
……                //省略部分信息
checking where to find the target strip... pre-installed
checking where to find the target windres... pre-installed
checking whether to enable maintainer-specific portions of Makefiles... no
checking whether -fkeep-inline-functions is supported... yes
creating ./config.status
creating Makefile
```

Makefile 文件创建成功,则配置成功。如果配置不成功,则读者需要检查当前系统的开发环境是否齐全或者版本是否匹配。使用 make 开始编译:

```
[root@localhost gdb-6.6]# make
make[1]: Entering directory `/root/work/gdb-6.6`
Configuring in ./intl
configure: loading cache ./config.cache
checking whether make sets $(MAKE)... (cached) yes
checking for a BSD-compatible install... /usr/bin/install -c
checking whether NLS is requested... yes
checking for msgfmt... (cached) /usr/bin/msgfmt
checking for gmsgfmt... (cached) /usr/bin/msgfmt
checking for xgettext... (cached) /usr/bin/xgettext
……                //省略部分信息
../libiberty/libiberty.a
make[3]: Entering directory `/root/work/gdb-6.6/gdb`
make[4]: Entering directory `/root/work/gdb-6.6/gdb/doc`
make[4]: Nothing to be done for `all`.
make[4]: Leaving directory `/root/work/gdb-6.6/gdb/doc`
make[3]: Leaving directory `/root/work/gdb-6.6/gdb`
make[2]: Leaving directory `/root/work/gdb-6.6/gdb`
```

编译成功后进行安装,执行如下命令:

```
[root@localhost gdb-6.6]# make install
```

安装后的路径一般为默认的路径/usr/local/，可用 whereis 命令查看，如下：

[root@localhost work]# whereis arm-linux-gdb
arm-linux-gdb: /usr/local/bin/arm-linux-gdb

至此，arm-linux-gdb 准备完毕。

2. 编译 gdbserver

交叉调试器 arm-linux-gdb 编译好后，接下来需要准备调试代理工具 gdbserve。同样，我们需要进行编译选项的配置，gdbserver 的配置和 arm-linux-gdb 的配置有些许不同，它同时需要指定目标板和主机上的编译器一致。

```
[root@localhost gdb-6.6]# cd gdb/gdbserver/
[root@localhost gdbserver]# ./configure --target=arm-linux --host=arm-linux
configure: WARNING: If you wanted to set the --build type, don't use --host.
    If a cross compiler is detected then cross compile mode will be used.
checking for arm-linux-gcc... arm-linux-gcc
checking for C compiler default output file name... a.out
checking whether the C compiler works... yes
checking whether we are cross compiling... yes
checking for suffix of executables...
checking for suffix of object files... o
checking whether we are using the GNU C compiler... yes
checking whether arm-linux-gcc accepts -g... yes
checking for arm-linux-gcc option to accept ANSI C... none needed
……              //省略部分信息
configure: creating ./config.status
config.status: creating Makefile
config.status: creating config.h
config.status: config.h is unchanged
config.status: executing default commands
```

配置成功后执行 make 编译：

```
[root@localhost gdbserver]# make
CC=/usr/local/arm/3.3.2/bin/arm-linux-gcc          //交叉编译器相关信息
/usr/local/arm/3.3.2/bin/arm-linux-gcc -c -Wall -g -O2    -I. -I. -I./../regformats -I./../../include -I./../../bfd -I./../../bfd version.c
rm -f gdbserver
/usr/local/arm/3.3.2/bin/arm-linux-gcc -Wall -g -O2    -I. -I. -I./../regformats -I./../../include -I./../../bfd -I./../../bfd  -rdynamic -o gdbserver inferiors.o regcache.o remote-utils.o server.o signals.o target.o utils.o version.o mem-break.o reg-arm.o linux-
```

第10章 嵌入式 Linux 调试

```
low.o linux-arm-low.o thread-db.o proc-service.o \
    -lthread_db
```

编译后进行可以使用 make install 安装即可。至此，gdb 的调试代理和工具准备完毕，下面我们利用示例 10.1 进行远程调试。

10.3.2 使用交叉 GDB 调试

GDB 和 gdbserver 之间可以通过串行总线或 TCP/IP 网络链接通信，采用的通信协议是标准的 GDB 远程串行协议（Remote Serial Protocol，RSP）。使用 gdbserver 调试时，在目标机端需要有一份要调试的程序的拷贝，这通常是通过 ftp 或者 NFS 下载到目标机上。宿主机端也需要这样一份拷贝。一般我们只需手动将编译好的 gdbserver 复制到 NFS 共享路径下供目标板调用即可。如：

```
[root@localhost gdbserver]# cp gdbserver /opt/rootfs
```

其中，/opt/rootfs 目录为 NFS 共享的文件系统。

由于 gdbserver 不处理程序的符号表，因此，还可以使用 strip 工具（对于开发板的应该是 arm-linux-strip）将要复制到目标机上程序的符号表去掉，以节省空间。当然，由于符号表是由主机端的 GDB 调试器处理的，因此主机端的符号表是不能去除的，不然就不能调试了。

下面用 arm-linux-gdb 和 gdbserver 在 ARM 开发板上进行应用程序调试。首先，交叉编译目标程序：

```
[root@localhost rootfs]# arm-linux-gcc -g -o test gdb_test.c
```

1. Target 端建立远程调试服务

启动开发板并搭建好 NFS 环境，在开发板上的终端下执行如下命令：

```
# gdbserver 192.168.1.110:5678 ./test
```

其中，192.168.1.110 是主机 Linux 系统下的 IP 地址，5678 是端口号（可以自定义），结果如图 10.1 所示。

由图 10.1 可知，此时 gdbserver 已经运行，接下来在主机下进行连接。

2. Host 端 GDB 加载要调试的程序

在主机端运行 arm-linux-gdb，它和 gdb 的命令相似，可以在后面的参数输入文件名，或者使用 file 命令加载。

```
[root@localhost work]# arm-linux-gdb ./test
GNU gdb 6.6
```

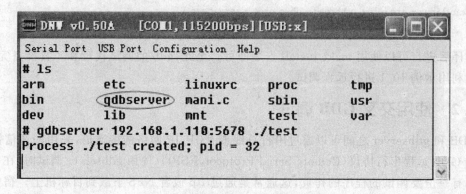

图 10.1　NFS 模式下运行 gdbserver

Copyright (C) 2006 Free Software Foundation, Inc.
GDB is free software, covered by the GNU General Public License, and you are
welcome to change it and/or distribute copies of it under certain conditions.
Type "show copying" to see the conditions.
There is absolutely no warranty for GDB.　Type "show warranty" for details.
This GDB was configured as "--host=i686-pc-linux-gnu --target=arm-linux"...

启动 arm-linux-gdb 后,使用 target 命令来远程连接目标板,此时设定目标板上 Linux 系统的 IP 地址为 192.168.1.111,则输入如下命令即可：

(gdb) target remote 192.168.1.111:5678　　　　　//端口号统一为5678

连接成功后 ARM 开发板终端的信息多了一行,如下粗体信息所示：

gdbserver 192.168.1.110:5678 ./test
Process ./test created;pid = 32
Remote debugging from host 192.168.1.110　　　　//连接成功的提示信息

上面这行表示宿主机和开发板连接成功,现在就可以在 Host 端像调试本地程序一样调试 ARM 板上程序。不过,需要注意的是这里执行程序要用"c",不能用"r"。因为程序已经在目标板上面由 gdbserver 启动了。

调试参考信息如下：

(gdb) b main
Breakpoint 1 at 0x9870：file gdb_test.c, line 4.
(gdb) info b
Num Type　　　　　　Disp Enb Address　　What
1　breakpoint　　　keep y　0x00009870 in main at gdb_test.c:4
(gdb) l
1　　　　/ * gdb_test.c * /

```
2       #include <stdio.h>
3       int sum(int m);
4       int main(int argc, char *argv[])
5       {
6           int i,count,n = 0;
7           if(argc == 1 || argc > 2){
8               fprintf(stderr,"usage: ./gdb_test count[int] \n");
9               exit(1);
10          }
```

10.4 小 结

本章首先结合实例简要介绍了 GDB 调试工具的基本使用,之后列出了各个常用的命令供读者参考,在 10.3 节重点讲述了在嵌入式 Linux 的环境下调试应用程序的方法,涉及环境搭建和编译器制作的过程,建议读者自己实际操作一次,以加深理解。

另外,限于篇幅,对 GDB 的高级技巧并没有深入说明,比如它还能调试多进程、多线程的应用程序,并能自定义一些用户常用的宏功能等,详细内容可参考其他书籍。

参考文献

[1] IBM develop 文档中心. Linux 环境进程间通信. http://www.ibm.com/developerworks/cn/linux/l-ipc/part2/.

[2] IBM develop 文档中心. Posix 线程编程指南. http://www.ibm.com/developerworks/cn/linux/thread/posix_threadapi/part1/.

[3] http://docs.sun.com/app/docs/doc/819-7051?l=zh。Multithreaded Programming Guide.

[4] 尤晋元. UNIX 环境高级编程[M]. 北京：机械工业出版社. 2009.

[5] Neil Matthew Richard Stones. Linux 程序设计(第 3 版)[M]. 陈健，宋健建译. 北京：人民邮电出版社. 2007.

[6] 孙天泽. 嵌入式设计及 Linux 驱动开发指南--基于 ARM9 处理器(第 2 版)[M]. 北京：电子工业出版社. 2007.

[7] 刘洪涛. 嵌入式系统技术与设计[M]. 北京：人民邮电出版社. 2009.

[8] 华清远见嵌入式培训中心. 嵌入式 Linux 应用程序开发标准教程（第 2 版)[M]. 北京：人民邮电出版社. 2009.

[9] 北京中芯优电信息技术有限公司. TOP2440 开发者手册.

[10] 北京中芯优电信息技术有限公司. TOP2440 硬件使用手册.